西部煤矿区露天排土场海绵结构土层重构与生态重建固碳

毕银丽　著

科学出版社
北　京

内容简介

本书面向我国西部干旱半干旱露天矿区的地质环境治理、地形地貌重塑、植被重建等地质环境修复问题，在总结以往研究成果的基础上，针对排土场土层结构不良、水分涵养能力差、土壤肥力瘠薄、经济产出效率低等问题，采用实地调研勘测、生态分区规划、野外定位动态监测、室内模拟生物试验、区域大尺度遥感监测等一系列研究手段和方法，规划设计了排土场全产业链绿色循环产业模式、构建了隔水层-涵水层-表土生态层的三层海绵结构土层，揭示了海绵结构的水分涵养机理，采用遥感数据追溯了生态重建对周边生态协同演变影响规律，系统评估了排土场生态重建对生物种群多样性演变的影响，通过典型案例与综合经济效益分析，揭示了微生物复垦技术对农田土壤提质、生态经济林重建及有机碳积累的生态效应，展示了生态重建对提升排土场土壤质量、促进植被多样性、增强土壤微生物活性及增加土壤碳库储量方面有显著成效。

本书可作为矿业、生态、林业、微生物等学科的科研人员、高校教师和相关专业的高年级本科生和研究生，以及从事矿区环境监测、生态修复、环境治理和煤炭开采生态保护等工程技术人员的参考书籍。

图书在版编目（CIP）数据

西部煤矿区露天排土场海绵结构土层重构与生态重建固碳 / 毕银丽著. -- 北京 ：科学出版社，2024. 11. -- ISBN 978-7-03-079832-9

Ⅰ. X322.2

中国国家版本馆 CIP 数据核字第 2024DC6434 号

责任编辑：焦　健 / 责任校对：何艳萍
责任印制：肖　兴 / 封面设计：无极书装

科学出版社出版
北京东黄城根北街 16 号
邮政编码：100717
http://www.sciencep.com

北京中科印刷有限公司印刷
科学出版社发行　各地新华书店经销

*

2024 年 11 月第　一　版　开本：787×1092　1/16
2024 年 11 月第一次印刷　印张：14 1/2
字数：344 000

定价：198.00 元

（如有印装质量问题，我社负责调换）

序　一

我国露天煤矿多位于干旱半干旱地区，降水量少，蒸发量大，水资源匮乏，植被生长缓慢。露天开采会永久改变原有的地形地貌被，地表土层被剥离，使得原本就脆弱的生态环境雪上加霜。植被覆盖度锐减，水土流失严重，土壤肥力下降，加剧了生态环境的恶化。如何修复受损生境，恢复矿区的生态系统功能，成为亟待解决的问题。

该书涵盖了目前露天排土场研究的前沿内容。首先，进行了露天排土场绿色循环产业规划设计，从排土场规划思路、总体规划设计、农业总体规划方案等多个方面，强调绿色生产与生态保护相结合，通过循环利用矿区土壤、水资源，发展生态农业、光伏产业，实现矿区土地的高效利用和可持续发展；其次，首次系统阐述了海绵结构土层的重构技术和方法，通过对三层海绵结构土层组成、功能及工艺的深入研究，为干旱矿区水资源保护提供了新的思路；最后，本研究通过植物-微生物联合修复技术，利用植物、微生物的生命活动及其代谢产物，改善土壤的物理、化学和生物性质，增强土壤的肥力和生态功能，增加植物的抗旱、抗病、抗盐碱等能力，促进干旱矿山植被恢复及土壤改良。

该书从露天排土场的生态重建出发，毕银丽教授及其科研团队通过大量实地调研和研究，提出了科学有效的生态重建方案，极大地推动了矿区生态修复的理论水平和实践经验。毕银丽教授多年来坚持深入一线，获取了丰富的一手资料，这种脚踏实地的精神和对科学研究的严谨态度，使她的研究成果具有高度的可靠性和实用性。我曾多次到访准能黑岱沟露天煤矿排土场示范基地，现场沙棘、紫穗槐、海红果等生态经济林长势喜人，玉米、大豆、向日葵等农作物获得了丰收，毕教授用她的身体力行，真正地将科技论文写在了祖国大地上，不仅为同行提供了宝贵的理论指导，也不断发展和完善了露天矿生态重建技术，成效显著。

在此，我要特别感谢毕银丽教授的辛勤付出和无私奉献，也敬佩她奋战在矿区野外一线，吃苦耐劳，二十年如一日的科学家精神。感谢能有此机会为此书作序，也是对她工作的支持与鼓励，希望该书读者能发扬勤奋实干的精神，使我国的矿山生态治理工作更上一个台阶。

以此为序，祝贺研究成果专著出版。

中国工程院院士　彭苏萍

2024 年 10 月 17 日

序　　二

近年来，随着黄河流域的生态保护与高质量发展战略逐步推进，我国对生态环境保护与高质量发展有着高度重视，西部干旱半干旱煤矿区作为这一宏伟蓝图的重要组成部分，生态修复成为关注的焦点。习近平总书记指出："绿水青山就是金山银山"。这一理念深刻揭示了生态环境保护的重要性和紧迫性。在西部干旱半干旱地区，露天煤矿开采不仅改变了地形地貌，还对土壤和水资源造成了严重扰动，致使生态系统的平衡被打破。因此，其生态修复与重建工作尤为重要。

古人云："天行健，君子以自强不息。"这种精神也体现在我们对生态环境的不断努力与追求中。毕银丽教授及其科研团队多年来致力于露天排土场生态修复的研究，始终秉持这一信念，该书正是她多年研究的结晶。该书系统介绍了露天排土场生态重建及绿色循环产业规划设计的全流程，并涵盖了海绵结构土层重构技术、植物优化配置技术和微生物复垦技术等系列创新型生态修复技术与方法。

海绵结构土层重构技术是本书的重要亮点。在排土场重构隔水层-涵水层-表土生态层的海绵结构土层，提高了土壤的保水能力和透气性，促进了土壤微生物的活动，增强了土壤肥力，为植物生长提供了良好的环境。通过选择适合当地环境的植物种类，优化配置形成多层次的植被结构，最大限度地提高土地利用效率及生态系统的稳定性和多样性，为生态系统的稳定可持续发展奠定了基础。

"物有本末，事有终始，知所先后，则近道矣。"土壤微生物作为土壤功能的基础，参与了土壤养分的循环和有机质的分解等重要环节，在生态系统中起着重要作用。毕银丽教授提出的微生物复垦技术，通过引入有益土壤微生物，改善微生物群落结构，提高了土壤的肥力和稳定性，为生态修复提供了新的思路和方法。毕银丽教授团队提出的露天排土场生态重建技术，在改善土壤质量、提高植被覆盖率和促进生物多样性等方面成效显著。为生态修复提供了理论支持和实践指导，更为社会经济效益的实现奠定了基础。

该书不仅有理论上的创新和技术上的突破，而且还结合了具体实践操作方法和成功案例，具有很高的应用价值和参考意义。毕银丽教授在这一领域的辛勤付出和卓越贡献，为相关领域的研究者和工程实践者提供了宝贵的经验和指导，希望该书能为广大读者提供有益的知识和启示，共同为我国的生态文明建设和可持续发展贡献力量。

中国工程院院士　王双明

2024 年 10 月 28 日

前　言

2021 年中共中央、国务院印发了《黄河流域生态保护和高质量发展规划纲要》。会议指出，黄河流域生态保护和高质量发展是事关中华民族伟大复兴的千秋大计，推动黄河流域生态保护和高质量发展，具有深远的历史意义和重大的战略意义。黄河流域是我国煤炭主产区，煤炭产量占全国 70%以上，其中露天煤炭产量呈逐年上升趋势。黄河流域露天煤矿大多处于干旱半干旱气候区，属黄土高原和风积沙交错地带，年蒸发量是年降水量的 6 倍以上，整体生态脆弱，生态弹性力小，现代化大规模露天开采对该地区生态环境造成严重的影响与“双碳”目标及环境保护的矛盾日渐凸显。实施矿区地质环境治理、地形地貌重塑、植被重建等生态修复是整个黄河流域生态修复的重要组成部分，黄河流域煤矿生态环境的修复与治理成为黄河流域高质量发展的难点和热点。

在露天开采过程中，覆盖于煤层之上的岩石、表土及植被被剥离搬运，原有的地形和地质结构被永久改变，地表和地下水文系统被破坏。剥离的岩石与土壤被人工搬运重新堆砌形成大型的露天排土场。排土场土壤被倒堆搬运后，原有的土层结构被破坏，且在堆排过程中，上覆土壤被大型机械来回碾轧，土壤压实严重，导致排土场土壤的水、肥、气、热等基本性状受到严重扰动，改变了原有生物的生存环境，截断了地表土壤养分输入与微生物分解作用，土壤微生物群落多样性和功能大幅下降，土壤微生态环境急剧恶化，从而使土壤养分循环及分配过程受阻，限制了植被生长并延缓生态系统演替恢复。而排土场自然演替周期的延长，更易受风蚀和水蚀影响，加剧环境风险。因此，如何高效地进行露天排土场的生态重建，恢复土壤结构与肥力，促进植被恢复生长，成为亟待解决的重要研究内容。

露天排土场土地经过征用后使用权归煤炭企业所有，土地复垦要求优先恢复农田，对于缓解矿农关系、提高复垦农田质量具有重要的生态意义。为了使土地资源达到最大效益，本书设置了九章的内容，分别为：第 1 章绪论，就露天开采对生态环境影响、排土场生态重建研究方法进行了综述；第 2 章露天排土场绿色循环产业规划设计，按照排土场规划设计生态循环农业、“互联网+”农业和休闲旅游三个方向，推动农业科研成果转化平台和农业高新技术示范园建设，实现资源节约、生产清洁、循环利用、产品安全，以最少投入创造最大效益，实现土地的节约高效循环利用；第 3 章露天排土场海绵结构土层重构技术与方法，排土场功能综合规划设计后，干旱半干旱排土场土层的保水与蓄水是生态重建的关键，通过隔水层、涵水层和表土生态层的三层海绵结构土层设计，能达到最佳的保水效果，且植物根系发达、水分利用率高，适宜植物的生长；第 4 章露天排土场生态重建对种群多样性演变影响，海绵结构土层重构后，人工生态重建是常见的生态修复方式，能增加矿区物种丰富度，提高物种分布范围，对排土场生态持续稳定演变有积极作用，不同复垦年限的排土场随着复垦时间的增长，人工复垦样地林下植被的生态演变正在由一年生+多年生草本向多年生草本过渡；第 5 章露天排土场接菌对农田土壤提质作用及效应，人工复垦一定年限后，土壤性状得到较好的改善，已具备农业利用基础，可利用微生物复垦技术加速当地农田土壤质量提升，减少化肥农药的二次污染，微生物复垦技术显著增加了土壤养分累积，提高了作物净光合速率和生物量，改善了农作物的蛋白质、脂肪和碳水化合物品质，加速了排土场经济、生态和社会效益的实现；第 6 章露天排土场接菌对生态经济林重建生态效应，人工植被恢复往往需要较长时间，通过微生物与植物联合复垦技术，能加速植物生长和土壤环境改良，提高植物的抗逆性，促进植物根系发育及其对深层水分的利用效率，显著影响排土场土壤优先流的发育，改良土壤容重，改善土壤结构及土壤养分累积过程；第 7 章露天排土场生态重建对周边生态协同演变影响，人工复垦后，排土场生态环境得到极大改善，将对周边生态起到辐射作用，排土场人工植被的高密度种植在改善区域生态环境中起了重要作用，构建出与周边区域相异的小气候，逐步辐射影响到矿区周边生态环境，加速了未扰动植被向更高群落等级的演替，从而达到人工生态重建与未扰动区自然生态的协同正向演变；第 8 章露天排土场生态重建固碳效应，采用碳储量密度及碳流动模型对人工复垦后的排土场植被固碳潜力进行评价，露天矿长期植被恢复显著提高了大团聚体占比及土壤有机碳（soil organic carbon，SOC）储量，选择混交林种植具有很高的生态效益，人工干预模式结合微生物恢复在促进团聚体持续 SOC 积累方面具有很大的潜力，合理的植被配置与微生物复垦技术能加快露天矿碳中和贡献与进程；第 9 章结论与展望，对本书的内容进行全面的总结，对未深入研究的进一步梳理展望。本书对于解决我国西部干旱半干旱露天矿区的地质环境治理、地形地貌重塑、植被重建等生态修复问题具有重要的指导价值。

本书是国家重点研发计划项目（2022YFF1303300）、国家自然科学基金重大项目（52394190）、国家自然科学基金面上项目（51974326）及黄河流域生态保护和高质量发展联合研究一期项目（2022-YRUC-01-0304）成果的系统总结，是集体智慧的结晶，其中包含团队博士、硕士论文的研究成果，王坤、刘涛、郭楠、马少鹏、杜昕鹏、孙立、武超、殷齐琪、高学江、李信、田野、李明超、杨伟、薛超、田乐煊等研究生参与了试验研究和成果汇总，同时本书也参考、引用和借鉴了众多学者的研究实践成果。项目成果离不开中国矿业大学（北京）彭苏萍院士长期的战略布局与指点帮助，离不开西安科技大学王双明院士一直的关心和支持。国能准能集团有限责任公司提供了示范基地建设与效应监测等方面的大力支持，陕西神延煤炭有限责任公司提供了排土场规划案例，在此一并表示衷心感谢。希望本书能为相关领域的研究者、工程师、学生和政策制定者提供有益参考，共同推动露天排土场的生态修复与可持续发展。

由于时间仓促，本书难免存在疏漏或不足，恳请广大读者提供宝贵意见，不妥之处敬请读者批评指正。

作　者

2024 年 7 月

目　　录

1 绪　　论

1.1 西部干旱半干旱露天矿区概况

黄河流域是我国重要的生态功能区，长期的煤炭开采对该区域生态系统造成了深远影响。矿区生态环境的修复是黄河流域生态保护与高质量发展的核心任务之一。通过地质环境治理、地形地貌重塑和植被重建等措施，可以有效恢复矿区的生态功能，防治水土流失，增强区域生态系统的稳定性。推动黄河流域煤矿生态修复对于维护区域生态安全和促进资源的可持续利用具有重要作用[1]。煤炭是重要的能源来源，约占全球能源总储量的45%。近年来，受气候公约等约束，煤炭消费在一次能源市场占比下降，但在未来一段时间内仍将在亚洲的发展中国家及地区中的消费市场占据重要地位。2022年，我国煤炭消费量占能源消费总量的 56.2%，煤炭仍处于我国能源消费的主要地位，有效地保障了我国能源供给和经济发展[2]。黄河流域是我国煤炭生产的核心区域，煤炭产量占全国总量的70%以上，且露天煤矿产量呈逐年上升趋势[1]。该区域大多处于干旱半干旱气候带，主要为荒漠、高原和草原地貌，年蒸发量远超年降水量，生态环境脆弱，恢复能力较差[3]。现代露天煤矿的规模化开采对该区域生态系统造成了深远影响，并与“双碳”目标及环境保护的要求产生了显著矛盾[4]。

露天开采过程中，煤层上方的植被、表层土壤和岩石被全面剥离，地形地貌发生了不可逆的改变，地表和地下水文系统被严重破坏。剥离物通过人工搬运和堆积形成大型排土场，原有的土壤结构被破坏，表层土壤在堆积和压实过程中失去了基本的物理和化学特性。大规模机械碾压进一步导致土壤密度增加，水、肥、气、热等基本性状严重受损，抑制了土壤微生物的生存条件。微生物群落的多样性大幅降低，土壤养分的输入和分解过程受到阻碍，养分循环不畅，植物生长受限，生态系统的演替和恢复显著延迟。

排土场的土壤因自然演替过程变慢，容易受到风蚀和水蚀的影响，环境风险加剧。土壤的恶化不仅使植被恢复困难，而且也对整个区域的生态系统稳定性产生了持续性的负面影响，增加了未来治理和修复的难度。因此，通过人工复垦进行土壤生态系统恢复十分重要[5]，目的是将裸地重建为满足陆地生态系统基本要素的土地，通过土壤结构、肥力、微生物种群和养分循环等功能恢复，使排土场土地复垦为一个能稳定维持的生态系统。

1.2 露天开采对生态环境的影响

露天开采对大面积地表土地进行开挖，形成大的采坑，严重影响原有地形地貌。同时，在开采过程中，露天矿山配套建设办公区、生活区、排土场、工业场地等，都对原有土地进行压占、破坏，原有地表植被被砍伐，改变了原有土地的生境条件，使得原有土地功能几乎完全丧失[6]。在露天矿山开采过程中，表层土壤如果得不到妥善保存，那么后期矿山生态修复过程面临的主要问题就是无土可用。平台土地压实严重，植被根系难以下扎，生长困难，而废石和废渣堆积的排土场边坡不稳定，排土堆排高度过大，易受到降水冲刷和地表径流的影响，导致边坡滑坡等地质灾害发生[7]，而边坡土壤中的有机质和养分随着雨水流失严重，最终结果造成土壤更加贫瘠，排土场生态重建难度加大。

排土场主要由剥离土层、岩层中的废弃土石松散堆积构成，随着开采量的增加，逐渐形成占地面积大的排土场。表土又称耕作层土壤，相比岩石层，表土层土质更加松软，养分和含水量更加充足，有利于植被吸收其中的矿质养分和有机质，为根系的生长提供有利空间。土壤生态系统承受了人类采矿活动所带来的压力，具体体现在以下几方面。排土场在堆积过程中使用设备分台阶对排弃物料进行碾压和平整，土壤的原有物理结构遭到破坏[8]。土壤中的养分以及有机物含量损失严重，地上与地下生物多样性下降，土壤生态涵养的功能退化，排土场成为露天矿山矿区水土流失最为严重的区域。针对露天矿山排土场表土普遍不足的问题，通过现场调查结合采样试验，针对土壤质地、容重、孔隙状态及入渗、持水保肥[9]等指标提出表土资源保护技术路线，通过表层土壤重构，增加土壤有机质含量，达到改善矿区生态环境的目的。

为了降低露天矿山开采过程对表土破坏的影响，保护矿区表层土壤，减少水土流失，露天矿山应严格按照采矿设计在项目开工之前对剥离的表土进行保护并进行合理堆存，工作流程主要包括三大步骤：表土剥离、表土堆存、表土利用。

（1）表土剥离。露天矿山在开采过程中需要对表土进行剥离，在表土剥离设备开展工作之前，需要专业设计技术人员提前制定好剥离方案，以科学的方式剥离可再利用的表土，尽量减少对表土营养层的破坏。表土剥离工艺的第一步主要为表土附属植被的清理，将碎石及枯落植被进行有效清理后采用拖式铲运机或挖掘机进行表土开挖，依据工程分条带取土开挖，由外向里分区剥离[9]，并由装载运输车将剥离的表土运输到指定位置堆存。

（2）表土堆存。应按照设计将表土存放在排土条件好、地势相对平缓的地带，堆存的表土可利用植生袋做好围挡，以防止强降水将土壤营养成分冲刷并随泥石流带走。同时，堆存的表土需要与其他排弃物料以及尾矿等分开存放，做到安全环保，防止交叉污染[10]。表土可用于后期排土场边坡和平台的土壤重构、坡面覆土和客土制备[11]。表层土壤改良后，可以为排土场植被构建良好的生态环境，有利于构建完整的生态群落，剥离的表土充分利用可节约外购表土的费用，因此综合利用剥离表土来客土极其重要。

（3）表土利用。表土在露天矿山生态恢复和土地复垦中具有重要作用，通过科学合理的利用，可提高土壤质量，促进植被恢复，增强生态系统的稳定性。在复垦过程中，表土用于覆盖边坡和平台，改善土壤的持水性和营养供应，促进植物根系生长，防止水土流失。表土可用于构建生态屏障，抵御风沙侵蚀，或作为客土材料改良贫瘠土壤，结合有机肥料和微生物菌剂提升土壤肥力，实现长期的生态和经济效益，从而有效减少矿山开发对环境的负面影响，保障资源的可持续利用。

1.3 露天排土场生态重建研究进展

1.3.1 露天排土场生态重建技术进展

植物生长与生存离不开土壤，土壤不仅是植物生长的载体，更是其发育的物质基础，土壤结构破坏、营养元素流失将引起整个生态系统的退化。复垦土壤是否适宜植被恢复，主要因子有：pH、土壤层深度、保水能力、入渗能力、排土场岩性、地貌特点[12]等。我国矿区复垦土壤改良经历了三个阶段：第一阶段为20世纪80年代以前，土壤改良多为物理改良，主要是对土壤的组成结构改良，如采用泥浆泵复垦的土壤改良[13]；第二阶段是20世纪90年代，土壤改良主要为物理、化学改良，是结合土壤物理改良，添加化学肥料的方法，促进复垦土壤质量的快速提升，常见的有露天排土场土壤改良[14]；第三阶段是21世纪至今，土壤改良为物理、化学和生物改良，生物改良主要以植物改良、微生物改良、微生物-植物联合改良为研发重点[15-18]。我国的生物改良处于起步晚但迅速发展阶段，生物修复已由细菌修复拓展到真菌修复、植物修复、动物修复、微生物-植物联合修复，由单一生物修复拓展到有机生物联合修复。

排土场的土壤改良和植被恢复是矿区生态复垦的重要标准[19]。提升土壤养分含量是矿区排土场生态系统恢复的首要任务和关键问题。Ngugi等[20]认为土壤扰动显著降低了土壤中碳、氮含量，土壤中总碳含量预计需要36年才能恢复。王晓琳等[21]对晋陕蒙矿区排土场的研究表明，人工植被复垦16年后土壤养分状况尚未完全恢复到该地区的自然水平，而土壤微生物功能的恢复是加速土壤养分提升的关键。Li等[22]认为随着复垦时间的延长，土壤中的有机碳、氮、酶活性、微生物功能多样性、细菌、古细菌和真菌丰度以及多样性都有改善，土壤pH和容重随着复垦时间的增加而下降。Wang等[23]认为随着复垦时间的增加，土壤养分水平（土壤有机质、速效氮、速效磷、速效钾）和细菌多样性增加，与1年和3年复垦土壤相比，7年复垦土壤的土壤养分和细菌群落结构与原状土壤更为相似。固氮细菌和菌根真菌等有益微生物群落的重建，能调节有机物周转和养分循环过程来维持土壤质量，加速土壤营养的恢复。经过土壤微生物降解后，土壤有机质、氮、磷、钾的含量均呈现增加趋势[24]。土壤水分是植物生长发育的关键因子，土壤含水量不仅对根系生物量有显著影响，而且还与植物的蒸腾作用和光合作用有关，环境缺水会限制植物群落的生产力。姚敏娟等[25]研究表明，不同植被配置类型对土壤含水量、贮水量、营养元素、水分有效性均有显著影响，降雨丰沛时植被茂盛。可见，在西部干旱区，水分是影响植被群落重要因素之一。土壤持水量在一定的范围内时，幼树光合和蒸腾速率随着土壤持水量的降低呈逐渐减弱的趋势[26]。土壤水分的垂直分布、变异系数和有效水分参数直接影响植物对水分的利用效率和植被的生长状况。

对一般退化生态系统而言，恢复周期较长的自然恢复可以增加植被盖度以及土壤养分等，而矿区生态受采煤扰动严重，土地条件极度退化，短期内自我恢复较为缓慢，必须借助人工复垦措施先行引导，利用人工栽植生态林等方法加速自然演替过程。复垦土壤有机质、氮、磷、钾等营养元素含量多少是生态系统恢复的关键问题，土壤养分改良是矿区生态系统修复的首要任务。但是，土壤与植被难以在短期内通过自然恢复改善矿区生态系统的结构和功能，尤其是土壤性质的改良需要较长的恢复时间。王晓琳等[21]研究了复垦年限为16年的晋陕蒙矿区排土场，植被重建工艺为单纯种草、灌木林、草灌混交林、乔木林等配置，人工植被下的土壤养分状况尚未完全恢复到该地区自然水平，进行生态修复时可优先选择豆科乔木、灌木，以及长芒草等草本植物，并使用间作套种等方法增强复垦效果。邢慧等[27]发现土壤速效钾（available potassium，AK）、有机质、全氮（total nitrogen，TN）对复垦区沙枣、柠条林的种群特征有较大影响。复垦年限增加后，矿区植被群落逐渐恢复，植被凋落物数量增多，经过土壤微生物降解后，土壤有机质、氮、磷、钾的含量均呈现增加趋势[24]。土壤酶活性受植被凋落物及根系分泌物的直接影响[28]，与土壤容重和土壤养分存在显著相关关系[29]。土壤矿化、硝化等反应过程受微生物活性、土壤通气状况、土壤水分、有机质、全氮、pH等土壤理化性质的影响[30]，植被恢复使得土壤中碳积累量增加，土壤酶在有机质的转化过程中参与率增加，提高了土壤酶活性。

1.3.2 矿区生态环境演变的监测技术

现代遥感方法对土地复垦质量及植被生长都有较好的监测效果，包含无人机遥感、高光谱遥感、热红外等不同手段，目前高光谱遥感对土壤和植被的系统监测进展较多，高光谱遥感技术在矿区复垦土壤环境的监测成为主要研究热点。

通过人工修复对煤矿区受损土壤改良后，改良效果需要快速检测，传统的监测方法结果相对滞后，而高光谱遥感凭借自身波段多、光谱连续且容易获取的优点为土壤质量的快速监测提供了新方向。土壤反射光谱特征是受土壤类型、土壤含水量、土壤质地、土壤粒径、土壤碳氮磷等的综合响应，土壤的理化性质直接影响着光谱的反射特性，通过分析土壤理化性质与光谱间的关系，建立线性反演模型，对土壤理化参数进行估测。在进行土壤光谱信息采集时通常有三种方法：一是将土壤样品带回实验室进行室内光谱测量；二是利用便携式地物光谱仪直接在野外对土壤进行高光谱信息采集；三是通过航空摄影测量获取大面积的土壤光谱信息。因在室内进行光谱测量时可以规避掉诸如测量时间有限、地表温度等外界不可抗力因素的影响，所以在室内采集光谱信息是最为常用的方法。大量研究表明，土壤有机碳含量、土壤粒径、土壤含水率、土壤氧化铁含量等是影响土壤光谱的重要因素[31-33]。

土壤有机碳含量高低是衡量土壤肥力的重要指标之一，有研究表明，光谱反射率与土壤有机碳含量呈明显负相关，土壤有机碳含量越高，光谱反射率越低[33]。土壤质地按照土壤粒径大小可分为沙土、壤土和黏土[31]，土壤粒径越小，土壤表面就越光滑，其反射率也就越大，马创等[32]通过对比分析不同粒径下土壤光谱特征差异，探讨了不同粒径对土壤光谱特征的影响。遥感技术为估算地表土壤含水量提供了多种方法，Sadeghi等[34]找到从Landsat和MODIS卫星短波中转换的反射率与土壤水分之间的线性关系，并进一步采用实验室测量的不同土壤光谱反射率数据，验证模型的准确性。土壤氧化铁是使土壤呈现出不同颜色的一个重要因素，通常认为土壤氧化铁会使土壤光谱反射率降低，且在可见光波段出现较多的吸收峰，在近红外波段范围内影响显著，通过相关分析，提取敏感波段建立模型，对土壤氧化铁含量进行快速预测[35]。

利用高光谱遥感对植被生长监测主要包括：对植被信息的提取、对生物量估计、对植被长势估产等。崔世超等[36]利用地物光谱仪对矿区植物进行高光谱信息采集，对比分析矿床上部和背景区植物光谱，选出具有代表性特征波段，利用数理统计方法构建出基于植物光谱数据的隐伏矿床预测模型。贺佳等[37]通过测定不同品种的冬小麦在不同生长期的生物量及其相对应的光谱反射率，利用数学分析的方法，筛选出合适的植被指数，建立冬小麦在不同时期的生物量监测模型。刘新杰等[38]通过监测不同时间段农作物叶绿素密度和叶面积指数，探讨其变化规律，构建估产模型，实现了利用遥感数据对农作物长势和产量的预测。高光谱遥感在植被生长监测广泛应用的同时，研究归一化植被指数（normalized vegetation index，NVI），使其能够被应用到植被监测的各个方面。目前微生物（菌根）复垦技术在矿区取得了较好的生态效应[28]，高光谱遥感监测菌根植物生长特性研究也被逐渐关注[39]。

高光谱遥感对植被的监测相较传统方法，可以实现无损化，更具实效性，随着精准农业的提出，高光谱遥感对作物长势的定量实时诊断方面将有着巨大应用潜力。

1.4 露天排土场生态重建方法

1.4.1 植物优化配置技术

排土场边坡生态复绿是指边坡上人工植被的恢复和构建，根据对场地周边自然生长植被的调研，优选当地抗逆性比较强的绿化品种和生态修复品种，结合生态工程和生物修复技术，在边坡上营造适合植物生长的营养基盘，靠植物根茎与土壤间的附着力以及根茎间的互相缠绕来加固边坡，增强坡体表面抗冲刷的能力[40]。刺槐、白榆混交林复垦模式对露天矿排土场的土壤修复效果最好[41]。原始堆存的排土场边坡主要为排弃物料，土壤性质相对贫瘠，地处北方地区，降水相对较少。具体选择排土场边坡植被时，结合现场调查，依据生态学及生态修复的基本理论，提出植被物种优选原则：①乡土化和地带性原则，要根据矿山排土场所在地区的气候特点，通过野外生态调查，优先选择乡土植物，该类植物更适合本地气候，同时自身具有良好的自我繁殖能力，有利于植物群落的健康生长，避免因引进外来物种造成的物种入侵等问题，乡土植物对于加速矿区生态系统的修复有着重要意义。②物种多样性原则，排土场生态修复要考虑植物个体和种群的关系，既要迅速复绿，又要生态系统持续稳定，保持生物多样性，形成多物种稳定的立体植被结构。目前国内很多边坡防护及绿化选用的是外来植物品种单一的先锋物种，复绿见效快，但吸收养分快，土壤养分消耗多，加速了原本贫瘠复垦土壤的退化。因此优先选用乔灌草空间配置，构建立体生态系统，以乔灌木为主，将乔灌草结合，实现物种的多样性，进而构建完整的生物群落[42]。③根系发达原则，排土场边坡植被生境恶劣，针对坡面保水能力差、土壤贫瘠等特点，需要选择根系发达的植被进行种植。利用乔灌草不同的根系，通过深根和浅根构建交织成稳定的根系网，可以对坡面起到很好的保水效果，同时可以吸收深层水分，并对浅层的坡面起到防护固定作用。

植被恢复可有效降低土壤容重，改善土壤持水性以及孔隙状况，提高土壤入渗率，植被的直接穿插作用与凋落物的间接保护作用使土壤稳定性增加，从而使土壤结构得到优化。研究表明，粉粒含量、植被覆盖度和土壤体积密度是决定土壤入渗率变化的重要指标[43]。肖鹏等[44]研究表明植物根系对排土场复垦区土壤抗冲性影响表现为：灌木林地＞混交林地＞刺槐林地＞榆树林地＞荒草地＞耕地。植被种群、覆盖度以及植物群落演替会使土壤的空间异质性发生改变，并能改善土壤的理化性质[45]。植被的凋落物含有大量的有机质、氮、磷、钾等营养元素，土壤微生物将凋落物分解形成腐殖质，提高了土壤肥力，并且植物根系向土壤分泌如氨基酸、维生素、有机酸等各种根系分泌物来增加土壤中的养分含量。江山等[30]发现复垦区长期种植苜蓿能显著提高土壤氮库容量，矿化过程平稳。研究发现固氮植物根和结节的空间分布对土壤氮含量有显著影响，土壤氮含量随根密度和结节密度的升高而增加[15]。

矿区植被优化配置模式是将恢复生态学、经济学、系统工程学的有关理论、方法和技术结合起来，优化设计、实施于矿区不同立地条件下的一套优化生态系统方案。植被优化配置模式主要通过不同配置类型植被的土壤水分和养分利用效应、植被对环境的影响、植被的生长发育状况以及投资与经济评价等分析研究，结合生态效益和经济效益的评价结果进行优选。常规的植物配置模式为乔灌草相结合，具体配置模式与本区域的降水量和土质有关。在西部干旱半干旱矿区，因乔木需水量大而不常作为主要树种，通常以灌草配置模式较多。结合土地复垦的最大经济效益，经济灌木优先考虑[16]，胡宜刚等[46]认为，经过近 20 年的修复，黑岱沟露天煤矿排土场混播有豆科牧草的纯草本配置的恢复效果表现最好，是初期进行土壤修复的首选植被配置模式。在排土场边坡等较为陡峭的复垦区，园艺灌草与林木混植能有效防止地表径流和土壤侵蚀，提高土壤再生能力[17]。在人工植被引导下，更有利于野生植被的恢复，能提高复垦区植被的多样性。物种多样性的增加，有利于提高生态系统的稳定性[28]，促进生态系统物质循环和能量流动。复垦过程中不仅要注重提升土壤养分水平，而且要优化种植结构模式，使土壤恢复到水肥气热的状态，植被种类优势互补，最终达到土地复垦目的。随着复垦程度的深入及土壤改良，提高土地利用率与产出经济效益成为露天矿区土地复垦的主要目标，经济灌木或者林木成为后续的主要配置模式。

1.4.2　生物重建技术

生物修复是指利用植物、动物和土壤微生物的自身生命活动及其代谢产物改变土壤物理、化学性状，增强土壤肥力的过程。土壤物理和化学改良的投资成本相对较高，而生物修复投资小，能够改变土壤环境质量，不但获得农林产出，而且实现了生态系统的持续与稳定。生物改良的过程是根际微生态系统各因子相互作用、相互协调的结果。土壤是植被生长发育的基质，土壤养分对植物的生长发育、调节水热气和生态种群演替过程有至关重要的影响，植被所需的营养物质和水分均可从土壤中不断地吸取[47]，并且土壤动物与微生物群落能共同参与营养物质循环，加快有机物分解，促进土壤腐殖质转化，驱动养分循环与植物腐解富集，调节土壤肥力，进而影响植被的生长发育[48]。土壤改良是土地复垦成功的内在基础，植被恢复是生态效应的外在表现，植物生长与土壤性质紧密相关，而活跃于植物与土壤间的大量微生物活性又依赖于土壤质量与植被类型，因此，微生物对于植物生长与土壤改良具有重要的作用，越来越引起研究者重视。

生物改良效应主要由土壤改良、植被生长和活性微生物的交互作用来综合体现。土壤微生物的总量、种类、群落多样性随着土地复垦年限的增加而逐渐增加，其群落结构随植被自然恢复而呈现出演替规律，土壤酶活性也随之增强。孙梦媛等[49]发现，复垦样地土壤酶活性和微生物量均比未复垦样地显著增加（显著性水平 $P<0.05$）。李智兰[50]研究表明，矿区土壤蔗糖酶（invertase，INV）、脱氢酶、脲酶（urease，U）、碱性磷酸酶活性和微生物数量均随复垦年限的增加有所增加，并且细菌占到微生物总数的 99.3%以上。根系真菌的多样性、数量、微生物总量与植被的多样性呈显著正相关关系，植被在恢复过程中能够有效地改善土壤的物理、化学性状，为土壤微生物提供更适宜的生存条件。植被多样性和覆盖度对土壤微生物活性有显著影响[51]，植物凋落物能增加土壤中的有机质含量，为土壤微生物活动提供物质基础[52]，可改善土壤微环境，影响土壤微生物群落的多样性[53]。土壤微生物对植被凋落物的快速分解，能增加土壤肥力，促进土壤有机质矿化和植物营养元素的转化与供给，从而促进植被的生长。自然界常见的两种共生微生物为固氮微生物和菌根真菌，固氮微生物可以进行生物固氮，增加土壤中有效氮的来源，供植物吸收利用；菌根真菌能够增加植物对磷的吸收，促进植物根系发育，提高植物群落演替速率，增强植被恢复效应，保护生物多样性。

微生物复垦技术在干旱煤矿区植被恢复和退化土壤改良中已有大量研究，被认为是一种高效、低能耗、无二次污染的矿山生态修复新方法。研究表明，土壤接种放线菌可增强植物的抗旱性，提高根际土壤的微生物数量、酶活性及肥力水平，显著促进植物根系发育及生长[54]。现有的研究主要集中在真菌方面，其中丛枝菌根真菌①能与特定的宿主根系形成共生关系，增强根系分枝能力，扩大根系吸收范围，进而提高根系对土壤中矿质养分和水分的吸收利用效率[55]，增加植物的抗旱生理生化特性[56]，促进干旱矿山植被恢复及土壤改良[57]；丛枝菌根真菌是自然界土壤中分布最广泛、最普遍的一类土壤微生物，是属于菌根真菌的一类内生真菌。接种 AM 真菌，可扩大根系的吸收范围与面积，促进植物对土壤中磷、锌、铜的吸收和利用，对氮、钾、镁、硫、锰等吸收也具有一定作用，改善了土壤养分状况，促进了植物生长[58]。大量研究证明，AM 真菌通过促进植物营养吸收来改良土壤，菌根真菌产生的球囊霉素是植物根际土壤中碳、氮的重要来源，有利于改善土壤理化性质，改良土壤结构。AM 真菌能提高宿主植物的环境适应性，增强宿主植物对病、旱、重金属、盐碱等环境的抵抗能力[59]，对退化土壤的改良有积极作用。近年来，AM 真菌生态效应研究已由室内模拟试验转向田间生态应用，发现 AM 真菌在矿区生态修复中能持续有效地发挥作用，促进生态系统的生态多样性[28]。接种丛枝菌根真菌能促进紫穗槐的生长和光合作用速率[60]；在地膜覆盖下，接种 AM 真菌使小麦的籽粒产量和地上生物量分别提高了 46.6%和 56.5%[61]；接种丛枝菌根真菌可以减缓塌陷拉伤根系的修复作用，提高内源激素水平，伤根 1/3 时，植株营养状况仍可达到未受伤的对照水平[62]。AM 真菌对于修复塌陷区生态系统具有重要意义，经过 AM 真菌修复的生态系统中生物多样性增加，多年生植物种类增加，一年生植物种类减少[28]，碳的积累也呈现增加的趋势[29]，对于生态演替

① 丛枝菌根真菌英文为 arbuscular mycorrhiza fungi，简写为 AMF；其中，丛枝菌根简写为 AM。

及碳循环正向作用具有重大的现实意义。现阶段，微生物复垦技术在矿区土地复垦中已经取得了较好的生态效应，在神东沉陷区、准能黑岱沟排土场、宝日希勒草原煤矿区排土场均建立了微生物复垦示范基地[28, 60]。此外，一些学者对深色有隔内生真菌开展室内抗逆性机理研究[63]，发现该菌在促进宿主对矿质元素的吸收、保护宿主免受非生物和生物胁迫方面发挥了重要作用，因而，微生物复垦成为目前矿山生态修复的新技术，具有重要的生态修复价值潜力。

2　露天排土场绿色循环产业规划设计

露天排土场的土地权属大多归矿山企业所有，土地的绿色、循环、产业化合理利用成为煤炭企业可持续发展的重点。在规划开采过程中，产生大量的矿坑涌水，如何充分利用露天煤矿光、水、土等资源是煤矿可持续发展的重要因素。

按照国家绿色生态要求，合理开发资源与保护环境并举，建设绿色生态矿山是各大煤矿企业的必然选择。露天煤矿开采加剧了生态环境的脆弱性，日照充沛、矿坑水资源丰富、土地资源利用率低下。如何既能开发清洁能源，又能发展高效生态农业，实现工农互补、发展绿色生态矿山？开发光伏新能源、尝试现代化养殖业及旅游业、努力实现三产融合发展才是有效途径。因此，进行露天煤矿绿色生态循环产业总体规划是矿区生态环境保护深化发展的需要，是煤炭企业履行社会责任的需要，更是坚持“创新、协调、绿色、开放、共享”发展理念、科学发展的需要。排土场从开始堆放就应该合理规划、综合利用，实现土地资源的高质量发展。露天排土场土地复垦以逐步恢复出高标准农田为目标，还田于农，实现西部露天煤矿排土场绿色循环产业总体规划。

2.1　排土场规划思路

1）绿色生产与生态保护相结合

采用露天开采工艺，结合煤层赋存、地质、水文、交通等条件，优选出适合露天煤矿采-排-复一体化的绿色开采模式。减少运输成本，提高固废利用率，合理高效利用土壤资源，为矿区的植被重建奠定基础。改善矿区的生态环境，使土地资源被高效合理地利用。

2）循环利用为目标

以露天矿区土壤、水、植被循环利用为目标，利用沙土最佳配比及有机生物方法改良排土场贫瘠土壤，循环利用矿区地层采剥的黄黏土，以矿坑涌水为灌溉用水，矿坑涌水及生活污水经过处理，可用于农业灌溉及绿化灌溉，并通过灌溉下渗多余水补给地下水资源，从而达到露天煤矿水资源循环利用目的。以草本、灌木为先锋植物进行土壤改良，在生态养殖区实行“畜-沼-粮（果）”循环生产模式，采用畜粪、沼液、沼渣作为设施蔬菜、绿化苗木等栽培作物的营养物，构建“粮-果-畜（禽）”种养循环模式以及农业废弃物处理系统，使数字农业试验示范区、草食畜牧集约化养殖园、西湾沙地生态植物园、西湾现代生态农业示范园等形成有效联结、多种业态并存的循环模式。通过种养结合农业循环经济推广，可减少化肥使用量、培肥地力、改良土壤结构、增加土壤肥力，恢复生态环境，提升农业效益。

3）以科技兴产业

结合现代科技元素，在规划现代农业种植园区使用太阳能发电技术，安装光伏组件，实现农业种植与光伏新能源发电完美结合，既满足规划区的用电需求，又可提高土地的利用效率，打造设施农业种植与光伏发电双赢的产业新模式。建立“互联网+”的智慧农业，在互联网的大背景下，建立农作物“四情”监测、设施蔬菜物联网、智慧养殖、农产品可追溯、电子商务和智慧水土检测系统，通过科学管理，将原有贫乏土地改良成更加肥沃、生产力更高的耕地，还当地农民更多良田，走“前人栽树、后人乘凉”的绿色发展之路，让子孙后代享用天蓝、地绿、水净的美好家园。

2.2　排土场设计理念

在露天矿区生态规划中，贯彻“尊重自然、顺应自然、保护自然”的生态文明理念，坚持生态修复与农业开发并重，针对生态脆弱、水资源短缺的实际情况，把保护环境和节约资源放在突出位置，发展循环农业，提高农业可持续发展水平，实现经济发展与人口资源环境相协调。根据矿区自身特点与产业布局特色，因地制宜，发挥优势，打造特色产业，坚持工业反哺农业方针，以矿区资源环境承载力为基础，增强安全优质农产品生产加工和营销能力，以高效设施农业、草食畜牧业、有机大田种植业为主要方向，注重矿区种植业、养殖业的融合共生，以及农业废弃物生态消纳和循环利用，构筑区域生态循环农业框架和长效自我运行机制。延长产业链，增加附加值，提高农业综合效益。在积极推动农业发展、促进农民增收、企业增效的基础上，发展旅游业，发挥当地的旅游资源，把农业生产经营活动作为主体，把旅游作为导向，通过创新和科技手段，开展“休闲、求知、观光、采摘”的模式，将传统农业从第一产业延伸到第三产业。同时注重各产业之间的整合，使农业与旅游业有效结合，使休闲体验者身心健康、知识增益，增强游人热爱大自然、珍惜民族文化，保护环境的意识。发展“农游合一”的新型产业，通过旅游带动走向市场，建立自己的市场地位，提高农业的价值，获得巨大经济效益。同时，休闲农业作为旅游业的新方向，是现代旅游领域的极大丰富，增加了其内涵。坚持科技引领，以人为本，培养现代职业农民，集成应用现代农业科技，采用新品种、新技术、新设施，显著提高土地产出率、资源利用率和劳动生产率，让生态农业的建设成果惠及人民。坚持创新机制、多方参与联合推进矿区生态农业建设的协调机制。充分发挥地方各级政府的引导作用，形成龙头企业、新型经营主体、科研推广机构、农户以及其他各类社会主体共同参与的良好格局。

2.3　排土场总体规划设计

1）充分挖掘和有效利用矿坑遗址的景观价值

灵活使用“加减法”对采坑特殊形态的生态修复设计原则，采取“加法”策略通过地形重塑和增加植被来构建新的生物群落。针对裸露的山体，尊重景观的真实性，因地制宜地利用生态修复，对现有坑体改造，将矿坑遗迹营建成地貌奇特或高山飞瀑或季相分明的矿坑花园。

2）开发工业文化生态旅游与生态农业

注重将煤矿生产文化、生活文化与生态文化等相结合，形成的综合性文化体验旅游的地域感知景观。同时进行土壤再造、植被重建和耕地恢复，发展农业产业，构建生态产业链，建设绿色矿山，促进企业土地环境可持续发展。

2.4　排土场农业总体规划方案

为了深入践行“绿水青山就是金山银山”的发展理念，坚持节约资源和保护环境的基本国策，深入实施创新驱动发展战略，以农业供给侧结构性改革为主线，以着力解决矿区生态环境修复和地区农业健康可持续发展为突破口，通过深化现代农业技术的集成示范和成果转化，积极培育新产业、新业态、新动力，推动产业链相加、价值链相乘、供应链相通，着力构建产加销以及三产融合的创新型、多功能、高效益、生态化的复合型现代农业产业体系，实现矿区生态保护与产业转型升级并举，为全面实现生态文明奠定坚实基础。

2.4.1　发展方向

1）生态循环农业

按照生态农业和循环农业原理，通过合理负载、草畜平衡、农业废弃物再利用等多种途径实现规划区农业不同产业的有效耦合，达到系统物质的高效利用和绿色产出，促进农业可持续发展。

2）“互联网+农业”

通过“互联网+”在生态循环产业的应用，促进智能种植、养殖产业升级，实现矿区内种植、养殖业生产过程的精准智能管理，提高劳动生产率和资源利用率。同时，通过农产品生产、流通、加工、储运、销售等环节的互联网化，建立农产品安全追溯体系以及电子商务平台，实现农业全产业链升级。

3）休闲旅游

充分利用规划区农业、工业、生态、园林资源，将现代农业、高科技农业、创意农业、矿业文化、园林景观与生态餐饮、精品住宿、园艺疗养、田园观光、科普教育等相结合，综合开发打造具有大漠特色的田园观光旅游目的地。

2.4.2　功能定位

根据区域农业发展环境，结合矿区实际，确定矿区绿色循环产业发展定位为以下几点。

1）区域生态循环农业示范

以“减量、清洁、循环”和提高农业资源利用率为出发点，开展养殖废弃物资源化利用和种植基地标准化、清洁化生产，促进区域种植与养殖的相互融合、废弃物生态消纳和循环利用，构筑区域生态循环农业框架和长效自我运行机制，实现资源高效利用、生产清洁可控、废物循环再生、区域农业废弃物零排放和全消纳。

2）数字农业试验示范

针对矿区的大田种植、设施果蔬、草食畜牧业养殖三大类产业，探索大田数字农业示范规划（主要建设北斗精准时空服务基础设施、农业生产过程管理系统和精细管理及公共服务系统）；设施园艺数字农业示范规划（主要建设温室大棚环境监测控制系统、工厂化育苗系统、建设生产过程管理系统、建设产品质量安全监控系统和采后商品化处理系统）；建设畜禽养殖数字农业示范规划（主要建设自动化精准环境控制系统、机械化自动产品收集系统和无害化粪污处理系统）。

3）优质农产品供给功能

根据矿区周边交通位置及周边工矿居民消费能力，可知矿区对安全优质农产品需求大，而农产品供应相对不足。以矿区周边城市群为首要目标市场，以绿色果蔬、杂粮、肉制品等菜篮子产品为主，打造区域优质农产品供应地。

4）一二三产业深度融合示范

延伸现代农牧业产业链，构建农牧业一二三产业融合的产业体系。发展农产品产地初加工、精深加工、加强农产品仓储、冷链物流建设，健全农产品流通、营销体系，推进电子商务，大力发展休闲农业和生态旅游，延伸产业链、打造供应链、提升价值链，率先在农业产业融合发展上有所突破，建成矿区农业一二三产业深度融合示范区。

5）体制机制创新样板

着力创新管理体制和农业经营机制，充分发挥企业对矿区生态农业建设的统一规划、协调作用。建立金融创新试验平台，建立以金融合作为核心的农-企联合体。积极探索既符合矿区实际，又顺应发展趋势的生态农业发展模式，为全国矿区修复绿化、生态农业建设探索有益体制机制。

2.4.3 发展目标

秉持尊重自然、顺应自然、保护自然的生态文明理念，坚持工业反哺农业方针，以矿区资源环境承载力为基础，以高效设施农业、草食畜牧业、有机大田种植业为产业发展重点，注重矿区种养结合、农业废弃物生态消纳和循环利用，构筑区域生态循环农业框架和长效自我运行机制。

积极推动大数据、云计算、物联网、移动互联、遥感等信息技术在农业产业发展中应用，在大田种植、设施园艺、畜禽养殖等领域开展精准作业、精准控制，探索数字农业技术集成应用解决方案和产业化模式，推进矿区农业生产智能化、经营信息化、管理数据化、服务在线化。

综上所述，规划区将打造成为“陕北露天开采环境保护的一个好典型”，成为一道亮丽的风景线，“五个一（一山、一水、一带、一路、一苑）”生态景观格局和生态产业建设思路，在绿色、清洁、和谐和可持续发展中，展示生态文明建设的鲜明形象。

1）一山——花果山

把排土场建设为春暖花开、秋收蔬果的“花果山”，成为集农业与观光为一体的会议休闲中心，体验采摘的乐趣。种植当地特色农作物，如玉米、土豆、红薯、花生等；经济植物，如沙棘、沙果、杏、红桃、苹果、红枣等。通过有机生物的改土培肥，结合间套作种植模式，发展绿色有机作物。进行不同季节的有机农产品和水果采摘，结合本地特色干果深加工与利用，提高土地产值与利用价值。

2）一水——香水湖

一水即为水产养殖、滨水观光园区，利用采坑形成的蓄水池，建设养殖业、渔业与观光为一体的“香水湖”。露天煤矿开采过程中会产生大量的矿坑水、疏干水和生产生活污水，经无害化处理后可进行水资源综合利用。一部分可作为景观水体、节水浇灌、喷水灌溉等水源的补充；另一部分可以通过新技术、新工艺高效净化后，形成对人体有益的高质量水产品，在市场中推广应用。

3）一带——神农带

通过微生物修复技术，形成集农林果木结合、产品加工、生物菌肥生产于一体的，具有区域特色的生态农业循环示范区“神农带”。通过百草园、杂粮种植园，生态养殖园的规划建设体现了“农游”合一。在神农带经过有机生物绿肥改土，建设以当地中草药种植，如黄芪、当归、党参、柴胡等；以及经济植物，如沙棘、文冠果、欧李等中草药及经济植物的有机生物综合栽培与后加工基地的百草园。结合当地优势农业种植特色，发展陕北小杂粮种植与加工产业，种植荞麦、谷子、糜子等小杂粮种植示范园。利用农作物副产品，如玉米秸秆、玉米芯、稻草、谷草、高粱秆以及各种藤蔓，通过高效微生物有益菌群进行发酵处理，因地制宜，就地取材获得理想的生物菌体蛋白资源，形成饲草与粮食合成的配方饲料加工厂，形成新型生态高效复合饲料，建立生态养殖示范园，养殖羊、猪、兔、鸡等。

4）一路——泰和路

“一路”为企业文化景观之路。以企业文化和员工生活为主题，以工业广场进矿道路连接剥离干道，建设具有安全重于泰山、企业和谐发展等文化元素的“泰和路”。

泰和路从规划园的入口通向整个规划园的各个园区，连接了香水湖、花果山和德和苑，是规划园的主干道，也贯穿员工的办公区、休息区与作业区，既满足游赏观光、生产管理等功能，也满足园区消防、救护等要求。

5）一苑——德和苑

工业广场建设成以“德和文化”为主体的花园式“德和苑”，以体现企业文化，发展当地优势为宗旨。建立德和苑，可供人们休闲娱乐，观光旅游。在德和苑附近可增设生态餐厅与生态产品，打造有特色的产品，充分利用花果山、香水湖、神农带农副产品，提高生态经济效益。

2.4.4　规划原则

1）生态修复、农业开发

针对生态脆弱、水资源短缺现状，突出环境保护与资源节约，发展生态循环产业，提高农业可持续发展水平，实现经济发展与人口资源环境相协调。

2）科技引领、提升能力

培养现代职业农民，集成应用现代农业科技，采用新品种、新技术、新设施，显著提高土地产出率、资源利用率和劳动生产率。立足产业、提高效益、因地制宜，发挥优势，打造特色产业，增强安全优质农产品生产加工和营销能力，延长产业链，增加附加值，提高农业综合效益，促进农民增收、企业增效。

3）安全优质、打造品牌

矿区环境工业污染少，可生产安全优质蔬菜、肉类、杂粮等农产品，建立贯穿全产业链的质量控制制度和产品质量安全可追溯体系，打造农业品牌。

4）创新机制、多方参与

努力创新多方联合推进矿区生态农业建设的协调机制，发挥地方各级政府的引导作用，形成企业、新型经营主体、科研机构、农户以及其他各类社会主体共同参与的良好格局。

2.4.5　总体布局

以各采区用地指标为功能布局依据（图 2.1），规划区分为产业融合示范区（首采区）、生态农业示范区（二采区）、高效大田生产区（三采区）和矿坑公园休闲区（四采区）四大功能区。通过各功能区规划建设，最终形成以数字农业示范中心为引擎，以生态农业修复为基底，标准化高效大田种植嵌入、草食畜牧生态养殖点缀、生态景观廊道贯穿、矿坑生态景观公园收尾的产业格局（图 2.2）。

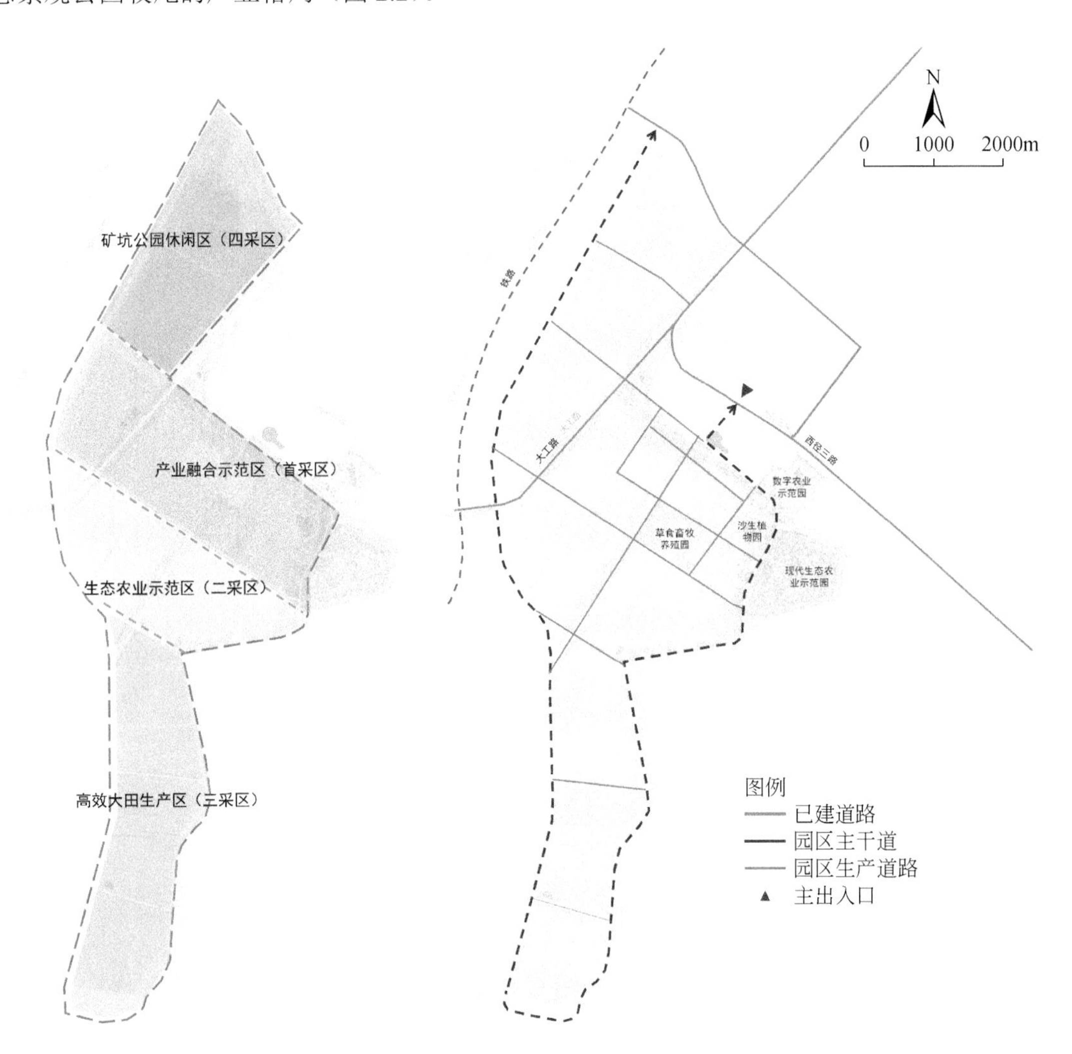

图 2.1　西湾生态循环产业园空间布局与道路规划图

道路格局：形成“一环多纵”的道路格局；一环：即园区未来产业发展环线；多纵：园区辅助生产干道

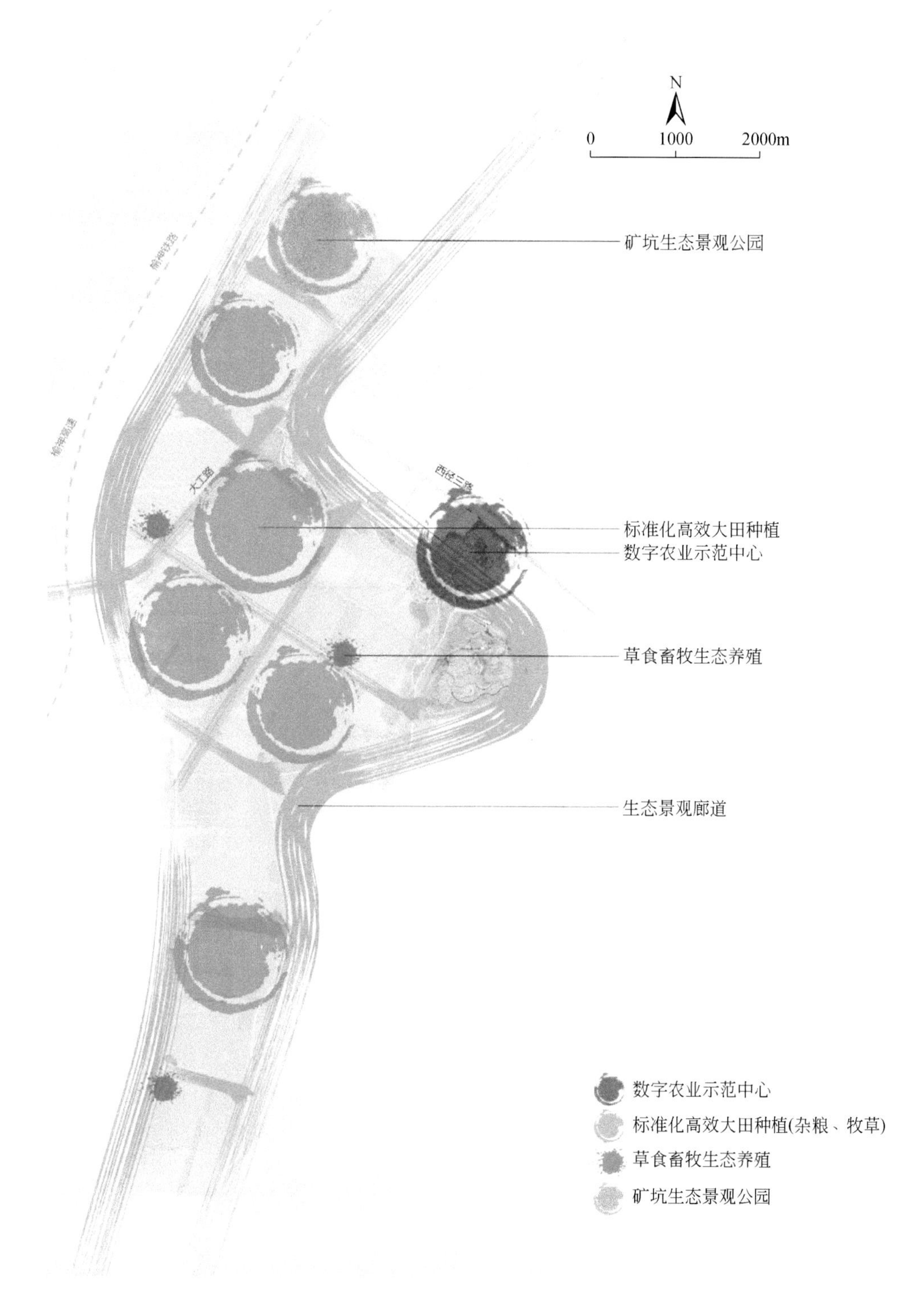

图 2.2 西湾生态循环产业格局图

数字农业示范中心为引擎、生态农业修复板块为基底、标准高效大田种植为嵌入、草食畜牧生态养殖为点缀、生态景观廊道修复为贯穿、矿坑生态景观公园为收尾

1）产业融合示范区

充分发挥区域农业、工业、生态、科技等多种资源聚集效应，以试验、示范、生产以及旅游为功能定位，通过三产融合引导部署产业结构，构建以生态农业为基底，以农产品与农业废弃物加工利用为补充和连接，以休闲旅游为突破的产业融合示范区，适应当地环境承载力的生态农业建设（产业、技术和装备）、全产业链开发与管理运营模式。

2）生态农业示范区

以绿色农产品生产以及生态循环农业示范为任务，以农牧结合、农林结合、循环发展为导向，调整优化农业种植、养殖结构，加快发展绿色农业。建设现代设施蔬菜、千亩杂粮基地、千亩饲草基地、生态养殖场以及特色经济林果，促进粮食、经济、饲草料三元种植结构协调发展，形成“畜禽-沼-肥-饲草（粮、果蔬）”高效循环农业模式，引领整个区域农业可持续发展。

3）高效大田生产区

以规模化粮食作物和饲草种植为主，通过标准化农田基础建设、现代农业机械设备配置以及高效节肥节水技术，全方位提高大田生产机械化、自动化程度、作业效率和投入产出比，建立专业化大农场模式。

4）矿坑公园休闲区

根据采矿后遗留的矿坑围护避险、生态修复要求，结合矿坑自然地形和绿色修复，采用园林、农业等多种手法将废弃地转变成为以矿坑公园为核心的使人们亲近自然山水、体验采矿工业文化与生态保护的游览胜地。

2.5 生态农业专项规划

转变农业发展方式，优化产业结构，不断提高土地产出率、资源利用率、劳动生产率，实现集约、可持续发展，是走中国特色新型农业现代化道路的必然选择。而发展生态循环农业正是实现“产出高效、产品安全、资源节约、环境友好”这一现实要求的最佳路径。

西部地区年平均降水量少、年平均气温低、无霜期短，地处高原，光照充足，昼夜温差大，由于土壤贫瘠、盐碱化严重，区域特色农业生产结构突出，适合抗旱抗盐碱能力强的小宗作物以及林果种植，如以“稳粮、扩果、兴菜、强畜、重加工”为发展方向，推出以马铃薯、小杂粮、大漠蔬菜、绒山羊饲养为重点的区域差异化发展战略。露天煤矿经过修复后，能为规划区生态农业发展提供丰富的土地资源、矿坑水资源，结合矿区优良的日照能源等生产条件，以及我国现代农业发展方向和趋势，规划设计矿区修复后适宜于循环农业这一生态农业发展方式。

在矿区绿色修复的基础上，按照“整体、协调、循环、再生”的原则，充分发挥地区资源优势，因地制宜形成集现代农业科技示范、大田种植、果蔬种植、生态养殖以及加工贮藏于一体的农业产业结构布局。同时，构建以草牧平衡、养殖废弃物肥料化利用、农业机械化、节水灌溉等关键点为支撑的生态农业内涵，实现农业结构合理化、技术生态化、过程清洁化和产品无害化。利用现代科技与传统农业相结合，通过经济与生态两个系统的良性循环，实现了排土场修复后高效、持续、协调的现代化农业生产体系。

2.5.1　发展目标

1）总体目标

通过规划的实施，实现农业资源循环利用、生产高效、园区清洁、产业增值。通过新型经营主体的参与，形成覆盖区域的大循环系统。最终达到“一控、二减、三基本”和区域农业废弃物零排放、全消纳的目标。

2）具体目标

规划建成后，规划区域畜禽粪便资源化利用率达 90%，农林废弃综合利用率达 85%，示范园有机肥氮替代化肥氮达到 60%，农业用水总量减少 10%，农作物每亩农药施用量减少 20%以上；农产品质量安全水平全面提升，达到绿色农产品标准。建立养分综合管理计划、生态循环农业建设指标体系等制度，形成可复制推广的生态循环农业模式。

以西湾露天矿排土场为例，由于矿区开采周期长，以首采区为主，首采区建成后年出栏肉牛 1000 头，每天产生粪污 20kg，年产粪污 7200t；肉羊 3000 只，每天产生粪污 1.5kg，年产粪污 1620t。相当于 5999 头猪的量，能消纳 2000 亩[①]的农田，首采区现有耕地面积 9974 亩，完全可以消纳当地养殖粪污。

2.5.2　模式设计

采取“畜禽-沼-肥-饲草（粮、果蔬）”模式，实现区域农业生产与生态种养循环（图 2.3）。对养殖场牛羊鸡等所产生的粪污进行集中收储，通过沼气工程技术进行充分发酵腐熟。所产生的沼液和沼渣经过深层次加工处理成有机肥后，用于区域林果、蔬菜、大田、杂粮、牧草等种植区农田培肥。沼气工程产生的沼气可充分用于养殖区生产和生活用电、

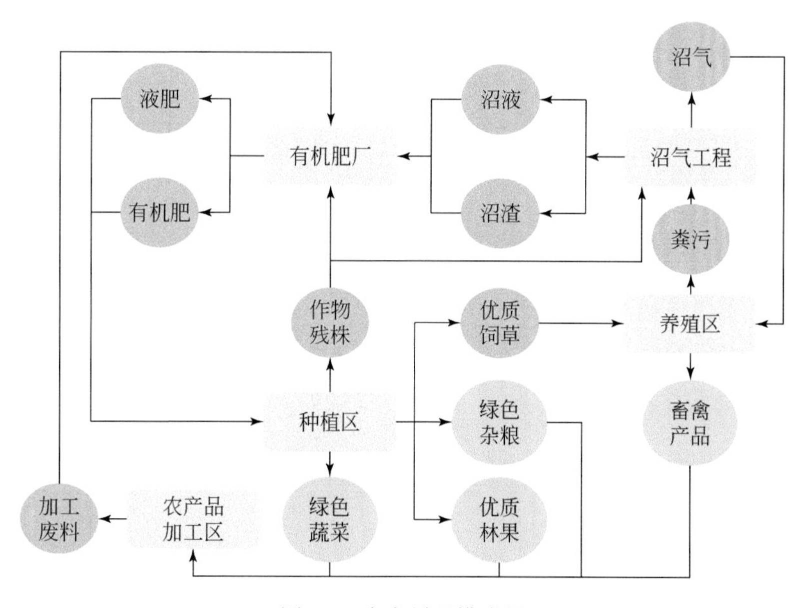

图 2.3　生态循环模式图

① 1 亩≈666.7m^2。

用气。种植区产生的秸秆、蔬菜蔓秧等种植废弃物以及农产品加工环节产生的加工废料，通过有机肥加工环节，实现废弃物资源化利用，改善农田土壤质量。

2.5.3 农业废弃物收集工程

1）养殖场粪污收集工艺

设计养殖场，实施干清粪工艺。建立排水系统，实施雨污分流。干清粪方式主要是粪便产生后即分流，干粪由机械或人工清扫和收集，尿及冲洗水则从下水道流出，分别进行处理。干清粪方式的优点是收集的固态粪便含水量低，粪中营养成分损失小，肥料价值高，便于高温堆肥或进行其他方式处理利用。耗水量少，产生的污水量少，且污水中的污染物含量低，易于净化处理。

2）作物残株收集

通过机械和人工相结合的方式，对谷物、豆类、蔬菜、牧草等进行收割、打捆以及集中收储。

3）废旧农膜回收

利用残膜回收机、搂膜机等机械实现地膜高效回收。对于设施蔬菜区，则通过操作小型搂膜工具实现手动农膜回收，集中分类存放和处理。

2.5.4 沼气发酵工程

沼气工程是指以规模化畜禽养殖场粪便污水的厌氧消化为主，集污水处理、沼气生产和资源化利用于一体的系统工程。该工程采用完全混合式厌氧消化工艺（completely mixed anaerobic digestion process，CMAD），该工艺适应性广，抗冲击负荷能力强、不易堵塞、不结壳、效果稳定。

沼气工程工艺流程为：发酵原料（畜禽粪污、秸秆等）经格栅去除杂物后进入沉砂池，在沉砂池经自然沉淀去除泥沙后进入集污池，尿和冲洗水等经统一收集到集污池后泵入调配池。混合粪污经预处理后进入厌氧罐发酵。厌氧罐内流出的沼渣、沼液自动流入厌氧消化液中转池，经初步处理后（上部沼液输入沼液储存池存储，沼渣作为固体肥原料待用），厌氧污泥定期回流。沼渣、沼液通过有机肥加工实现农业废弃物资源的高值利用，用于大田、果园、饲料地和蔬菜基地的有机肥料。产生的沼气经生物脱硫净化后进入热电联的沼气发电机组，产生的电能用于养殖场以及其他用能单位生产和生活用能，机组余热可用于厌氧罐增温。

2.5.5 生物有机肥加工工程

以沼气工程产物沼液和沼渣、作物秸秆、秧蔓、残次果蔬以及农产品加工下脚料为原料，通过应用两项适宜成熟的先进技术（仓储式发酵技术和沼液高值利用技术），实现农业生产废弃物资源的肥料化利用，保障肥源数量、质量以及供应能力（图 2.4）。

1. 仓储式发酵技术

改传统的槽式发酵为新型的仓储式发酵技术，重点解决无害资源化快速处理畜禽粪便的问题，其技术优点有以下几点：

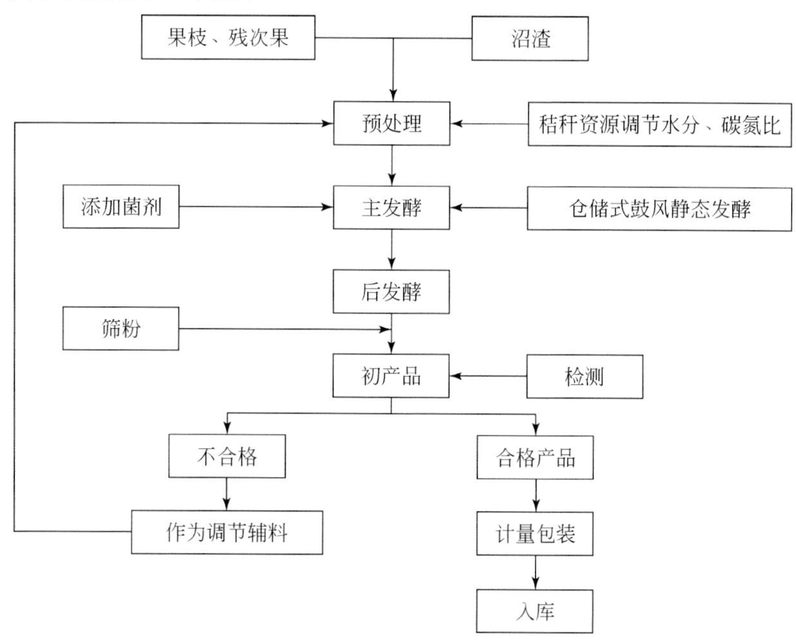

图 2.4 仓储式发酵技术生产有机肥工艺流程

（1）占地面积小，仅为传统槽式发酵模式的 1/5～1/3；

（2）启动升温速度快、发酵时间短（7～10 天）、高温 60～70℃5 天，可比传统槽式发酵时间缩短 3～7 天；

（3）生物活性好，养分含量高，发酵过程中养分损失比传统减少 30%～50%；

（4）无害化程度高，发酵过程中产生二次污染可控，能安全处理。

2. 沼液高值利用技术

沼液是畜禽粪便经厌氧发酵后的产物。沼气发酵过程中，作物生长所需的氮、磷、钾等营养元素基本都保持下来，同时，沼液中存留了丰富的氨基酸、B 族维生素、各种水解酶、某些植物生长素、对病虫害有抑制作用物质或因子，因此沼液是很好的水溶性肥料。

通过沼液高值利用技术，重点解决养殖场沼气工程中的沼液浓缩、运输、储存和配方施肥等系列高值利用技术难题，减少沼液对环境的二次污染，提高沼液的经济附加值，推进生态循环农业的发展（图 2.5）。

该技术有以下几点优点：

（1）通过膜技术浓缩，沼液浓缩倍数达到 5～10 倍；

（2）通过电絮凝技术，有效规避了沼液原液盐分含量较高和重金属离子污染的风险，提高了沼液肥料质量，为配方肥和营养液的开发奠定了基础，为大规模商品化生产提供了可能，进而扩大沼液农用消纳方式；

（3）沼液浓缩生产的清洁水达到了国家农用灌溉水一类水质，可以用于冲洗畜禽栏舍和农田灌溉，节约宝贵水资源，提高沼液的经济附加值。

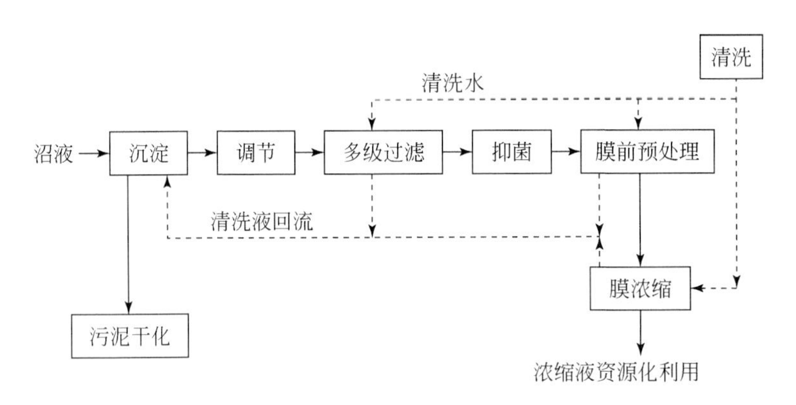

图 2.5　沼液高值利用技术生产工艺流程

2.5.6　作物秸秆饲料化利用技术

涉及玉米秸秆青贮技术，采用窖贮方式，将切碎的新鲜玉米秸秆，通过微生物厌氧发酵和化学作用，在密闭无氧条件下制成的一种适口性好、消化率高和营养丰富的饲料，是保证常年均衡供应家畜饲料的有效措施。用青贮方法将秋收后尚保持青绿或部分青绿的玉米秸秆较长期保存下来，可以很好地保存其养分，且质地变软，具有香味，能增进牛、羊食欲，有效解决冬春季节饲草不足问题。同时，制作青贮料比堆垛同量干草要节省一半占地面积，还有利于防火、防雨、防霉烂及消灭秸秆上的农作物害虫等。

玉米青贮操作流程如下。

（1）适时收割玉米。玉米秸秆带棒青贮首先要把握好收割时机，过早则产量低、水分大；过晚秸秆营养成分下降，不利于青贮，最佳收割期为玉米蜡熟期，玉米秸秆和叶片为青绿色。

（2）切碎。带棒玉米秸秆收割后，应及时运往青贮地点铡切，及时装窖，做到随收、随运、随装，小窖 1 天装成，大中型窖 2～5 天内装成，秸秆一般切短到 3cm 为宜。

（3）装填。切碎的秸秆应边切边贮，一次充分贮制，装填前为保证厌氧环境应在窖（池）四壁衬塑薄膜，装填原料时应逐层进行，每装入 15～20cm 为 1 层，尽最大限度压实，减小空隙创造厌氧环境，第一层压实后，再装入第二层，直至装满为止。

（4）密封。封窖是青贮成功的一个重要环节，目的是保证不漏气，不跑气，青贮原料在高出窖（池）口 50～60cm 封窖。先在原料上铺 1 层塑料膜，然后再用土覆盖拍实，外观呈现馒头状，封土厚 40～50cm。

（5）贮后管理。贮后 5～6 天进入乳酸发酵阶段，青贮料脱水，软化，当封口出现塌裂、塌陷时，应及时进行培补，以防漏水漏气，10 天后一般停止下沉，可培土使窖顶高于地面 30～40cm，重做成馒头形，用灰泥抹好，此外要防牲畜践踏、防鼠、防水。

2.6　“互联网+”专项规划

信息技术对当今社会的影响和改造是深远的，特别是信息技术与农业规模化的结合，对推动我国农业现代化发展和农业产业化经营作用日益突出。农业信息化是现代农业发展的较高形式，也是我国目前农业提质增效、农业供给侧结构性改革的必然要求和发展方向。作为信息化之一的互联网，凭借其强大的流程再造能力，带给农业许多新的机会。通过互联网技术应用，从金融、生产、营销、销售等环节彻底升级传统的农业产业链，提高效率，改变产业结构，最终发展成为克服传统农业种种弊端的新型“互联网农业”。

露天煤矿排土场修复后，土地具备了农业规模化生产的基础，规划设计的种养殖业、加工业以及农业旅游业等产业和数字农业试验示范园、草食畜牧集约化养殖园等园区为互联网的应用提供了良好的作用平台。然而，规划区农业产品的销售、旅游+农业等新兴业态的引进都需要信息技术的强大支持。因此，规划区在产业布局后的发展上应该充分重视互联网思维在农业生产、流通、销售以及综合管理等方面的应用。

通过“互联网+”在生态循环产业上的应用，促进智能农、畜、牧业产业升级，实现矿区内农、畜、牧业生产过程的精准智能管理，有效提高劳动生产率和资源利用率。在大田种植、设施园艺、畜禽养殖等领域精准作业，对种植养殖全过程的实时监控，可提供个性化的预订服务。同时，应用物联网智慧系统实现农产品从生产、流通、加工、储运、销售、服务等环节的可追溯，保证农产品的质量安全。通过智慧农业技术的引进和武装，不仅可以提高生产效率，节约资源，绿色发展，同时促进区域农业全产业链升级，增强区域农业产业竞争力。

2.6.1 发展目标

1）提高农业生产效率，实现精准化作业

利用先进的传感器、信息传输和互联网等综合化信息监测、分析平台，实现区域农业的统筹规划和资源监测。利用无线传感器技术、信息融合传输技术和智能分析技术，感知生态环境变化。在农业生产精细管理领域，将光、温、水、气、土、生物等传感器布局于大田作物、果园、畜禽水产养殖等方面，间断化感知、实时化决策、精细化生产。

2）加强生产全程控制，保障农产品质量安全

在农产品安全溯源方面，利用条码技术来跟踪、识别、监测农产品的生产、运输、消费过程，保证农产品的质量安全。

3）拓展销售渠道，提升旅游服务水平

整合规划区产品资源，利用互联网和手机移动终端的优势，建立企业对企业（B2B）、企业对消费者（B2C）模式，整体推进产品快速交易和品牌宣传，多渠道促进农产品销售。同时，开通旅游网上订购服务，让消费者轻松、便捷、直观地开启区域不同内容的旅游体验。

4）促进产业融合，推动全产业链开发与升级

通过农产品安全追溯系统和电子商务平台建设，沟通生产、加工、销售等各个环节，构建外部需求与内部供给以及内部体系信息的良好沟通与反馈，促进产业体系的结构优化，最终实现农业产业、休闲旅游产业全产业链开发与升级。

2.6.2 农作物“四情”监测系统

农作物“四情”监测系统主要是利用现代信息技术准确掌握农作物生育进程和“四情”

动态，以大田作物为重点，在各个单元建立采集点，对作物苗情、墒情、病虫草情、灾情以及各生育阶段的长势、长相进行动态监测和趋势分析，对作物生产、田间管理和抗灾救灾进行快捷高效的调度指挥，提高精细生产和田间管理的能力，及时发现生产中存在的问题，制定田管技术对策，提出田管意见或建议，更好地开展技术指导，促进增产增收。

1. 应用范围

适用于规划大田种植区、饲草种植区以及特色经济林果区作物生长发育以及土壤墒情、病虫草情、灾情的监测，为生产管理提供指导。

2. 总体要求

规划设计围绕大田各生育阶段的长势长相、种植田管信息化业务管理，以作物生长环境及作物本体数据采集为基础，以现代物联网技术为手段，以“二高一优”为标准，结合矿区实际情况，实现大田田间作业管理规范化、生产精细化的目标。

3. 建设方案

通过信息传感器和控制系统共同构建“四情”监测系统，主要包括以下几点。

1）苗情监测预警分析系统

该系统通过远程监控技术获取田间现场环境信息，通过遥感影像数据获取农作物生长信息，并结合专家知识数据库，可对农作物长势、干旱、冻害进行监测与综合分析，并给出诊断方案，进而为农作物的调控管理提供决策和支持。

2）农作物灾情监测预警分析系统

系统具备对农作物灾情评价体系信息化管理的功能，达到对灾情进行自动化评价管理，实现灾情监测预警析分析，最终建立一套服务农业的灾情监测预警系统。系统要提供灾情信息管理、灾情实时监测、成灾条件分析、预警分析、信息发布等功能。

3）土壤墒情监测预警分析系统

可实时监测墒情最主要参数——土壤水分，并综合其他监测数据及环境因素进行墒情预测预报，可根据用户需求提供土壤墒情监测报表及监测报告等功能。

4）病虫情图像监测预警分析系统

对农作物病虫情图像自动识别与分析，具有自动生成和田管措施等功能，田间作业人员可及时开展田间管理作业；对智能手机上报的病虫情图片进行识别、分析与处理，实现信息反馈，智能手机接收到病虫种类、发生情况和对应田间管理措施等反馈信息；实现各地病虫情的动态展示功能。

2.6.3 设施蔬菜物联网系统

温室物联网主要面向温室大棚对物联网技术的需求，配置多功能融合的种植环境、育苗土壤温湿度、光照强度、CO_2 浓度等新型集成化感知层产品，智能化数据采集装置，自动化控制装置，建立病虫害测报与防治系统，视频实时监管系统，通过智能化操作终端实现种植产前、产中、产后的全过程监控、科学管理和即时服务，进而实现育苗集约、高产、高效、优质、生态和安全的目标。

1. 应用范围

在数字化农业示范区以及新型温室试验区主要是构建应用温室物联网系统与生产过程管理系统，用于温室农业生产数据信息的采集、监测和自动控制。

2. 总体要求

以调优设施蔬菜生长环境，实现绿色优质生产为目标，通过运用物联网技术，对生产环境进行监测、调控，同步进行农事操作、农资投入等生产管理的电子化建档，实现对整个生产过程的信息化业务管理。设施蔬菜物联网系统的建设最终应达到生产精细化、省工化、规范化和可追溯，实现蔬菜绿色优质生产目标。

3. 建设方案

该系统主要由环境监测、预警管理、设备远程管理、数据对比分析以及系统管理模块构成。

1）环境监测

在温室安装多套无线环境智能监测传感器，主要监测空气温湿度、土壤温度、土壤水分、光照强度及二氧化碳浓度等指标，并且将监测到的即时数据无线传输到云平台，计算机根据数据比对会自动发出相应的操作指令，启动温室设施智能控制系统，相关的风机、湿帘、天窗、遮阳、遮阴、加温、补光等设备随即开始工作，对温室环境进行自动调节，从而使温室环境始终处于作物最喜欢、最舒适的范围之内，为作物健康生长提供有力保障。

2）预警管理

当空气温度、空气湿度等环境监测数据超过设定的预警值时，系统会自动预警，生成预警事件，通过手机短信及网页报警提示管理人员或工作人员进行管理和控制，并形成记录，便于事后查询和跟踪监督。

3）设备远程管理

该模块实现了对空气温湿度传感器、光照强度等环境监测设备以及温室内风机、湿帘等环境调控设备的工作、运行状态进行定时自动或手动远程巡检，对设备的工作、运行状态进行统计管理，用于记录和查询每个设备的工作状态情况（正常/故障/损坏）、工作年限、检修、保养信息。并可实现自动远程控制温室设备，从而完成施肥、灌水、排风、进水、遮阳等环境调控作业。

4）数据对比分析

该模块提供智能玻璃温室空气温/湿度、光照强度、二氧化碳浓度、土壤温度、土壤水分等监测数据的历史数据查询功能，还提供温室环境预警事件信息的查询功能。同时可将温室内空气温度、空气湿度、二氧化碳浓度等环境监测数据以及环境预警事件信息以图表形式或曲线图形式形成统计报表，供管理人员做出适当的作物生长管理、分析与决策。

5）系统管理

系统管理员可根据不同工作管理需要设置用多种角色用户访问权限，在保障系统平稳运行和系统数据安全的前提下达到信息公开与共享，方便不同角色用户的访问操作使用，进行协同生产管理作业。

2.6.4 智慧养殖系统

狭义地说，智慧养殖系统是将物联网技术与养殖业结合起来，传感器在线采集养殖场环境信息（二氧化碳、氨气、硫化氢、空气温湿度等），同时集成改造现有的养殖场环境控制设备，实现畜禽养殖的智能生产与科学管理。管理者可以通过手机、平板电脑、计算机等信息终端，实时掌握养殖场环境信息，及时获取异常报警信息，并可以根据监测结果，远程控制相应设备，实现健康养殖、节能降耗的目的。另外，该系统引进禽畜养殖自动化技术，可定时定量喂料、喂食、照明、取蛋、清粪等自动控制。广义地说，涉及饲料及兽药的监管、投入品的监管及肉质产品的全程追溯体系。

1. 应用范围

用于首采区和二采区的生态养殖场，实现对牛、羊等畜禽生长环境的监测与控制、饲养作业自动化以及整个生产期畜禽生长情况的指标监测。

2. 总体要求

通过系统建设和应用，达到养殖环境实时准确监测以及自动化控制，生产作业与投入品管理严格管控，疫情及时测报以及远程可视与自由控制，畜禽产品相关环节可追溯，增强养殖风险控制能力，降低生产管理成本，实现优质生产。

3. 建设方案

该系统主要由视频监控、生产管理和环境信息监测模块构成。

1）智慧养殖系统总体架构（图 2.6）主要由三部分构成：养殖房内视频监控节点、养殖房内环境信息采集节点和控制设备以及监控中心。

视频监控节点主要是在养殖房内安装红外监控摄像机，对养殖基地整个生产区建设进行视频监控，对牲畜的生长过程进行有效的监控，对养殖基地的人员进行实时观察录相或在以后方便调出图像取证，从而对非法入侵的行为及时制止。

采集节点根据设备作用可以分为数据采集设备（传感设备）和控制设备。数据采集设备通过无线或者有线传输集中到节点箱后，通过特定的协议或者方式传输给数据层。控制设备主要包括湿帘、风机、电磁开关。控制设备主要通过逻辑控制器，用于其内部存储程序，执行逻辑运算、顺序控制、定时、计数与算术操作等面向用户的指令，并通过数字或模拟式输入或输出控制各种类型的机械或生产过程。监控中心位于办公管理处，在管理处放置视频监控和智能控制的管理中心，能够直接辅助于生产。

2）畜禽养殖管理系统

基于物联网的畜禽智能养殖系统利用物联网技术，围绕设施化畜禽养殖场生产和管理环节，通过智能传感器在线采集养殖场环境信息（二氧化碳、氨气、硫化氢、空气温湿度、光照等），同时集成改造现有的养殖场环境控制设备，实现畜禽养殖的智能生产与科学管理。

养殖户可以通过手机、平板电脑、计算机等信息终端，实时掌握养殖场环境信息，及时获取异常报警信息，并可以根据监测结果，远程控制相应设备，实现健康养殖、节能降耗的目的。

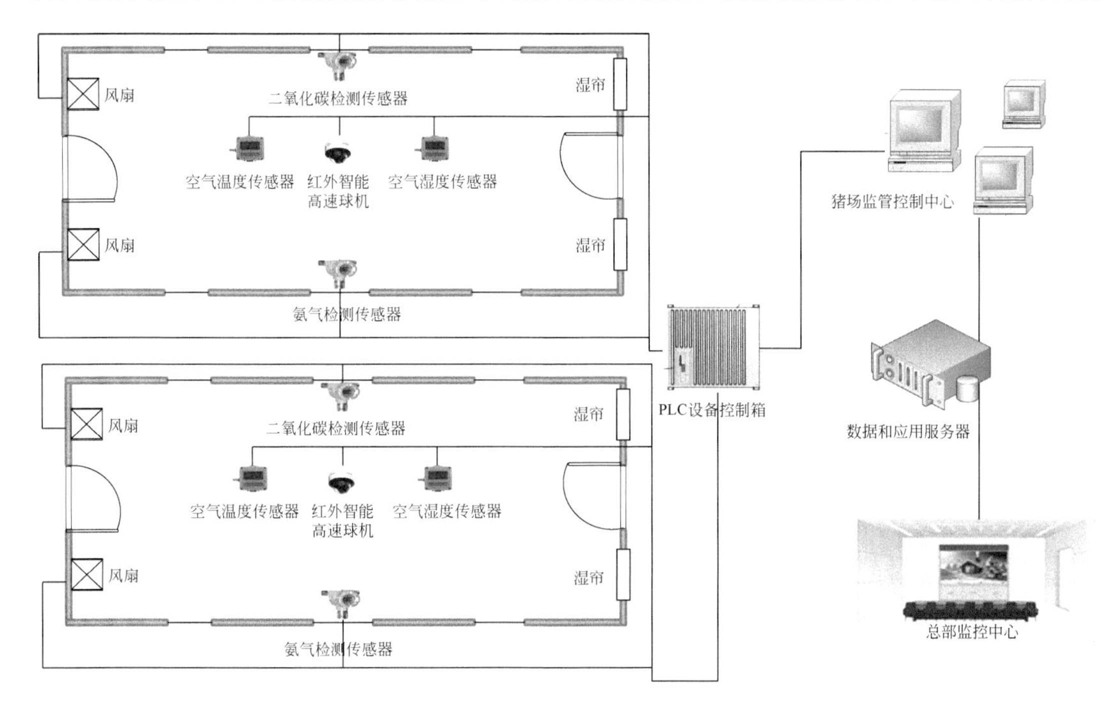

图 2.6　智慧养殖系统总体架构示意图

在每个养殖大棚部署环境监测设备，至少包括空气温湿度、CO_2、光照、氨气、硫化氢等有害气体监测传感器，控制系统 1 套，监控系统 2 套，展示系统 1 套。实现对采集自养殖舍各路信息的存储、分析、管理；提供阈值设置功能；提供智能分析、检索、告警功能；提供权限管理功能；提供驱为用户监控平台，可远程监控各舍内的环境情况。

3）视频监控系统

视频监控系统架构（图 2.7）的功能分为：实时显示、实时记录、远程操控、网络查看及回放部分。

实时显示：显示部分主要由硬盘录像机的电脑显示器和远程计算机进行运行观看。硬盘录像机的电脑显示器上显示基地内的所有监控图像（后期各基地可以升级为电视墙形式的大屏一对一的摄像机监控以及通过视频矩阵进行有效切换）。

实时记录：基地的监控系统采用数字硬盘录像机进行视频图像的存储，有利于对事件进行取证和分析。

远程操控：控制部分由硬盘录像机、高速球（数字矩阵）控制键盘组成。在硬盘录像机上通过鼠标操作可以切换本机上的监控画面和控制本机上的高速球旋转、放大等功能。数字矩阵主要是对电视墙上监视器里的监控图像进行切换，可设置监控图像在监视器里自由切换、程序切换、定时切换等操作。高速球控制键盘主要是配合高速球使用的。控制键盘用来控制高速球比鼠标更方便，通过控制键盘还可调出高速球的菜单，实现高速球的两点扫描、巡航、花样扫描、设置预置点、调用预置点等功能。

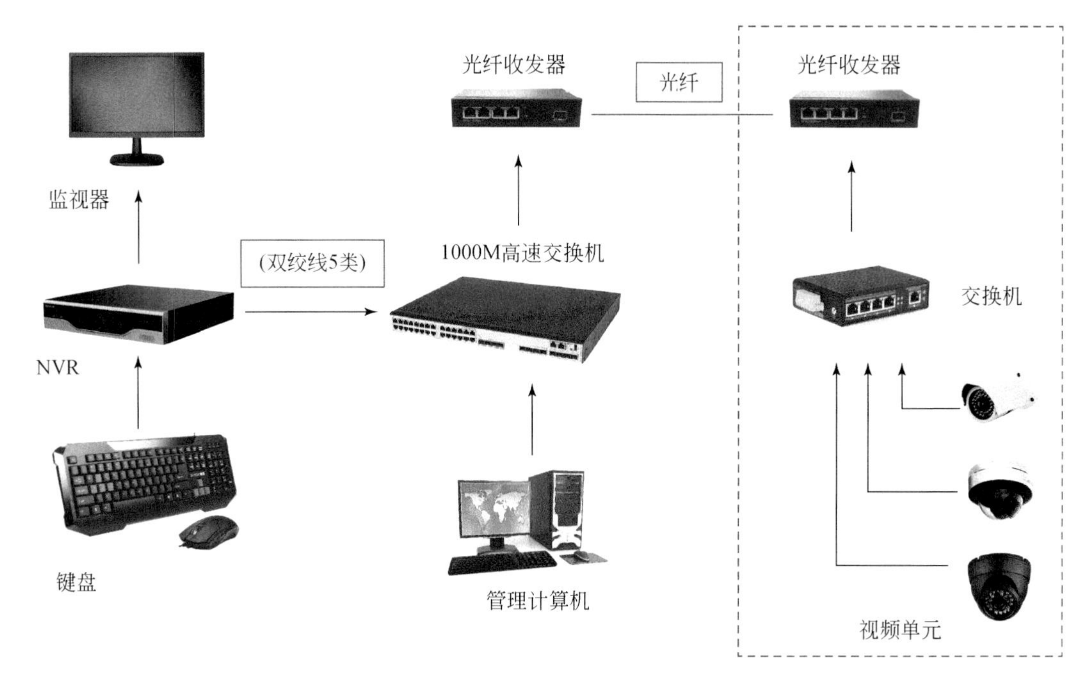

图 2.7　智慧养殖视频监控系统框架示意图

网络查看及回放：数字硬盘录像机具有网络功能。连入监控中心的局域网络，可以让局域网里的授权用户随时观看监控图像，达到可以在自己的电脑上就可以观看到高速公路上的监控实时情况。数字硬盘录像机加装非对称数字用户线路（ADSL）就可以连入因特网，授权用户可通过因特网访问主机，观看到监控图像。

2.6.5　农产品可追溯系统

农产品质量追溯系统包含整个智慧农业的全流程跟踪管理，是主干道，贯穿了农产品生产基地管理、种植养殖过程管理、采摘收割、加工、储存、运输、上市销售、政府监管的各个环节（图 2.8）。追溯平台涉及的各子系统为智慧农业的某一环节服务，并将采集到的信息即时传送到追溯平台，最终在追溯平台上进行全流程的展现，实现“质量可监控，过程可追溯，政府可监管”，让群众放心食用，让政府宽心管理。

采用基于物联网核心的二维码技术、互联网技术、数据库技术对农产品从种植到销售整个周期进行电子化、信息化、智能化管理，建立一套完整质量追溯体系（图 2.9）。

质量追溯系统涉及三个主要环节与五大系统，即生产、仓储和配送环节，以及农产品信息采集系统、农产品物流管理系统、农产品仓储系统、农产品质量监督系统和农产品质量追溯系统。

1）农产品信息采集系统

面向相关政府部门、企业和消费者三方：如种植业，利用高精度信息采集器，企业可进行环境及作物生长信息监测，采集温度、湿度、风力、大气、降雨量，以及有关土地的湿度、氮磷钾含量和土壤 pH 等，进行科学预测，科学种植，提高农业综合效益；政府部门可实现全程质量监管，保证居民饮食安全；消费者可追溯产品信息，选购放心农产品。

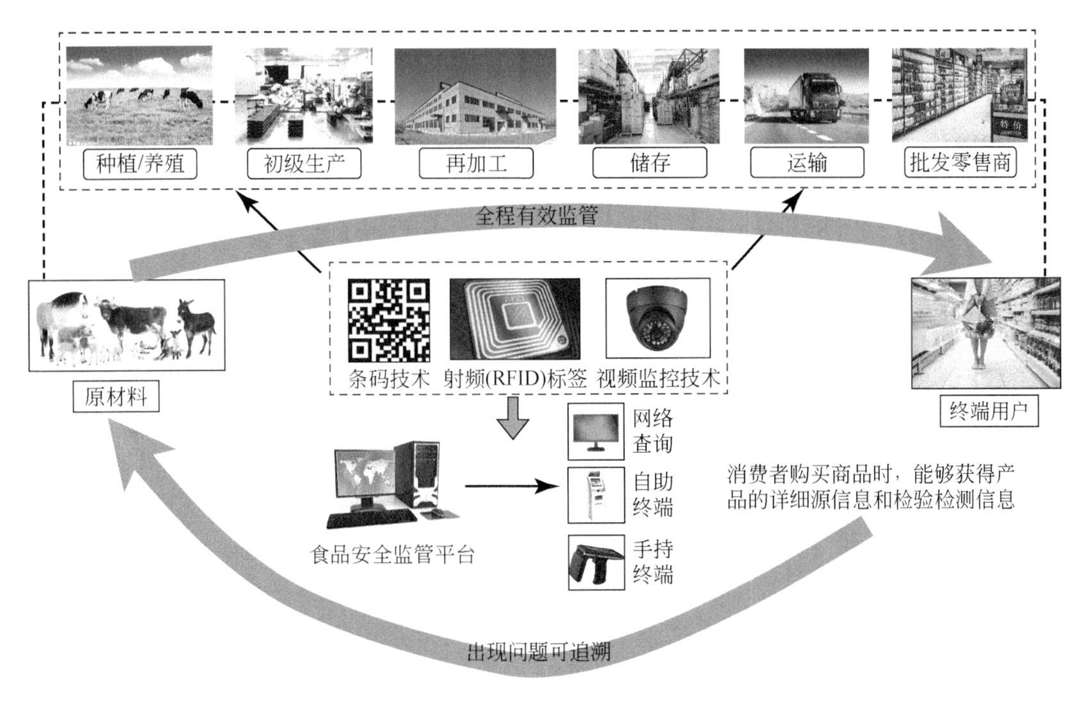

图 2.8 “农产品质量溯源”应用场景

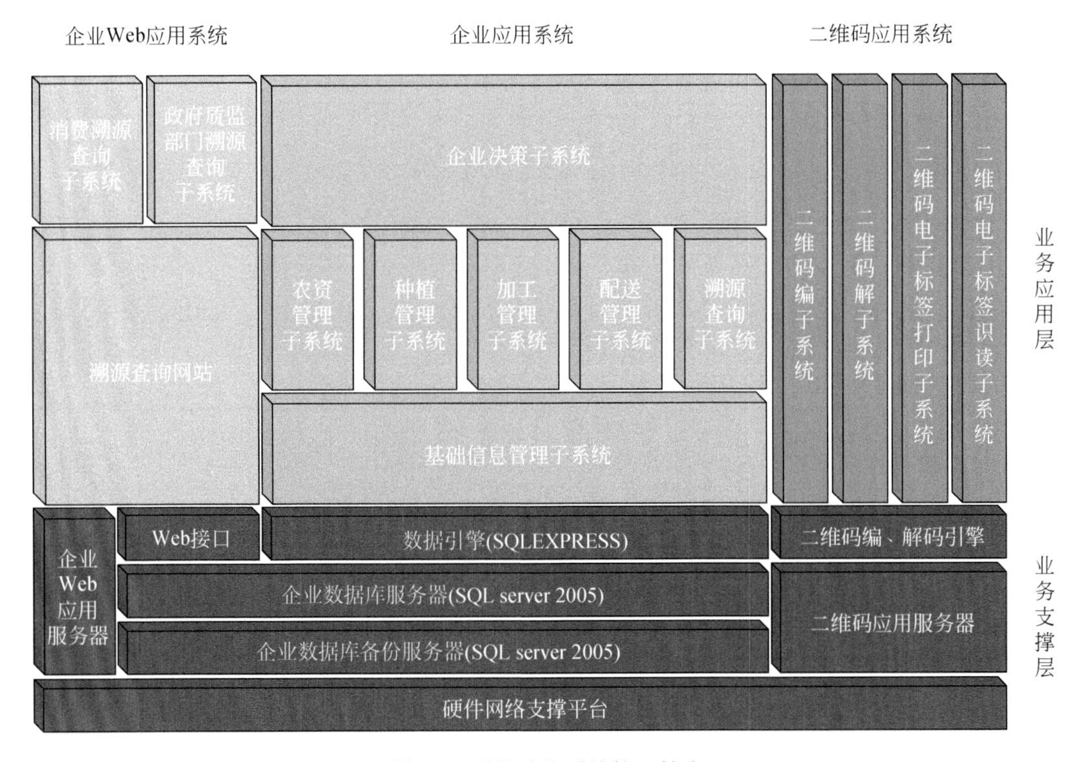

图 2.9 质量追溯系统核心技术

2）农产品物流管理系统

可以实现运输过程的可视化，做到产品运输车辆能及时、准确调度。对于农产品来说，最重要的就是快速、准确，通过在配送车辆、包装之间运用物联网技术，可实现对整个配送过程的动态掌握，从而提高运输效率，尽量避免无效运输。

3）农产品仓储系统

企业可通过感应器在农产品入库时进行感知，并实现各处仓库及生产点、销售点的无缝连接，准确掌握仓储的基本状态，做出相应控制，实现仓储条件的自动调节，提高作业管理效率。

4）农产品质量监督系统

该系统以区域农产品质量安全监督与指导为核心，是集日常管理、统计报表、档案存储、企业评估、科学指导、标识管理、追溯管理等功能于一体的政府办公平台。

5）农产品质量追溯系统

从上到下追溯：农场—食品原料供应商—加工商—运输—销售商—销售点，可查找销售扩散点，当农产品出现问题时，有利于政府部门发挥监管职能，勒令产品下架和召回。

从下往上追溯：消费者在销售点买到问题产品，可以向上层层查找，追究产品流通点及责任人，维护消费者权益。

其技术体系主要有业务应用系统、二维码应用系统、企业应用系统以及企业 Web 应用系统。

2.6.6　电子商务

电子商务是利用微电脑技术和网络通信技术进行的商务活动。广义上讲，电子商务是一种现代商业方法。通过使用互联网等电子工具，使公司内部、供应商、客户和合作伙伴之间，利用电子业务共享信息，实现企业间业务流程的电子化，配合企业内部的电子化生产管理系统，可以提高企业的生产、库存、流通和资金等各个环节的效率（图 2.10）。这种方法可以改善产品性能和服务量，提高服务传递速度，满足政府组织、厂商和消费者降低成本的需求。现代电子商务是通过计算机网络的数据处理技术（DP），将买方和卖方的信息与产品和服务器联系起来的活动，计算机与网络是基础和支撑，实现商务洽谈是终极目的。

图 2.10　电子商务平台总体框架

1. 建设目标

利用互联网和手机移动终端的优势，建立B2B、B2C模式，实现品牌宣传和产品快速交易，多渠道促进农产品销售。同时，开通旅游网上订购服务，让消费者轻松、便捷、直观地开启区域不同内容的旅游体验。

2. 建设方案

平台功能主要有农产品的发布、农产品资讯展示、农产品交易、在线支付、商户评价和投诉。

1）商品发布管理

系统包括品牌商品管理、特色商品管理、团购优惠、拍卖特卖活动管理，实现对农产品分门别类管理，以集中化模块展示适合不同层次的消费者，用户可以快速找到适合自己需要的商品。

2）农产品信息发布

信息发布包括农产品市场行情信息、农产品供求信息、政策信息，系统可以实时对接市场供求信息，促成便捷交易，减少产品滞销。

3）手机APP

用户通过手机微信公众号发布商品信息，获取销售订单。

4）生态农业观光旅游

生态农业具有优美的自然环境，是进行观光、农业体验、民俗活动和自然探险的好地方，系统可以宣传展示，发布旅游观光信息，拓展收入附加值。

5）交易支付管理

系统通过第三方支付平台完成交易，买方选购商品后，使用第三方平台提供的账户进行货款支付，由第三方通知卖家货款到达、进行发货；买方检验物品后，就可以通知付款给卖家，第三方再将款项转至卖家账户。

2.6.7 智慧水土检测

运用先进的信息技术，实现水土检测的精准管理，提高了生产建设规划水土保持管理的科学性。

1. 监测目的

（1）协助建设单位落实水土保持方案，加强水土保持设计和施工管理，优化水土流失防治措施，协调水土保持工程与主体工程建设进度。

（2）及时、准确掌握生产建设规划水土流失状况和防治效果，提出水土保持改进措施，减少人为水土流失。

（3）及时发现重大水土流失危害隐患，提出水土流失防治对策建议。

（4）提出水土保持监督管理技术依据和公众监督基础信息，促进规划区生态环境的有效保护和及时恢复。

（5）为各项指标计算提供实测数据。

（6）为水土保持专项工程验收提供依据。

2. 监测范围

根据《水土保持监测技术规程》（SL 277-2002），在确定水土保持监测方案和实施过程中，根据主体工程设计与施工实际情况，对建设区进行动态监测，灵活掌握监测区域的变化。

3. 监测内容、方法、频次

1）监测内容

A. 水土流失背景值监测

水土流失背景值监测主要有：规划建设区和直接影响区土地利用现状调查；规划区社会经济情况调查；规划区水土流失、水土保持状况调查；规划区地形、地貌、气候、水文状况调查；规划区植被、土壤基本状况调查。

B. 防治责任范围动态监测

开发建设规划的防治范围包括规划建设区和直接影响区，规划建设区主要为永久占地和临时占地，永久占地和临时占地面积在规划建设前已经确定，施工阶段及植被恢复阶段保持不变；直接影响区的面积则随着工程进展有一定变化，防治责任范围动态监测主要是通过监测直接影响区的面积，确认施工期防治责任范围面积。

C. 表土临时堆积动态监测

表土临时堆积动态监测主要监测表土堆积量、土壤类型、堆积情况（面积、堆积高度、坡长、坡度）、防护措施及拦渣率。

D. 施工期土壤流失量动态监测

施工期土壤流失量动态监测针对不同地表扰动类型的流失特点与不同地表扰动类型，分别采用简易水土流失观测场等进行多点位、多频次监测，结合排水沟汇流处沉沙池进行观测，综合分析出不同扰动类型的侵蚀强度及水土流失量。

E. 水土流失防治动态监测

水土流失防治动态监测包括水土保持工程措施和植物措施的监测。其中，水土保持工程措施（包括临时防护措施）监测内容包括：实施数量、质量；防护工程稳定性、完好程度、运行情况、措施的拦渣保土效果。植物措施的监测内容包括：不同阶段林草种植面积、成活率、生长情况及覆盖度；扰动地表林草自然恢复情况；植被措施拦渣保土效果。

2）监测方法

监测方法采用实地调查和定位监测（包括遥感监测和无人机监测）相结合的方法。

A. 实地调查监测

对地形、地貌、植被的变化情况，建设规划占用土地面积、扰动地表面积情况，工程挖方、填方数量，弃渣数量及堆放占地面积等规划的监测，采用实地调查结合设计资料分析的方法进行；工程建设对规划区及周边地区可能造成的水土流失危害的评价采用实地调查结合实地量测等方法进行；对防治措施的数量和质量、林草成活率、保存率、生长情况及覆盖度、防护工程的稳定性、完好程度和运行情况及各项防治措施的拦渣保土效果等规划监测，采用实地样方调查结合量测、计算的方法进行。

B. 遥感监测

遥感监测是以遥感影像数据为基础，利用图像判读或解译，达到对土壤侵蚀时空变化进行监测的方法。遥感监测首先合理选择数据源，遥感数据有卫星影像、航空相片、无人机照片等多种类型，本工程根据规划区地形地貌及分辨率要求选择 SPOT 卫星数据。数据源获得后，根据精度要求进行几何校正，并对水土保持工程及植物措施按照信息提取要求进行合成、彩色增强和影像融合工作。数据源处理后，根据影像特征进行判读和解译。解译结束后，通过地面抽样调查，对解译结果进行对比校核，确保遥感解译结果的精度。

C. 无人机监测

定期用无人机对沿线水土流失状况进行监测，利用影像资料详细分析施工期间工程对土地扰动、植被破坏、水土流失状况。

3）监测频次

进场前先对规划区内进行全面普查，统计出目前规划建设的实际情况，统计出工程建设目前已损坏水保设施面积、扰动地表面积、工程防治责任范围面积、工程建设区面积、直接影响区面积、水土保持措施防治面积、防治责任范围内可绿化面积、已采取的植物措施面积等内容。本规划根据实际情况，监测频次如下。

（1）临时堆土场、堆料场的堆量每 10 天监测一次；

（2）正在实施的水土保持措施建设情况每 10 天监测一次；

（3）扰动地表面积、水土保持工程措施拦挡效果每月监测一次；

（4）主体工程建设进度、水土流失影响因子、水土保持植物措施生长情况等每 3 个月监测一次；

（5）水蚀监测在每日降雨量大于 50mm、每小时降雨大于 20mm 和风速≥17m 时加测一次后统计数据归零；

（6）水蚀侵蚀量雨季每月一次（6～9 月）、风蚀侵蚀量风季每月监测一次（12 月～次年 5 月）；

（7）遇暴雨、大风等情况应及时加测，水土流失灾害事件发生后 1 周内完成监测。

2.7 休闲旅游专项规划

休闲旅游是指以旅游资源为依托，以休闲为主要目的，以旅游设施为条件，以特定的文化景观和服务规划为内容，离开定居地而到异地逗留一定时期的游览、娱乐、观光和休息。我国休闲旅游呈现出国内化、家庭化、大众化、多元化、郊区化和高品位化的发展态势。近几年来，国家也发布了不少文件，出台了多种政策，倡导大力发展休闲农业和乡村旅游，推进农业与旅游、教育、文化、健康养老等产业深度融合。

露天煤矿开采后，经过植草造林等绿色修复以及农业产业的植入，区域将从单一的矿产开发向具有多种旅游开发价值的业态和要素转变，包括新能源开发、生态再造、现代农业等。将这些业态与旅游业进行有机融合，通过不同功能区的详细规划和设计建造，形成具有多样观光和体验规划与内涵的休闲旅游产业将是实现整个矿区绿色修复后的产业转型升级，并形成复合式发展典型的有效探讨。

按照以农为基、以旅带农、工农旅互动的思路，充分利用规划区农业、工业、生态、园林资源，将现代农业、高科技农业、创意农业、矿业文化、园林景观与生态餐饮、精品住宿、园艺疗养、田园观光、科普教育等相结合，通过综合开发建设工农旅休闲综合体，形成现代休闲观光旅游产业链，充分满足游客吃、住、游、娱和购的全方位旅游需求。

2.7.1　发展目标

以煤炭开采为主线、生态产业发展为副线，通过“五个一”（一山、一水、一带、一路、一苑）格局建设，把修复绿化提升到生态产业和生态文化建设的新高度，形成集露天采矿、修复绿化、旅游观光于一体的全产业链，打造工业引领农业、农业反哺工业、工农互补结合的休闲产业发展模式，将规划区建设成为全国知名的集矿业文化、农业休闲以及生态旅游于一体的休闲旅游综合体，实现年游客接待量 10 万人次。

2.7.2　游线设计

基于规划区旅游资源，按照不同的主题可以设计多条旅游线路。

1）矿业文化线路

该线路以煤矿文化为主线，向游人展示我国煤矿资源、开采工艺、矿工生活以及国内外矿地生态修复等内容，使其充分了解能源与社会发展的紧密关系、煤矿文化的丰富以及生态环境保护的重要性。

主要参观规划区：香水湖、现代生态农业示范园、矿坑文化公园等。

2）农业观光体验线路

农业观光体验主要包括农业休闲体验和农业科技观光。其中农业休闲体验以四季农业景观欣赏、多种农作物认知、农事操作、农业采摘为内容，让游客充分融入大自然，体验农作的辛苦和快乐，让身心充分得到放松和调节。农业科技观光以科技在农业生产中的应用为看点，向游客展示区域农牧交错地区农业生产特色、资源循环利用以及农场生产经营模式，开阔游客对现代化农业和生态循环农业的认知视野。

农业科技观光规划区：现代生态农业示范园、数字化农业科技示范园、生态养殖场、杂粮种植示范园、设施蔬菜示范园、大田基地、饲草基地以及有机肥加工厂等。

农业休闲规划区：现代生态农业示范园、数字农业科技示范园、沙生植物园、饲草基地等。

3）生态旅游线路

规划区是露天煤矿开采结束后，在生态修复基础上，发展生态循环农业产业，最终形成“一山、一水、一带、一路、一苑”的功能和结构布局。就规划区本身而言，属于生态的范畴，加上系统物质循环利用和能源清洁化，全区任意一处都具有生态休闲观光价值。

2.7.3　建设内容

围绕各功能区建设相应的旅游基础设施配套工程以及旅游产业公共服务体系。旅游基础设施配套工程包括规划区游客服务中心、导视系统、照明系统、停车场、景观小品、观光交通工具、游乐设施、餐饮住宿等商业配套设施等。旅游产业公共服务体系包括旅游安全保障服务体系、旅游信息咨询服务体系、旅游交通便捷服务体系、旅游便民惠民服务体系以及旅游行政服务体系等。

2.8　光伏农业专项规划

规划本着绿色环保、科学试验、节地节材的理念，充分运用现代农业种植和太阳能发电等技术，依托设施大棚架构安装光伏组件，实现农业种植与光伏新能源发电完美结合，达到棚上清洁能源与棚下高效设施农业种植产业同步发展，打造设施种植与光伏发电双赢的产业新模式（图 2.11）。

图 2.11　弱光种植大棚（敞开式大棚）实例图

2.8.1　发展目标

规划根据规划区现状用电数据推算光伏装机容量约为 15MWp，光伏电站建成后，25 年总发电量为 53378.37 万 kW·h，年均发电量为 2135.13 万 kW·h。年平均利用小时数为 1406.14h。

2.8.2　建设地点

1. 建设位置

该规划位于现代生态农业示范园。

2. 布局模式建设

本规划为农光互补光伏规划，建议采用四种不同布局模式，分别为弱光种植大棚（采用敞开式大棚形式）、单坡封闭式大棚（用于家畜养殖区和菌类养殖区）、恒温大棚（采用智能恒温农业大棚）和日光棚（光伏支架与农业大棚相结合的形式）。

1）弱光种植大棚

弱光种植大棚（图 2.12）为传统的敞开式的大棚，也就是将传统的光伏支架抬高，组件最低端离地面 1.5m，可以在大棚底部和大棚支架种植弱光植物。适宜于沿生产道路、矮化经济林与光伏板结合集中布设。

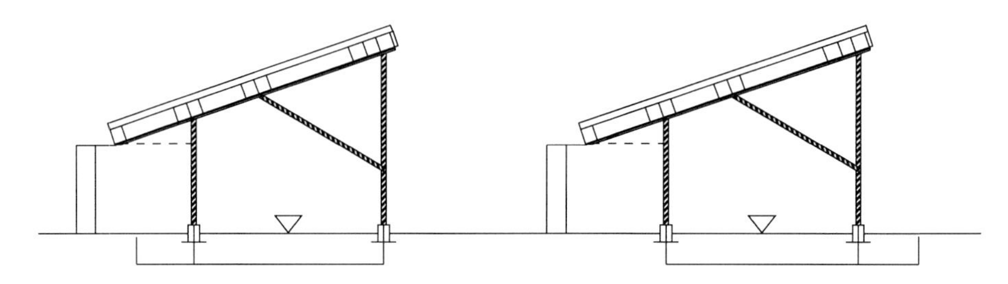

图 2.12 弱光种植大棚（敞开式大棚）结构图

大棚立柱及斜梁采用镀锌槽钢，檩条采用镀锌 C 型钢，组件与檩条之间采用压块连接。大棚采用最佳倾角设计，发电量效果最佳。光伏支架每兆瓦用钢量约为 50t 左右。

2）单坡封闭式大棚（用于家畜养殖区和菌类养殖区）

组件最低点离地面 1.0m，按照最佳倾角 36°进行设计，竖排 5 块组件 5×20 布置，采用 275 个组件。将大棚底部全部封闭起来，进行菌类养殖和家畜的养殖（图 2.13～图 2.15）。

图 2.13 单坡封闭式大棚实例图一

图 2.14 单坡封闭式大棚实例图二

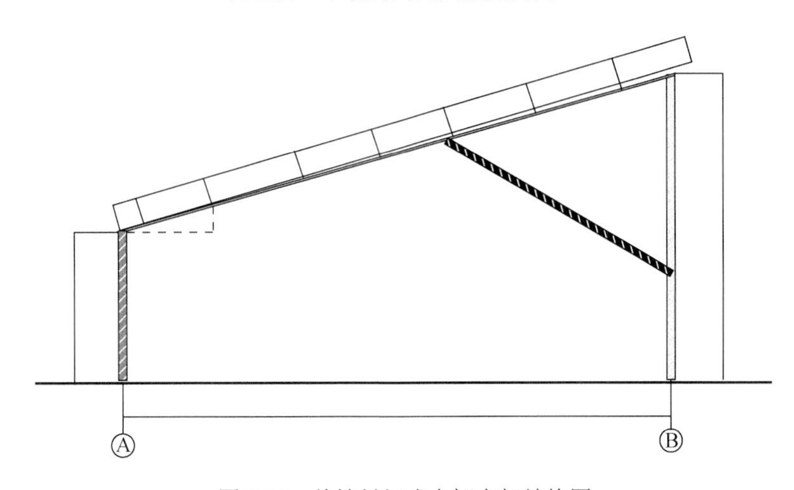

图 2.15 单坡封闭式大棚支架结构图

大棚立柱及斜梁采用镀锌槽钢，檩条采用镀锌 C 型钢，组件与檩条之间采用压块连接，大棚四周采用 PEP 利得膜覆盖或采用砖墙。

大棚采用最佳倾角设计，发电量效果最佳。

3）恒温大棚

恒温大棚（图 2.16）为标准的农业大棚形式，大棚南坡布置光伏组件，北坡采用阳光板铺设。温室大棚肩高不低于 3.5m，联栋棚宽度不超过 40m（图 2.17）。

图 2.16 温室大棚支架示意图

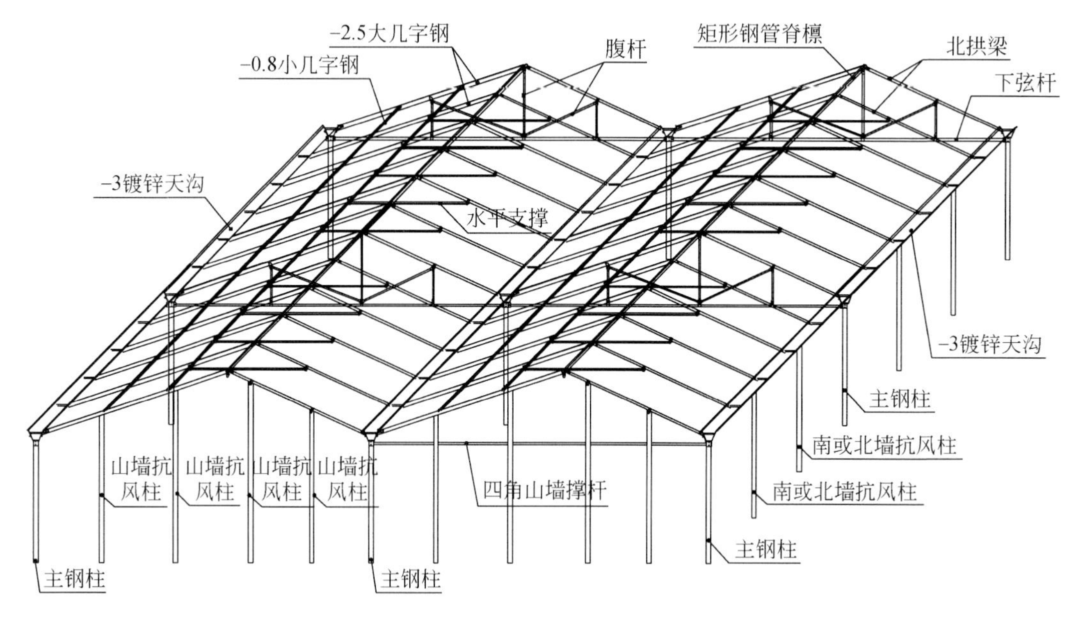

图 2.17 温室大棚支架结构图

大棚支架立柱、斜梁、斜拉杆、隅撑等均采用圆钢管，温室四周的覆盖材料采用 PEP 利得膜覆盖，厚度为 0.2mm，薄膜安装时应抻紧，勿出现雨兜、撕裂等安装缺陷。棚内设置通风系统，四周设电动式（或手动）卷膜窗，每跨天沟部设一道电动卷膜窗；棚内设置风机-湿帘降温系统。

大棚基础：温室立柱基础独立（混凝土现浇）基础；四周砖砌圈梁高 0.25m、宽 0.24m，其中零线以下 0.1m，水泥沙浆（1∶2）墙面粉刷。

4）日光棚

日光棚为农业大棚与光伏支架结合形式，大棚支架离地 4.0m，支架前端设置农业大棚，利用支架立柱将大棚支架固定（图 2.18）。

日光棚棚顶高 3.2m，肩高 1.2m（肩高应满足强度及种植要求）；在电池板立柱处安装一“M”形双拱梁，用螺栓与电池板立柱连接；在双架梁间安装单拱梁，间距均布且不能大于 1.2m；设置 5 道纵梁，由螺栓与拱梁连接；双架拱梁处安装支撑板，斜撑与拱梁、纵梁由螺栓连接；拱梁、纵梁由镀锌钢带冷弯成 C 型钢，拱梁、纵梁、支撑板厚度为 2mm。大棚前坡面底部、顶部和后立面底部设置开窗通风，开窗处铺设防虫网。

2.8.3 光伏发电规划

1. 光资源评价

规划所在地太阳能年总辐射量为 5500～6000MJ/m^2，根据《太阳能资源等级 总辐射》（GB/T 31155—2014）等级划分标准（表 2.1），属于 B 类，太阳能资源很丰富，十分有利于发展光伏农业。

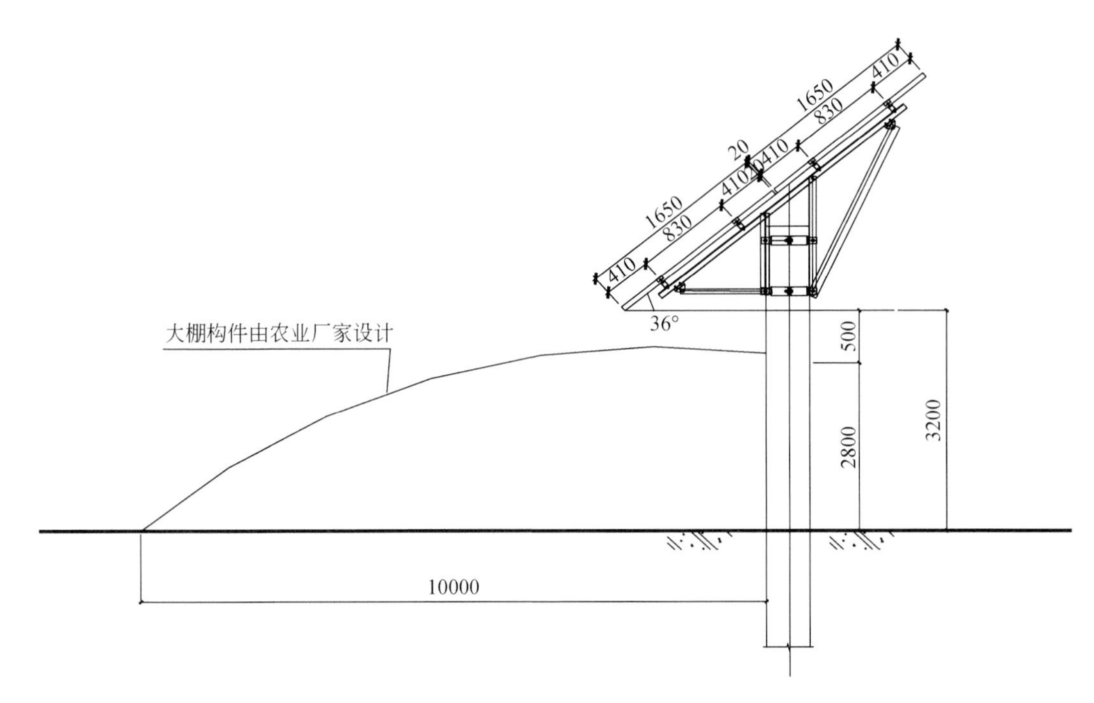

图 2.18 日光大棚支架结构图（单位：mm）

表 2.1 中国的太阳能资源分区情况表

名称	等级符号	年辐射总量指标/(MJ/m²)	年辐射总量指标/(kW·h/m²)
最丰富带	A	≥6300	≥1750
很丰富带	B	5040～6300	1400～1750
较丰富带	C	3780～5040	1050～1400
一般带	D	＜3780	＜1050

2. 系统构成

根据大棚面积和全园供电需求，推算出光伏装机容量约为 15MWp，规划采用 290Wp 单晶硅电池组件，对园区内自发自用、自给自足，效果较好。组件尺寸为 1650mm×991mm，共计 52360 个组件，光伏大棚规格采用 80m×10m，在大棚北侧布置固定倾角支架，共布置光伏大棚 170 个，每个光伏大棚布置 308 块电池板，22 块电池板为一串，共计 14 串。

3. 光伏组件架设方式

规划地位于 109°59′30″E～110°05′00″E、38°31′15″N～38°41′15″N 之间，本次工程太阳能光伏组件支架采用固定布置方式，光伏支架正南向布置，支架倾角经规划地光资源分析及 PVSYST 软件计算，最终选择 39°、大棚屋顶高度 3.5m、光伏组件支架光资源接收辐射量 1985(kW·h)/(m^2·a)。此种布置方式优势在不影响规划正常发电的同时，电池组件位于大棚后立柱上侧，能保证大棚作物的采光最大化，较方便农业种植选择的多样性（图 2.19）。

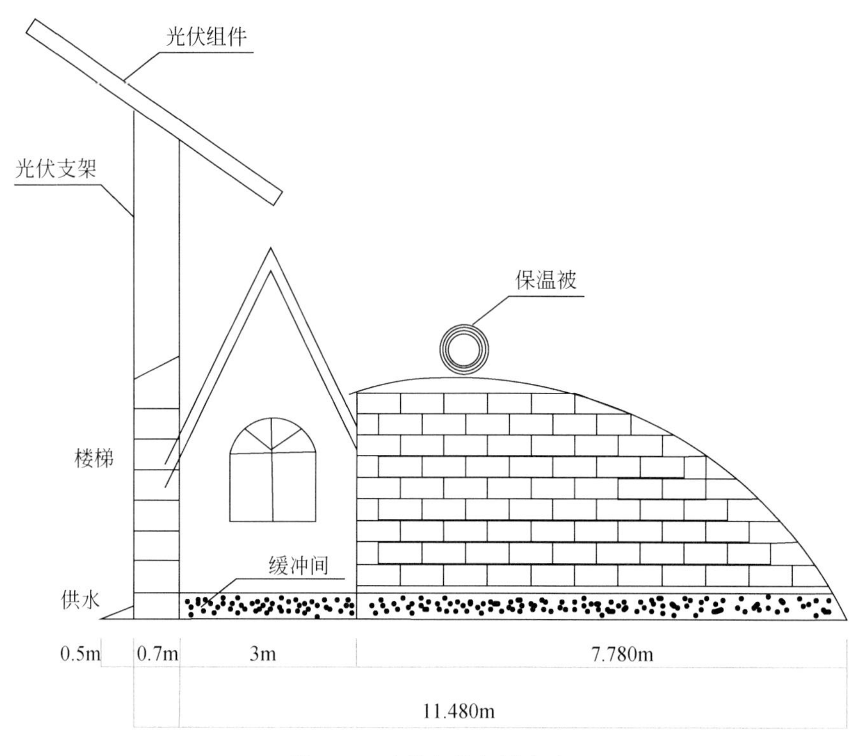

图 2.19　光伏组件架设方式

4. 容量设计

规划占地面积为 500 亩，共有 170 个温室（10m×80m），组件数量 170×308=52360 个，容量计为：52360×290Wp=15.1844MWp。

光伏电站建成后，25 年总发电量为 53378.37 万 kW·h，年均发电量为 2135.13 万 kW·h。

5. 光伏发电量预估

本次工程太阳能光伏组件支架采用固定布置方式，规划地位于 109°59′30″E～110°05′00″E、38°31′15″N～38°41′15″N 之间通过 PVSYST 光伏计算软件来估算发电量，输入规划地点的纬度和光伏方阵的方位、安装模式、倾角，以及各月水平面上的平均日辐射及各月平均温度数据得出各月光伏阵列面上的平均日辐射；再通过输入太阳电池组件类型、功率、数量、额定太阳电池组件效率、正常工作温度、光伏温度因子、逆变器效率、容量及其他光伏阵列损耗等数据计算出年发电量，总的光伏系统效率等结果数据。

光伏电站的第一年发电量为光伏电站的最大理论发电量乘太阳电池组件第一年的衰减系数。

本工程所选晶硅电池组件第一年的衰减系数为 0.97，故规划地 15.1844MWp 光伏电站的第一年理论发电量为：24098557×0.97=2337.56 万 kW·h。根据光伏组件年衰减情况分析表，按光伏电站使用寿命 25 年进行电站全寿命上网电量计算（表 2.2）。

表 2.2 规划区 15.1844MWp 光伏电站全寿命上网电量计算表

年数/a	年均发电量折减/%	实际发电量/（万 kW·h）	可利用小时数/h
1	97	2337.56	1539.45
2	96.3	2320.69	1528.34
3	95.6	2303.82	1517.23
4	94.9	2286.96	1506.12
5	94.2	2270.09	1495.01
6	93.5	2253.22	1483.9
7	92.08	2236.35	1472.79
8	92.1	2219.48	1461.68
9	91.4	2202.61	1450.57
10	90.7	2185.74	1439.47
11	90.0	2168.87	1428.36
12	89.3	2152.00	1417.25
13	88.6	2135.13	1406.14
14	87.9	2218.27	1395.03
15	87.2	2101.4	1383.92
16	86.5	2084.53	1372.81
17	85.8	2067.66	1361.7
18	85.1	2050.79	1350.59
19	84.4	2033.92	1339.48
20	83.7	2017.05	1328.27
21	83	2000.18	1317.26
22	82.3	1983.31	1306.15
23	81.6	1966.44	1295.04
24	80.9	1949.58	1283.93
25	80.2	1932.71	1272.82
平均值		2135.13	1406.14
总量		53378.37	

计算结果：根据组件逐年衰减情况，计算出本工程建成后首年发电量为 2337.56 万 kW·h，25 年总发电量为 53378.37 万 kW·h，年均发电量为 2135.13 万 kW·h。首年利用小时数为 1539.45h，25 年年平均利用小时数为 1406.14h。

2.8.4 日光温室建设

园区占地 500 亩，规划建设日光温室（10m×80m）170 座。温室采用 RG-IV 型结构，单座建设内容详见表 2.3 和表 2.4。

表 2.3 光伏农业单栋日光温室建设内容与规模（主要材料部分）

序号	规划		工程量	单位	备注
1	钢结构	钢骨架	800	m^2	上弦 DN25*2.2 下弦 DN15*2.0 镀锌钢管、檩条为 DN20*2.0*4 道钢管
		配套辅材	800	m^2	焊条、切割片、防锈漆、十字连接件、自攻丝等
2	覆盖系统	塑料膜	1200	m^2	希腊进口 PEP0.1mm 塑料膜（单层）
		防虫网	350	m^2	32 目尼龙防虫网
		卡槽	670	m	0.65mm 热镀锌卡槽
		卡簧	750	m	浸塑卡簧
		压膜带	970	m	国产抗老化压膜线
3	降温系统	顶通风系统	1	套	顶卷膜器、卷杆、固膜卡箍、导杆
		侧通风系统	1	套	侧卷膜器、卷杆、固膜卡箍、导杆
4	保温系统	保温被	1140	m^2	1.6kg/m^2 保温被
		后坡保温板	136	m^2	10kg/m^3 10cm 夹心保温彩钢瓦
		保温板封口	100	m	彩钢瓦专用封口
		卷被系统	1	套	卷被机、卷杆、导杆、电源线及信号线等
5	水肥一体化节水设施		800	m^2	蓄水罐、压差施肥器、过滤器、施肥桶、管道、滴灌系统、专用管件等
6	配电	照明系统	10	盏	防水节能灯、线槽、电源线等
		电路敷设	800	m^2	电缆、阻燃线管、紧固件、辅材等
		控制柜	1	套	控制卷被机、照明、节水灌溉

表 2.4 光伏农业单栋日光温室建设内容与规模（其他部分）

序号	规划	工程量	单位	备注
1	温室土建	800	m^2	基础、墙体、保温层、后墙顶部防水处理、混凝土圈梁、预埋件等
2	加工及安装费	800	m^2	安装人员的人工费、差旅费、食宿费、工具损耗及折旧费、管理费等
3	运费	1	趟	钢结构及配套材料的运费等（预设运费）

2.8.5 种植规划

园区农产品主要面向当地市场，就近消费，因此根据当地的农产品消费偏好，结合当地优势农业资源，对园区 170 座日光温室生产内容进行合理布局。

规划充分考虑光伏发电站的建设既满足园区年生产生活用电，又不影响日光温室生产，将 170 座日光温室的间距分为三种类型，满足果蔬生产。

第一种：日光温室间距设置为 5m，布置 20 个日光温室，主要种植菌类，如平菇、金针菇、白玉菇、杏鲍菇等。

第二种：日光温室间距设置为 8m，布置 100 个日光温室，主要种植叶菜类，如油麦菜、生菜、菠菜、茼蒿、芹菜等。

第三种：日光温室间距设置为 10m，布置 50 个日光温室，主要种植果菜类，如番茄、西红柿、黄瓜、茄子、辣椒、苦瓜、丝瓜等。

2.9　现代生态农业示范园景观规划

2.9.1　规划范围

该规划位于整个矿区的东边，规划占地面积 2300 亩（图 2.20）。

2.9.2　规划思路

西湾现代生态农业示范园是西湾露天矿区开采产生的第一个排土场，矿区集“采、运、排、修复一条龙”于一体，围绕推进现代生态农业发展，开展大田农业、经济林果、林下养殖、设施生产等试验，在恢复原有土地生产能力的基础上，优化产业结构、开展休闲旅游活动，延伸产业链条，进一步提高矿区经济与生态效益，使荒凉寂静的生态变成有生气的绿色生态园区。全力打造西湾露天煤矿区首个绿色生态农业示范园模范，矿区绿色转型发展的标杆，加快可持续性发展进程。

2.9.3　规划目标及功能定位

在优化生态园环境的基础上，全力打造西湾露天煤矿区首个绿色生态农业示范园模范，矿区是绿色转型发展的标杆，集农业生产（杂粮生产、经济林果生产）、康体疗养（旅游观光、商务会议、养生度假）、会议接待、生态防护功能于一体的现代生态农业示范园。

2.9.4　空间布局

根据规划区地块特征和适宜性分析，结合规划区发展定位，规划区主要建设田园休闲中心、特色林果采摘区、生态防护林三大板块（图 2.21）。

田园休闲中心：规划面积 367 亩，位于园区中心位置，拟打造一处集休闲观光、商务会议、文化传承、康体疗养于一体的田园式休闲服务中心，满足不同游客的休闲需求。

特色林果采摘区：该区域占地面积 1090 亩，规划以赏花采摘为主，种植不同品种的林果，延长采摘期，满足游客的采摘体验。

生态防护林：该区域占地面积 843 亩，位于整个排土场外围，通过筛选配置科学合理的生态林建设，构建生态园外围防护屏障。

图 2.20 西湾现代生态农业示范园规划位置

图 2.21 西湾现代生态农业示范园效果图

2.10 数字农业试验示范园景观规划

2.10.1 规划范围

数字农业试验示范园占地面积 1200 亩，位于综合管理区东南方位（图 2.22）。

2.10.2 规划思路

按照“引进-示范-筛选-推广”的思路规划建设西湾数字农业试验示范园，开展矿区土壤与矿坑水改良、高效农业模式、农业高新技术应用、有机种植以及生态循环农业模式的示范试验，为矿区实现绿色循环产业转型提供强有力的科技支撑，树立坚实又鲜活的实践样板。

2.10.3 规划目标及功能定位

通过合理布局、精品建设、高端配置以及科学管理运营，将该科技示范园打造成为在榆林乃至全国农牧交错带地区看得见、摸得着、可推广的农业科研成果转化平台、农业高新技术示范园。

功能定位分为以下几点：

（1）农业高新技术应用示范功能（智慧农业、节水灌溉、新型温室、高效贮藏、无土栽培、工厂化育苗等）；

（2）高端农产品生产功能（绿色有机农产品、名优花卉）；

（3）科技研发与成果转化功能（土壤微生物改良、节水灌溉）；

（4）生态循环农业示范功能（生态循环模式、标准化及效益）；

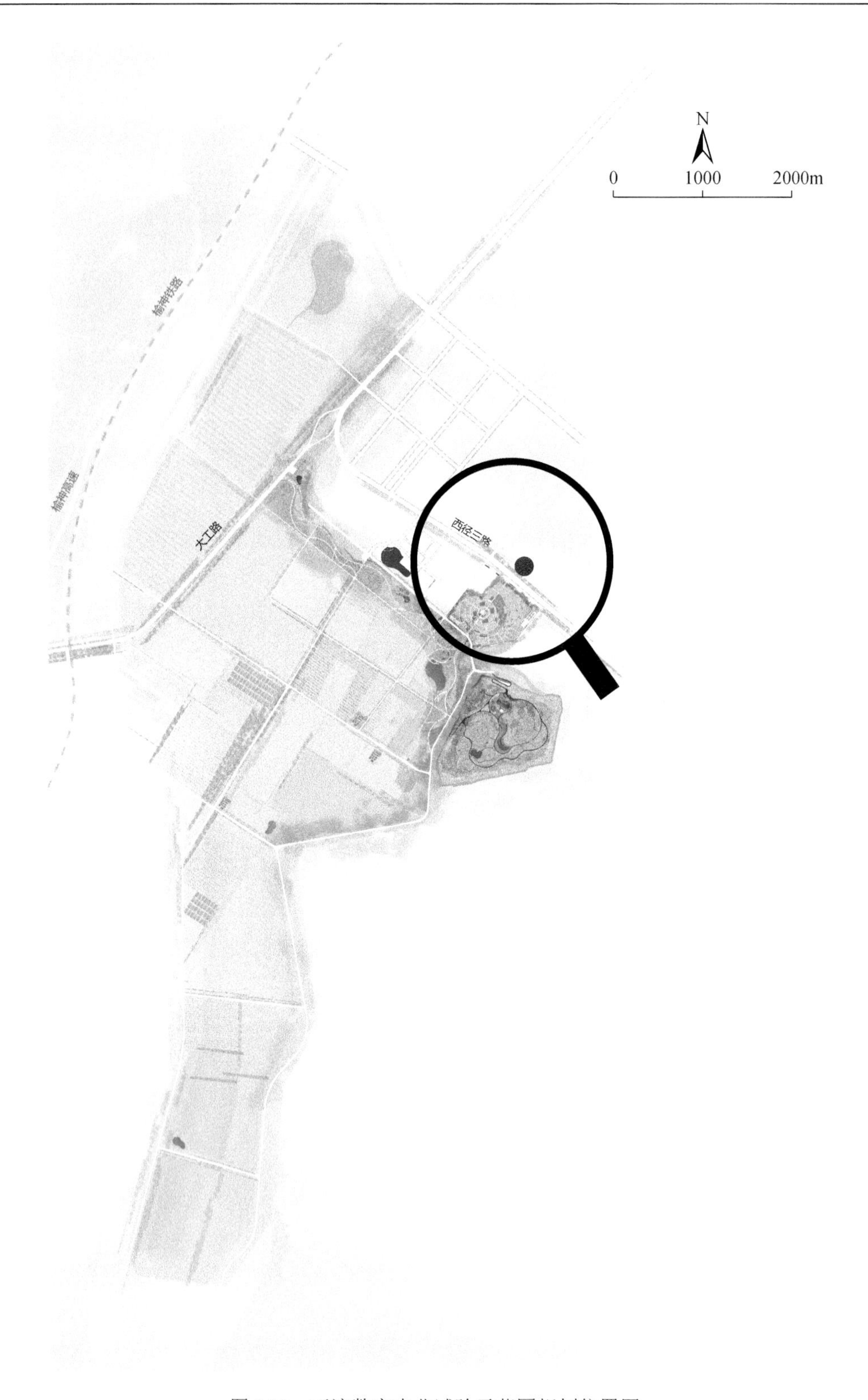

图 2.22　西湾数字农业试验示范园规划位置图

（5）培训教育功能（职业农民培训、参观交流）。

2.10.4 空间布局

根据规划区现状条件和园区的定位发展，该农业科技示范园规划建设六个功能区（图2.23），即数字农业示范区、土壤改良示范区、高科农业示范区、节水灌溉示范区、有机农业示范区、农产品加工贮藏区（图2.24）。

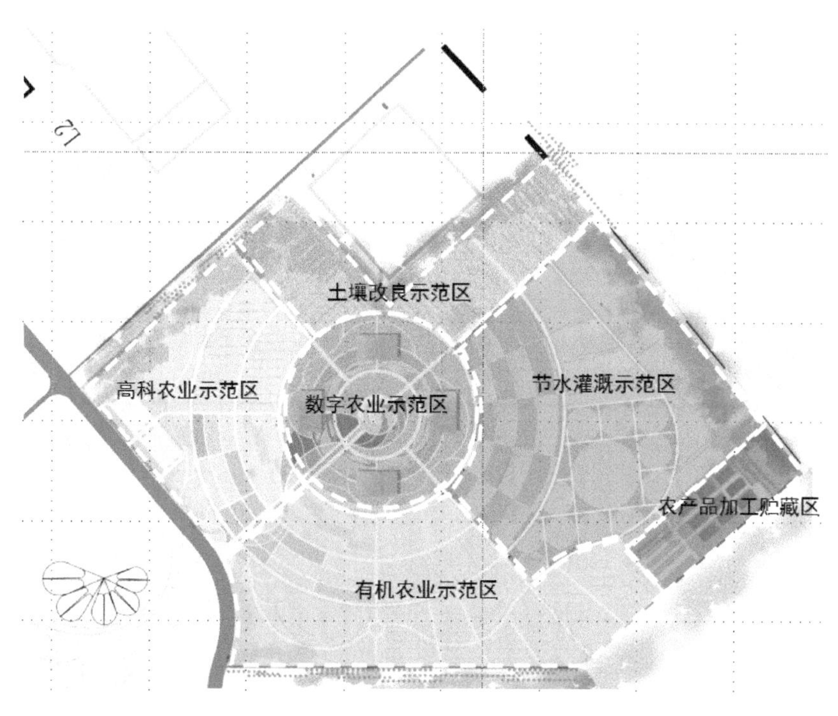

图2.23 西湾数字农业试验示范园空间布局

图2.24 西湾数字农业试验示范园效果图

1）数字农业示范区

该区占地面积 31 亩，主要将建设智慧农业控制中心、工厂化育苗馆、无土栽培馆、珍奇花卉栽培馆四部分。采用先进的智能温室设施、温室控制系统、温室基质栽培技术、温室全程机械化技术；提高优质种苗集中供应能力，加大蔬菜花卉新品种、新技术及绿色栽培模式的研发、推广；集中示范不同无土栽培技术、装备以及栽培作物的选择；以“高标准温室＋珍奇品种＋优良栽培手段”示范名优花卉和热带、亚热带的特色植物种植，为规划区试验示范及周边地区提供优良品种。

2）土壤改良示范区

该区占地面积 134.4 亩，主要将建设土壤改良试验中心、土壤改良应用展示园两部分。土壤改良试验中心开展矿区土壤研究和土壤检测，向参观者展示系统的土壤知识和土壤改良应用成果，增强参观者对土壤与大自然的认识。土壤改良应用展示园在应用不同改良模式的土壤上实地种植植物，试验和展示不同模式的改良效果和配套的种植体系，为规划区土壤改良从理论到实践应用提供可推广转化的平台。

3）高科农业示范区

该区占地面积 227 亩，主要将建设引种试验区、新型温室试验区两部分。通过比较成熟的农业先进技术、品种等的引进示范，对新型温室的种植生产试验，为矿区生态农业遴选最适合的科技配套体系和温室。同时示范区将尝试引进名优花卉和蔬菜新品种，发展经济效益较高的种植产业。

4）节水灌溉示范区

该区占地面积 382 亩，以保护地和露地栽培应用相结合的方式示范不同节水灌溉方式和设备在作物生产中的应用，示范探索“作物＋栽培方式＋灌溉模式”的最优组合，为规划区后期大规模推广应用节水灌溉提供实践指导。

5）有机农业示范区

该区占地面积 318 亩，有机农业前景广阔，在矿区发展有机农业有利于防治水土流失和保护生物多样性，能够加快生态治理和恢复。示范区以建立 318 亩有机种植技术标准，探索有机种植效益，示范应用有机种植方式进行西甜瓜、番茄、黄瓜、草莓等高附加值果蔬的种植。建立生产管理数据库，为产品的有机认证和可追溯提供支持。

6）农产品加工贮藏区

该区占地面积 10.8 亩，对园区生产的果蔬产品进行采后贮藏，示范不同果蔬品种的最佳贮藏方式和贮藏技术。同时，对部分产品实行特色加工和包装，为园区农业产业链的构建和提升产品附加值进行有益探索和试验。

2.11　草食畜牧集约化养殖园景观规划

2.11.1　规划范围

西湾草食畜牧集约化养殖园位于循环产业园西南方向，占地面积 300 亩（图 2.25）。

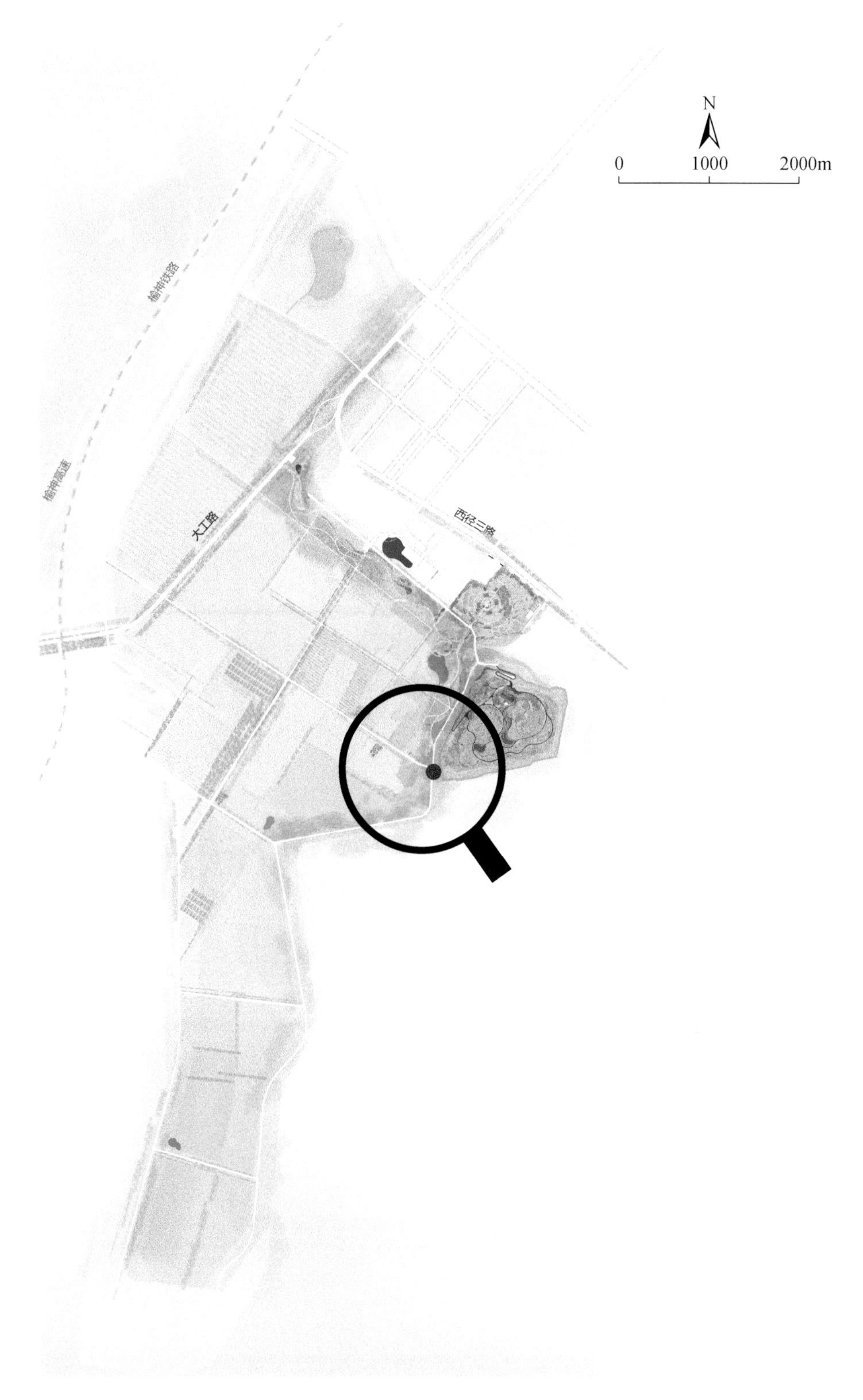

图 2.25 西湾草食畜牧集约化养殖园位置图

2.11.2 规划思路

合理利用区域丰富的草场资源，配套建设人工草场和饲草基地，发展肉羊、肉牛养殖。坚持草畜平衡、以草定畜，做到生态环境保护与牧草资源利用平衡，实现可持续发展。同时，通过沼气工程和有机肥工程，实现养殖粪污的肥料化利用，培肥修复后的土壤，最终实现种植养殖废弃物“零排放”和“全消纳”，建立起生态循环农业建设指标体系、养分综合管理计划等管理制度，使循环模式、技术路线、运行机制和政策措施四者有机结合，在区域内整体实现资源节约、生产清洁、循环利用、产品安全。

2.11.3 规划目标及功能定位

通过合理布局、精品建设、科学武装以及管理运营，最终实现示范园年出栏优质肉牛1000头、肉羊3000只。

功能定位分为以下三点：

（1）生态循环农业示范功能（生态循环模式、生产标准化及经济效益的示范）；

（2）绿色肉制品生产功能（牛肉、羊肉）；

（3）清洁化节能生产示范（机械清粪、控制用水、暗道排污、粪污肥料、能源化利用等）。

2.11.4 空间布局

本着相对集中、交通便利、运输成本经济合理，以及最大限度杜绝感染的原则。根据生产工艺要求，按功能分区原则，结合场区地势、地形、风向等局部气候特点，将园区主要划分为饲草种植区、肉牛肉羊养殖区、综合管理区和有机肥加工区四部分（图2.26）。

图2.26 西湾草食畜牧集约化养殖园效果图

饲草种植区：修复先期主要种植苜蓿等牧草，经过2～3年土壤改良，逐渐补充青贮玉米，将收割的牧草和青贮玉米作为畜禽的饲料。

肉牛肉羊养殖区：规划年出栏1000头育肥牛、存栏20头奶牛的养殖规模，建设有牛舍、饲料房、运动场、隔离室、青贮池以及其他配套用房；规划年出栏3000头肉羊的养殖规模，建设有羊舍、饲料房、运动场、隔离室、青贮池以及其他配套用房。综合考虑当地自然条件和牛羊的生物习性，在品种选择上，肉羊优先选用陕北绒山羊、小尾寒羊；肉牛优先选用利木赞肉牛、西门塔尔肉牛，并且严格按照饲养要求喂养。

综合管理区：主要承担养殖园的办公、接待、员工住宿等综合管理之用。规划建设一座2层砖混结构用房，配套停车场。

有机肥加工区：牛羊粪经过发酵后是一种很好的有机肥，用来做肥料可以改善土质、防止土地板结，经济价值良好。在加工区配套有机肥加工全套设备（包括有机肥粉碎机、有机肥搅拌机、有机肥发酵翻堆机、有机肥造粒机等）和沼气工程设备，将牛羊粪与秸秆、锯末屑、干泥土粉等按适当比例混合发酵，发酵过程注意适当供氧与翻堆（温度升至75℃或以上时要翻倒几次），升温控制在65℃左右，温度太高对养分有影响。

另外，进一步完善场区道路和绿化。场区道路主要是用于运送饲料、羊粪和牛粪的通道，分为污道与净道。场区绿化可净化空气，美化环境，改善生活和生活条件，激励工作精神。生活管理区应以美化、观赏植物为主；生产区应以抗污染性能强、净化空气性好的植物为主。

2.11.5 草畜平衡计算

1）1000头肉牛育肥饲料需求计算

1000头肉牛年需求青贮饲料13000t、干草7300t，而苜蓿和玉米每亩的青贮量分别为4000kg、7000kg左右，此量较大，建议收购青贮原料。

5000亩人工补播草场：1500亩紫花苜蓿基地，按每亩干草产量1000kg、收割利用率80%计算，每年可生产干草3600t、3500亩青贮玉米基地，按每亩青贮玉米产量6000kg、收割利用率85%计算，每年可生产青贮玉米9000t。

综上核算，还需要外购一定量的青贮料和干草。

2）3000只羊的饲草量计算

3000只羊每天需求量18t水草料，即一年需要消耗6500t青贮料，若自己种植原料，以苜蓿产量计算4000kg（亩产），一年需种植1700亩苜蓿。

综上所述，在首采区建设集约化养殖园，进行肉羊与肉牛的育肥养殖，肉羊未来实现自繁自育，当前因为现状条件限制，建议一期以育肥为主，在二期建设种羊群（种羊舍与育肥舍在选址要求上，应考虑防疫、疾病等因素）达到自繁自育的目的。当前实现草畜平衡有一定难度，建议先进行1000亩地的牧草供给试验，大量饲草还得需要外购。

2.12 沙地生态植物园景观规划

2.12.1 规划范围

西湾沙生植物园位于企业文化之路与绿色生态循环农业产业带之间，在园区生态廊道的核心区域（图2.27）。

图 2.27　西湾沙地生态植物园位置图

2.12.2　规划思路

结合西湾独特的塞北农业印象和资源禀赋优势，按照特色创新、生态设计的原则，规划建设囊括生态、文化、田园属性的沙生植物园，稳定区域生态植物群落，加强生态保护，构建生物类型广异、植物群类多样、季相变化多端的景观生态格局，以最少投入创造最大效益，努力成为沙化地带性植物群落展示中心和重要的生态基地。

2.12.3　规划目标及功能定位

通过分区布局、基础配置以及科学管理运营，将沙地植物园打造成陕北地区知名度高、种类丰富、功能多样的矿区修复土地改造应用典范。

功能定位分为以下四点：

（1）生态保护（土壤修复、水源涵养、净化空气、植物资源）；

（2）休闲观光（赏花观景、休闲散步）；

（3）科普教育（认识了解沙生植物）；

（4）试验示范（土壤改良生态组合结构、生态修复效率）。

2.12.4　空间布局

规划根据规划区现状以及区域地理环境，以生态修复与旅游观赏为出发点，以生态系统理论和景观园林实践为指导，通过本地适生植物和引进植物相结合的方式，集中种植和展示荒漠化地区和农牧交错带地区的丰富植物资源，营造不同类型的植物群落，同时为规划区实现绿色修复提供生物措施的经验支持。

主要建设沙生经济林果木园、抗逆植物园、药草植物园、多肉植物园、观赏植物园、矿区生态修复试验园六部分（图 2.28）。

1）沙生经济果木园

该园占地面积共 1016 亩，以温带荒漠区的已经开发利用的沙生经济林果（如红枣、沙棘、文冠果、苁蓉、麻黄草等）为种植内容，示范其在矿区土壤上的生长表现、产量品质及高产优质栽培模式，同时展示沙化土壤中仙人掌种植景观效果。

图 2.28 西湾沙地生态植物园空间布局

2）抗逆植物园

该园占地面积共 100 亩，以温带荒漠区的盐生植物、旱生植物，抗冻植物中的建群植物、优势植物及特有种为种植内容，进行自然式群落布局与物种结构配置，集中展示沙生植物的不同抗性结构特征和生态价值。

3）药草植物园

该园占地面积共 1188 亩，主要以本土适生药用植物为资源，适当引进市场经济效益较好的其他药用植物，如苦参、甘草、麻花黄、当归、柴胡等，结合示范其在矿区土壤中的生长表现，分析其产量和品质，为当地发展药材种植产业及矿区农业产业转型提供基础支撑。

4）多肉植物园

该园占地面积共 932 亩，以戟科、芦荟、番杏、龙舌兰、景天科的多肉植物为主要内容，通过景观手法，实现多肉植物种类、姿态、颜色、群落的多维度空间布局。

5）观赏植物园

该园占地面积共 303 亩，沙地有观赏价值的野生植物种类有 1000 余种，其中蔷薇科、豆科、藜科、菊科、忍冬科、柽柳科、鸢尾科、百合科和蓼科植物占统领地位。该园将收集和展示灌木类、地被类、低矮多年生草本和短命类观赏植物。除观花类植物外，还注重观叶、观果、观形类植物种类的引进，为规划区后期的观赏花卉植物繁殖提供资源。

6）矿区生态修复试验园

该园占地面积共 226 亩，该园主要针对矿区土壤特性，采取不同的植物组合模式和种植方式，研究示范不同组合对土壤改良和生态重建的影响，最终筛选出适合西湾露天矿区土壤修复的最佳组合模式和配套技术体系。

2.13 综合效益分析

在矿区修复土地上进行现代绿色生态循环产业的实施规划，通过实施生态化改良土壤和自然环境修复、发展分布式新能源和综合利用废水资源，达到节能减排目的，并为社会提供可靠的绿色产品，解决就业，实现矿区和谐发展，带来的社会和经济效益巨大。在编制规划时，对近中远期的规划建设投资和预计效益进行预估。

2.13.1 资源效益

西湾井田原始地貌类型属盖沙区，表层土壤主要有风沙土、栗钙土等，植被类型主要为草本及灌木植被。露天采矿经修复改良后，将增加可观的土地资源，整个露天采区累计修复达 80000 亩，经科学合理开发，可利用空间较为广阔。矿坑水每天涌水量约 5748m^3，经处理后可供生产生活使用，并开发对人体有益的优质水产品，产生较大的经济价值；露天矿四个采区所在地太阳能丰富，具备光伏发电的条件，将是优良清洁能源。

2.13.2 社会经济效益

通过绿色生态循环产业的实施，让暂时失去土地的农民参与修复工程中，参与到农牧业生产、养殖业、生产经营、工程建设中，既解决就业问题，又增加收入，有利地企和谐和社会稳定；切实贯彻了“加快建设资源节约型、环境友好型社会”的有关精神，达到发展煤炭生产与耕地保护、水土保持和改善矿区生态环境相协调，矿区煤炭资源的开发利用与矿区工农业生产和社会经济的综合发展相协调的目的。

通过绿色生态循环产业的实施，将增加规模化耕地、林地、草地，适宜规模化种植、养殖、放牧；通过科学经营管理，预期将取得较好的经济效益；通过对光伏能源的开发利用将产生经济效益；通过旅游开发、采摘等活动将产生部分经济效益。2016～2018 年为外排土场堆土和修复的过渡时期，该时段对先期的排土区首先进行生态修复，撒播草籽、种植灌林、移植部分林木等；对后期的排土区进行土地重塑，撒播草籽，通过人工修筑排水、引水设施，种植灌林、移植部分林木等综合措施修复外排土场生态系统。2018～2024 年为外排土场生态修复时期，该时段通过土壤改良，使平台区域的部分草地改良为耕地；平台及坡面区域优先修复为灌林地，条件不好的区域修复为草地。生态系统得到了恢复，并在一定程度上得到改良。2024 年以后，经过约 10 年的人工干预和土地重塑、培肥、植物修复等综合整治，排土场将取得较好的生态效果。先期修复为草地的部分土地改良为耕地，修复为灌林地的仍维持不变。土地价值由荒地变为草地，最后变为耕地，经济效应明显。特色农业及现代化生态农业将会产生较大的经济收益。如新型生态高效复合饲料每加工 1t

成品饲料可获得100元以上净利润，仅榆林及周边地区的舍饲养羊、养猪量约400万头，每年需补给饲料10万t以上。在整个西部具有广阔的市场前景。

2.13.3 生态效益

绿色生态循环产业的实施，既充分利用光能，减少化石资源的消耗，又能有效遏制矿区地表损毁和水土流失，并对损毁土地进行修复，尽快恢复和重建矿区生态环境，保障规划区及周边地区水土资源得到持续利用。西湾露天煤矿将成为兼顾经济效益、生态效益、社会效益的现代化绿色矿山的典范，坚持“创新、绿色、智能、协调、共享”发展理念的榜样。

2.14 保障措施

本规划是一项具有先导性、周期长、投资大、涉及面广的系统工程，由煤炭企业组织实施管理。按照“公司主导、共同参与、规划引领、规划带动、创新机制、市场运作、科技支撑、政策保证”的方针，举全公司之力，聚全公司之智，集中力量，整体打造露天煤矿循环产业园。

2.14.1 加强组织领导

为了保障科学、严格、高效实施园区规划，公司成立专门规划建设机构。公司整体负责园区规划编制、资源整合、招商引资、规划管理与实施、土地流转等工作。成立规划建设领导小组（以下简称领导小组），企业主要领导担任组长，交通、水利、财政等相关部门负责人为成员。

领导小组对园区建设进行宏观指导，组织协调规划资金整合，制定优惠政策。领导小组下设规划管理办公室，负责园区试点规划组织实施和管理工作；财务部门负责规划资金使用管理工作；监察、审计部门负责监督审计规划建设及资金使用情况；其他相关部门按照职责配合规划建设，保障规划建设顺利实施。

2.14.2 重视生态保护

一是加强农业资源保护。坚决执行最严格的耕地保护制度和集约节约用地制度，加强土地利用规划管理；以推广旱作节水技术为重点，提高水资源利用率。

二是采用环境友好型技术。加强高效、低毒、低残留农药、生物农药和易降解农用薄膜等新型农业生产资料的推广应用；采用标准化养殖方式，配套养殖污染处理设施，加强种养结合，减少环境污染。

三是提高农产品加工利用率。引入先进技术和设备，提高农产品加工利用率，加强加工副产品循环利用，减少加工废弃物排放。

2.14.3 强化科技支撑

围绕农业生态环境保护的关键性技术问题，突出生态修复、污染治理、土肥水一体化、农机农艺融合、生态养殖及粪污无害化处理等领域关键技术开展攻关，推动科技创新与成果转化，不断开发出适合矿区产业特点的农业环境保护措施和模式。依托省内外大专院校、科研院所和重点企业，整合科技资源，围绕农业废弃物循环利用、科学施肥用药、农业投入品高效利用、农业面源污染综合防治和农业机械化等生态循环农业的核心环节，加快技术和设备研发。加强技术集成，促进科技成果在生态循环农业中的应用，加大示范推广力度，并积极吸引企业和专业投资机构积极参与投资，探索商业化推广的有效途径。

2.14.4　营造良好氛围

通过报纸、网络、电视等媒体，以及发布会、研讨会、论坛等形式，大力宣传露天煤矿绿色生态循环农业产业园的主要构想。以诚信为本，生产放心、优质的农产品，创建园区招商引资、引进人才的良好环境，制定优惠政策，吸引企业和其他主体参与园区建设。大力宣传现代生态循环农业建设领域的先进典型和成功经验，提升社会对现代生态循环农业发展的认识，引导农民逐步接受科技创新、标准化生产、规模化经营、品牌运作的理念，构建良好的园区发展氛围。

2.15　本 章 小 结

本章主要针对露天煤矿生态环境脆弱、土地资源丰富、矿坑水资源和采区日照能源优良的特点，将开发清洁能源与高效生态农业相结合，根据露天煤矿不同的开采时间和采区特点进行了不同时期的农业规划，按照生态循环农业，“互联网+”农业和休闲旅游三个方向进行了规划设计，成果有以下几点。

（1）规划设计了现代生态农业示范园，围绕“采、运、排、修复一条龙”理念，以推进现代生态农业发展为主线，规划区主要建设田园休闲中心、特色林果采摘区、生态防护林三大板块，既恢复了土地生产能力，又优化了产业结构，延伸产业链条，进一步提高矿区经济与生态效益。

（2）规划了数字农业试验示范园，通过开展矿区土壤与矿坑水改良、高效农业模式、农业高新技术应用、有机种植以及生态循环农业模式等示范试验，规划建设六个功能区，即土壤改良示范区、高科农业示范区、数字农业示范区、节水灌溉示范区、有机农业示范区、农产品加工贮藏区，将科技示范园打造成可推广的农业科研成果转化平台、农业高新技术示范园。

（3）规划了草食畜牧集约化养殖园，以坚持草畜平衡、以草定畜，做到生态环境保护与牧草资源利用平衡，实现可持续发展。规划了饲草种植基地、肉牛肉羊养殖区、综合管理区和有机肥加工区四部分。利用沼气工程和有机肥工程，实现养殖粪污的肥料化利用，培肥土壤，最终实现种植养殖废弃物“零排放”和“全消纳”，在区域内整体实现资源节约、生产清洁、循环利用、产品安全。

（4）规划了沙地生态植物园，利用当地独特的塞北农业印象和资源禀赋优势，将生态、文化、田园相结合，主要建设沙生经济果木园、抗逆植物园、药草植物园、多肉植物园、观赏植物园、矿区生态修复试验园六部分。以最少投入创造最大效益，努力成为沙化地带性植物群落展示中心和重要的生态基地。

3　露天排土场海绵结构土层重构技术与方法

我国约 80%的煤炭资源分布在西部地区，但西部地区水资源占有量仅为全国的 3.9%[64]，大规模高强度开采，不仅造成了地表生态环境破坏，更加剧了水资源短缺[65]。同时，开采扰动对土壤微生物的生长、代谢及微生物群落的丰度、多样性等也产生了较大的负面作用[1]。因此，开展有效的矿山土地复垦与生态重建对西部煤矿区可持续发展尤为重要。西部干旱半干旱煤矿区气候干旱，蒸发强烈，降雨稀少，植被基本生存用水不能满足，水分成为影响植物生长发育的关键制约因子[66]，水资源匮乏严重制约了矿山环境恢复治理与生态重建工作。因此，如何有效利用土壤水分及其运移规律，成为该特定环境下的生态重建关键所在。

排土场生态系统生态重建难的主要原因一是排土场无序堆放致使土层结构不良、土壤孔隙大，无法为植物生长提供持续的水分供应；二是表土贫瘠、植物生长发育所需养分不足。故西部排土场复垦，首先需要构建一个合理的土层结构[67]。在露天煤矿排土场复垦过程中，土壤层序重构目前尚未有成熟的理论和研究。即使在一些土地复垦历史悠久的国家，也没有形成较为系统的理论和方法体系，对露天矿排土场土壤复垦更是很少涉及。多数研究表明，构建具有层序结构的土壤是解决露天矿排土场土壤重构的关键问题，而研究土壤剖面的水盐和养分运移规律为排土场土壤层序结构重构提供了一定的理论依据。

3.1　排土场土层重构工艺方法

土地自然利用的过程比较缓慢，土体是在几千年、几万年的自然作用和人类社会经济活动的共同作用下，逐渐形成并不断变化的，有些变化是良性的，有些变化则是恶性的。重构土体一般是人类在尊重自然规律的前提下，采取工程手段充分发挥主观能动性，使这一过程加快、减慢或者逆转，通过无机手段带动有机过程或通过有机促进无机的发展。对构成土体的材料、结构和生物营养等方面进行研究，以置换、复配、增减等技术手段，对土体结构进行重新构建，对土地质量进行提升，对土体环境做出改良，对退化、污损、低效利用等难以利用的土体或未利用的土体重新构建，将无生命体特征、状态不良的土体转变为具有生命特征的、适宜生命体生存、繁衍的土体[68]。

3.1.1　排土场表层土层重构

1. 土层物理重构

露天矿排土场覆土方式往往以矸石、砂砾为基底，上覆表土，由于表土不足，大量的采矿伴生土壤被堆积在排土场表面，这些土壤大多结构性差，有效养分低，不适合植物的生长。因此，为解决这一问题，将矿区伴生土壤与矿区当地土壤、矿区工业产物等混合重构，用以改善土壤结构。

煤矿区周围多分布火力发电厂，粉煤灰作为煤电厂的主要产物，是排土场表土重构的主要材料，被称为“功能土壤”。粉煤灰可以增强土壤营养元素的吸附能力，将粉煤灰与沙质土壤混合能有效增加土壤的持水量，并增加阳离子交换量，他们还发现未风化的粉煤灰对 NO^{3-}、NH^{4+}和 P 的吸附能力均高于沙土，尤其是对 P 的吸附能力高达 90%，将它与沙土混合能有效缓解沙土中 NO^{3-}、NH^{4+}、P 的淋失[69]；粉煤灰可以调节土壤 pH，酸性粉煤灰中的三氧化物水解可以形成可水解的酸，降低碱性土壤 pH，同时碱性粉煤灰中的碱性氧化物与水反应生成碱可用于改善酸性土壤[70]；粉煤灰可以增加土壤微量元素，粉煤灰中含有多种植物所需要的硅、钙、镁和硼等元素，能提高土壤的营养水平[71]；粉煤灰是良好的保水剂，能有效地减小湿润锋的下移速率，增强沙土的持水性[72]。目前，粉煤灰作为良好的改土材料已经应用到排土场土层重构当中，黑岱沟露天煤矿排土场将粉煤灰应用于农业复垦当中，施加粉煤灰后土壤物理性质得到改善，土壤有机质及养分含量增高，有利于谷子的株高增长，粉煤灰施加量越大，谷子亩产越高[73]；粉煤灰能显著增加矸石山矿渣的 pH、有效磷、有效钾、有效硫以及苏丹草和燕麦两种作物对磷、钾、硫的吸收和总生物量；添加 20%～25%的粉煤灰为矿山复垦最理想的覆土方式，在此配比处理中多数植物长势最好[74]。

砒砂岩成岩程度低，颗粒胶结作用弱，其中蒙脱石含量较高，具有保水保肥的效果，且在我国西北地区分布广泛，能有效改造粗质的排土场覆土[75]。在砒砂岩和沙土 1∶2～1∶5 配比条件下，具有良好的孔隙度特征，持水能力较强，土壤理化性质较好[76]，同时添加砒砂岩能够增加排土场表层土有效水含量，且有效水含量随砒砂岩比例的增加而增加[77]；砒砂岩和沙复配体积比为 1∶1 时团聚体和有机质含量较高[75]；使用不同砒砂岩和沙的比例（1∶1、1∶2、1∶5）对不同农作物产量有不同影响，马铃薯在砒砂岩与沙 1∶5 混合时产量最高，小麦、玉米、大豆在砒砂岩与沙 1∶2 混合时产量最高[75]。

粉煤灰和砒砂岩都是矿区的工业产物，将其与质地较粗的土壤混合，可以有效地改善土壤持水能力。针对质地较细的排土场土壤可以将其与砂粒等粗颗粒土壤进行混合重构[78]，从而达到改善土壤质量的作用。

2. 土层化学重构

对于碱地土层，化学重构的重点是施用土壤改良剂，降低或消除土壤盐分和碱分，原理主要是利用胶体的离子吸附交换作用和酸碱中和反应来进行。具体有四种方法：一是施用脱硫石膏；二是施用生物有机肥；三是施用硫磺/硫化铁及废硫酸或绿矾等；四是施用生理酸性肥料。对于酸性土体，化学重构的重点是调节土体的酸性，为植物生长和发育提供良好的环境。酸性土壤的化学改良必须结合水利、农业等措施，才能取得更好的效果。具体有三种方法：一是施用石灰或者磷石膏，酸性土体石灰需要量可通过交换性酸量或水解性酸量进行大致估算，还可根据土体的阳离子交换量及盐基饱和度、土体潜性酸量等进行估算；二是施用硼泥类物质；三是施用有机物质[68]。

3. 土层生物重构

排土场土壤是新构土壤，其土壤结构极其不稳定，降雨发生时不能有效地保存雨水，水分往往通过径流的形式流失，处于干旱半干旱地区的排土场在雨热同期的条件下，降雨之后往往伴随着高温天气，土壤的快速蒸发又使排土场土壤含水进一步降低。通常通过施用绿肥、有机肥等方式重构土层，或者通过向土层施加有益微生物来促进排土场土壤发育。

秸秆覆盖是绿肥施加的一种方式，秸秆覆盖包括将秸秆与土壤一同深耕到地下，也可以将秸秆直接覆盖在表层。秸秆覆盖不仅可以增强土壤水分的下渗、降低土壤水分蒸发，还具有良好的蓄水保墒效果[79]。研究表明，随着秸秆覆盖量的增加，相对蒸发量逐渐减小[80]，在陕西部分地区，冬小麦在夏闲期和生长期采用秸秆覆盖能有效使土壤保持湿润状态，覆盖量为6000～7500kg/hm^{2}时最佳[81]；同样，对于玉米秸秆而言，覆盖量为6500～7500kg/hm^{2}时最佳[82]。秸秆覆盖除蓄水保墒作用以外，还可以改善土壤的养分状况。将2013～2015年旱地玉米秸秆覆盖模式与传统耕作模式相比，土壤有机质含量增加了19.8%，全氮含量提高了8.4%，水分利用率提高了11.3%[83]；秸秆覆盖可以降低土壤容重、增加总孔隙度[84]；覆盖措施下的旱作马铃薯可以提高15%左右的贮水量，且深松覆盖处理的土壤有机质、全氮、碱解氮、有效磷、速效钾含量显著提高。秸秆覆盖在增加土壤养分的同时还能防止土壤养分流失，随着秸秆覆盖量的增加，土壤养分流失量也随之减少，与无秸秆覆盖方式相比，侵蚀泥沙中的有机质降低了83.97%～82.5%、全氮降低了61.49%～85.56%、全磷降低了44.69%～83.75%、全钾降低了52.52%～81.79%[85]。秸秆覆盖改善了土壤中碳与氮的比例，为土壤微生物的活动提供了丰富的碳源和氮源，提高了土壤微生物种群多样性，改善了土壤微生物群落结构[86]，秸秆还田覆盖可以显著提高土壤微生物量碳、氮、土壤脲酶活性、过氧化氢酶活性和蔗糖酶活性[87]。

向排土场施加的微生物菌剂主要为丛枝菌根真菌（arbuscular mycorrhiza fungi，AMF），自然界普遍存在着植物与真菌的共生现象。按照菌根真菌菌丝在植物体内的着生部位和形态特征，分为外生菌根、内生菌根和内外生菌根；依据寄主植物分为兰科菌根、杜鹃花科菌根、水晶兰类菌根和浆果莓类菌根。其中较为重要的类型是外生菌根和内生菌根，乔木类植物的菌根类型主要是外生菌根，而灌木和草本植物中常见的菌根类型是内生菌根。

丛枝菌根真菌是陆地植被系统中的有机组成部分，大量研究表明，丛枝菌根真菌能够促进土壤营养物质循环和利用、稳定和改良土壤结构，菌根共生体是决定生态系统物种多样性的潜在因素。在生态系统或群落中，菌根共生体通过直接或间接改变系统中宿主与其他成分的关系而影响植物适合度，影响植物种间竞争、群落组成、种的多样性和演替动力。同时，丛枝菌根的生长状况、孢子数量以及 AMF 种类差异都能对生态系统中由于自然或人类活动所引起土壤和植被的变化起指示作用。菌根的形成可以明显改善植物水分和营养，尤其是不溶性营养盐（如磷酸盐）的吸收，同时也增强了植物对根系病害、干燥、土壤温度变化等环境压力的抵抗能力。菌根在植被恢复中，特别是在干旱、半干旱和亚潮湿地区以及废矿区、油污地、盐碱地、无林地造林等方面起着重要作用。深色有隔内生真菌（dark septate endophytes，DSE）也逐渐在本项目团队生态重建中开始应用，逐步显现出较好的促生生态修复效应，在本次专著中不再赘述。

3.1.2　排土场采排覆一体化工艺

1989 年开始执行《土地复垦规定》，标志着我国矿山土地复垦进入了依法复垦的新阶段。露天煤矿覆盖层剥离与土地复垦一体化，即剥离、排弃、造地、复垦一条龙作业模式。首先依据露天矿生产计划，确定剥离与土地复垦一体化作业过程及有关参数，如工艺间的合理配合、表土采集、表土的堆存、剥离物的排弃、土地平整及表土铺垫等[88]。

在采排覆一体化体系中，土地复垦工艺与采剥工艺相一致，一体化工艺流程如图 3.1 所示。

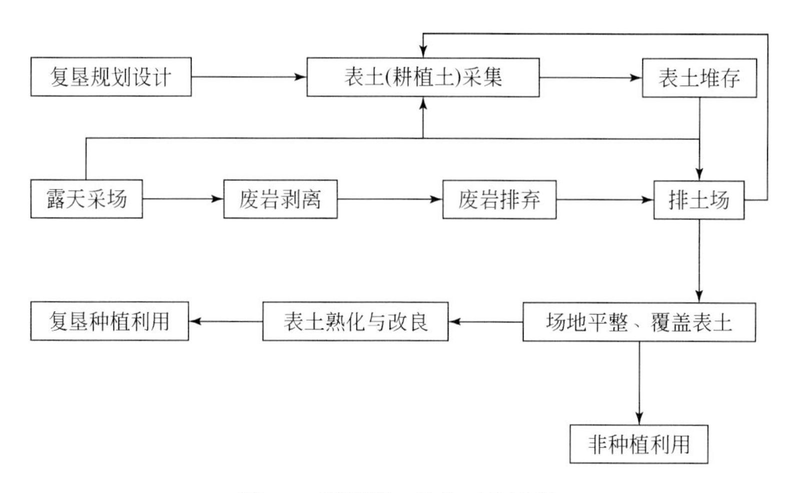

图 3.1　采排覆一体化工艺流程

待复垦土地所需表土量：

$$V=Sh/10000$$

式中，S 为待复垦的土地面积，m^2；h 为表土铺设厚度，m。h 按不同的复垦方向取值，一般农业复垦不小于 0.5m，林业复垦不小于 0.3m，牧业复垦不小于 0.2m。

采场表土采集厚度：

$$h_1=\min\{h_2,\ V(1+k)\times 100\,000/\gamma S_1\}$$

式中，h_2 为采场表土平均厚度，m；k 为表土损失系数，$k=0.05\sim0.10$；γ为表土的松散系数，$\gamma=1.08\sim1.25$；S_1 为采场当前可供采集的表土面积，m^2。

3.1.3　排土场倒堆工艺

平坦地区的露天煤矿农田复垦能较好地体现复垦对土壤重构的要求，而在平坦地区，目前广为采用横跨采场倒堆的铲斗轮开采系统，是较为典型的露天矿土地复垦与生态重建工艺技术。

横跨采场倒堆的铲斗轮开采系统是一种同时使用剥离铲和斗轮挖掘机进行剥离的无运输倒堆工艺，属于露天区域采矿方法的一种，适用于倾角小于 10°的水平或近水平煤层。由于这种开采方法没有运输环节，与其他露天开采工艺相比，具有投资省、成本低、工效高和复填快等一系列优点，并能形成边采煤边复垦的良性循环。这种开采与复垦方法是符合土壤重构原理的，这种方法在开采布置上常呈条带推进。其特点是：①在采矿前将表土剥离并堆存，采后回填和覆置于复垦土地的表面；②将煤层上覆岩层（除表土外）分成两部分，上部松软土（常包括心土层和土壤母质层）和下部较硬的岩石层，并分别用两种设备分别剥离；③条带间错位剥离与交错回填实现复垦后土层顺序的正位。我们以第 i 条带开采为例阐述其开采与复垦工艺[89]。

（1）剥离表土，在开采第 i 条带前，用推土机超前剥离表土并推存于开采掘进的通道上；一般剥离厚度为 20～30cm，同时也应超前剥离 2～3 个条带，即 $i+1$、$i+2$、$i+3$ 条带。

（2）在第 i 条带的下部较坚硬岩石上打眼放炮。

（3）用巨大的剥离铲剥离经步骤（2）疏松的第 i 条带的下部较坚硬岩石，并堆放在内侧的采空区上（即 i-1 条带上）。

（4）用可与剥离铲在矿坑内交叉移动的大斗轮挖掘机，挖掘 i+1 条带上部较松软的土层（心土层和土壤母质层），并覆盖在 i-1 条带内经步骤（3）操作而形成的新下部岩层——较硬岩层的剥离物。

（5）在剥离铲剥离上覆岩层后 i 条带的煤层被暴露出来，用采煤机械进行采煤和运煤。

（6）用推土机平整内排土场第 i-1 条带的复垦土壤——剥离物，就构成了以 i+1 条带上部较疏松土层（心土层和土壤母质层）的剥离物为心土层、以 i 条带下部较硬岩层的剥离物为新下部土层的复垦土壤。

（7）用铲运机回填表土并覆盖在待复垦的心土层上。

（8）在复垦后的土地上种上植被（一般首先播种禾本科和豆科混合的草种），并喷洒秸秆覆盖层以利于水土保持和植被生长。

3.2 露天矿排土场三层海绵结构土层重构组成与工艺

土层重构是以矿区破坏土地生产力的改良或土壤结构重建为目的，采取适当重构工艺技术，应用工程及物理、化学、生物等综合改良措施，重新构造一个适宜的土壤剖面和土壤肥力性状，在较短的时间内恢复和提高重构土壤的生产力，并改善重构土壤质量。

3.2.1 三层海绵结构土层组成与功能

干旱半干旱煤矿区露天排土场平台和边坡同步构建生态再造海绵结构土层，实现露天排土场水分的保蓄和促根系发育。再造海绵结构土层为构建于排土场基质层上的三层形海绵生态结构（图 3.2），由下至上包括隔水层、涵水层和表土生态层。隔水层具有低渗透性，在干旱半干旱煤矿区降水量有限的条件下能够防止涵水层水分下渗流失，起到隔断作用。涵水层具有动态保水蓄水的功能与特点，不仅仅具有持水和含水的功效，还具有快速向上供水的作用，以及具有生态水涵养动态变化的功能与作用。表土生态层主要为植物和微生物提供生存基质，为植物和微生物生长提供养分和水分支持，促进生态持续与稳定发育。

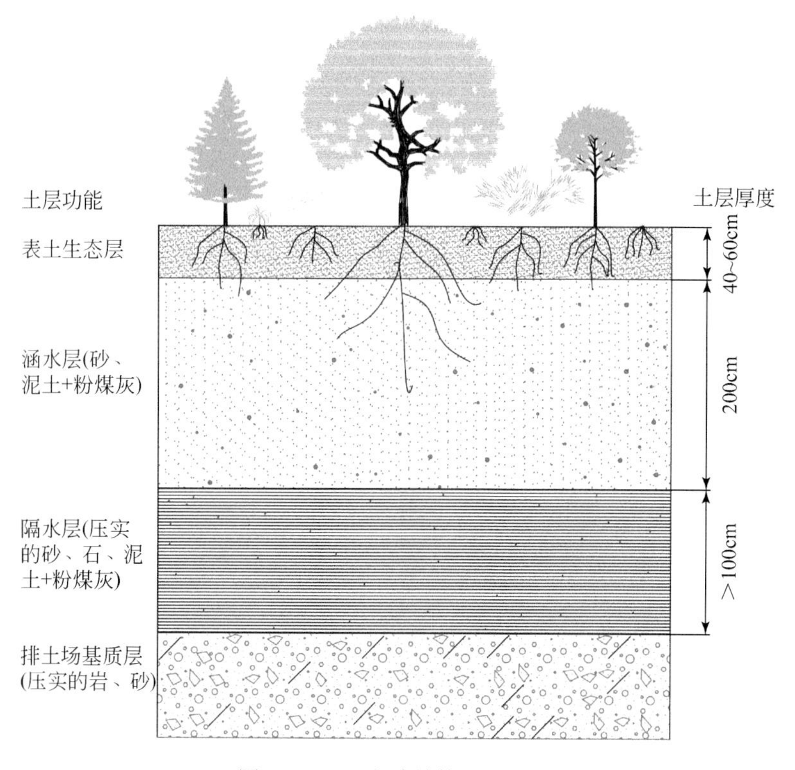

图 3.2　三层海绵结构土层组成

3.2.2　三层海绵结构土层物料组成

（1）粉煤灰。粉煤灰由矿区燃煤发电厂得到，粉煤灰呈球形，直径在 17～40μm 范围内，含量达 85%以上，平均粒径为 30μm 左右，其主要成分为二氧化硅、三氧化二铝、三氧化二铁和氧化钙。

（2）泥土。泥土部分来源于煤矿岩层，煤矿区露天开采过程中得到的泥土部分在开采过程中应集中堆放，用以构建排土场海绵结构土层。

（3）砂石。砂石部分来源于采煤岩层，煤矿区露天开采过程中得到的砂石在开采过程中应集中堆放，用以构建排土场海绵结构土层。

（4）表土。表土来源于矿区开采前剥离的表土，表土剥离厚度为 40～60cm，剥离后表土应集中堆放，做好水土保持防护措施。若剥离表土不能满足海绵结构土层建设，可配比相应基质作为表土替代材料。

3.2.3　三层海绵结构土层参数

1）隔水层

隔水层位于三层结构的最下层，起阻隔水分下渗和流失的作用。由砂、石、泥土或粉煤灰经配比后压实形成，砂含量为 15%～25%，以 20%最优；石含量为 25%～35%，以 30%最优；泥土含量为 25%～35%，以 30%最优；粉煤灰添加量为 15%～25%，以 20%最优。

以上皆为体积百分比，不同地区排土场应根据各地区降水条件和实际条件灵活调整各材料配比。隔水层厚度为50～200cm，以100cm厚度最优，渗透系数为0.35～0.7m/天，压实度为1200～1400kPa。隔水层厚度可以根据本地材料获取难易程度来调整。

2）涵水层

涵水层居于隔水层之上，用于调控水分的入渗保蓄及根系提水吸水，保证水分的动态有效利用。涵水层由砂、泥土和粉煤灰经压实形成，砂含量为25%～35%，以30%最优；泥土含量为35%～45%，以40%最优；粉煤灰添加量为25%～35%，以30%最优。以上皆为体积百分比，不同地区排土场应根据各地区降水条件和实际条件灵活调整各材料配比。涵水层厚度为50～250cm，以200cm厚度最优，渗透系数为10～20m/天，压实度为800～900kPa。涵水层厚度可以根据本地材料获取难易程度来调整。

3）表土生态层

表土生态层位于涵水层上，为生物生存提供水分和养分等适宜环境条件。表土生态层由矿区开采前剥离表土或人工添加一定有机质的表土回覆形成，根据矿区剥离表土的有机质成分含量确定是否需要人工添加绿肥或有机质，使表土生态层有机质含量达7g/kg以上。表土生态层厚度为40～100cm，以不小于50cm厚度土层为好，土壤容重以不同土质的自然土壤容重为参照标准。

3.2.4 三层海绵结构土层覆土工艺

1）物料运输

采用卡车运输露天煤矿开采剥离的表土，将表土运送至矿区排土场周边的表土堆放场集中堆放。采用卡车运输砂、石、泥土。砂、石、泥土大部分来源于煤矿区开采岩层剥离物，在运输时需先对其进行分类分级，分类后分别运送至矿区排土场周围集中堆放区。粉煤灰来源于矿区燃煤发电厂，运输方式选择卡车运输的方式，所有物料运输都需遵循有关部门相关规定《露天煤矿排土场技术规范》（MT/T 1185—2020）由于粉煤灰有扬尘、黏车等情况，应配扫车设备和苫盖措施。

2）物料堆置

表土堆置应符合设计标高和边坡角度，并采取苫盖、挡墙等措施防止滑坡和水土流失，长期堆置的表土还应采取撒播草籽等绿化措施。砂、石、泥土应在同一堆放场不同位置分别堆放，砂、石采取尼龙网苫盖，泥土要同时采取苫盖、挡墙、排水沟等措施，防止滑坡和水土流失。粉煤灰应与砂、石、泥土堆置在同一堆放场，并采取彩条布苫盖等措施，防止产生扬尘。所有物料堆放过程遵循《一般工业固体废物贮存和填埋污染控制标准》（GB 18599—2020）和《煤炭工业污染物排放标准》（GB 20426—2006）的相关规定，相关措施布设遵循《开发建设项目水土保持技术规范》（GB 50433—2018）和《防洪标准》（GB 50201—2014）的相关规定。

3）物料混合和压实

物料混合采用物料混合搅拌机，按设计比例搅拌完成后由单斗自卸卡车运送至排土场。采用单斗卡车与推土机进行排土、平整和压实工作，排放顺序和压实程度严格按照设计标准执行，表土生态层排土后只进行平整工作，不再压实。

3.2.5　径流小区及配套工程布设

在平台-边坡结构的排土场平台上布置若干交错的径流小区，径流小区的面积为 50cm×50cm～100cm×100cm。首先进行场地平整，每个径流小区呈水平面，整治场地的地面向排土场内倾斜 3°～5°。每个相邻径流小区之间布置隔离堤，隔离堤为土质结构，剖面结构呈梯形，高度在 25～50cm 之间，底边长度在 30～50cm 之间。平台-边坡结构的边坡下缘布设排水沟，根据边坡实际情况和汇水面积确定排水沟尺寸和类型。平台-边坡结构的平台外缘布设挡水墙，根据平台实际情况和汇水面积确定挡水墙尺寸和类型。整个平台周围布设挡水围堰，根据平台实际情况和汇水面积确定挡水围堰尺寸和类型。不同措施相关标准参照《开发建设项目水土保持技术规范》（GB 50433—2018）相关规定。

3.2.6　地表藻-菌-草-灌（乔）立体重建方式

1. 表层不同微生物修复方法

干旱半干旱煤矿区排土场植被措施无法短期形成水土保持效果，采用添加土壤有机物、微生物菌剂和土壤生物结皮的方式形成表层有机生物修复效应。

土壤有机物分为有机肥和绿肥，土壤有机肥是在土壤整地过程中采用机械翻耕施用；土壤绿肥是在植被复垦前种植紫花苜蓿等绿肥植物。在植被复垦时直接翻耕在土壤中，翻耕深度为 30～50cm。

菌剂共分为丛枝菌根真菌（AMF）和深色有隔内生真菌（DSE）两种真菌，AMF 为固体菌剂，菌剂孢子数为 120～150 个/g，DSE 为液体菌剂，菌丝量为 0.45g/L。单一菌剂为施加 AMF 菌剂或 DSE 菌剂中的一种；复合菌剂为分别施加 AMF 菌剂和 DSE 菌剂，施加顺序不限。

1）DSE 菌剂施用方式

（1）拌种：将种子与稀释后的菌液混拌均匀，或用稀释后的菌液喷湿种子，待种子阴干后播种。

（2）浸种：将种子浸入稀释后的菌液 4～12h，捞出阴干，待种子露白时播种。

（3）喷施：将稀释后的菌液均匀喷施在叶片上。

（4）蘸根：幼苗移栽前将根部浸入稀释后的菌液中 10～20min。

（5）灌根：将稀释后的菌液浇灌于植物根部。

（6）穴施：在尽量不破坏原始植被状态的原则上，在植被附近打出直径为 3～5cm 深为 10cm 的钻孔，将微生物菌肥填充到钻孔中的施用方式。

（7）表施：微生物菌肥均匀地撒施在土壤表面，并在上面用适量原土壤覆盖并轻压以减少微生物菌肥的损失的施用方式。

2）AMF 菌剂施用方式

（1）拌种：将种子与菌剂充分混匀，使种子表面附着菌剂，阴干后播种。

（2）蘸根：将菌剂稀释后播种。

（3）混播：将菌剂与种子混合后播种。

（4）混施：将菌剂与有机肥或细土/细沙混匀后施用。

（5）穴施：在尽量不破坏原始植被状态的原则上，在植被附近打出直径为 3～5cm 深为 10cm 的钻孔，将微生物菌肥填充到钻孔中的施用方式。

生物结皮为培养 21 天的藻结皮液体和人工扩繁的藓结皮粉末，当乔、灌、草长出地面形成一定的植被覆盖时，施入藻结皮液体或藓结皮粉末，藻结皮液体按 $4L/m^2$ 喷洒施加，藓结皮粉末按 $100g/m^2$ 施加。

2. 地上藻-草-灌（乔）立体重建植被配置

根据不同位置的功能与需求将植被类型分为：乔木、灌木、草本、乔灌草、灌草、乔灌草结皮、灌草结皮共七种类型组合，乔木、灌木、草本、土壤生物结皮可根据具体情况在下列物种中自由组合，乔木可为油松、樟子松、山杏、杨树等，灌木可为沙棘、紫穗槐、柠条等，草本可为无芒雀麦、苜蓿、沙打旺、草木犀等，生物结皮可为藻结皮、藓结皮等。

在平台上种植乔灌草结皮型结构或灌草结皮型结构，在边坡上种植灌木或草本或灌草组合，在排水沟两侧种植乔灌草型结构，在挡水墙内侧种植乔灌草型结构，在挡水围堰内布置 8～12 排防护林（图 3.3）。

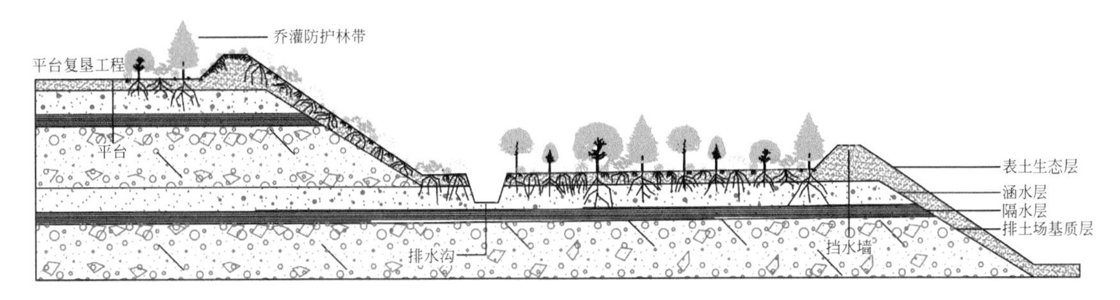

图 3.3　三层海绵结构土层与配套工程

干旱半干旱地区气候干旱，降水量小，植被种植初期应对其进行灌溉维护和管理，维护时间为 2～3 年，待植物根系到达涵水层后方可免养护自然生长，其间严格遵循《土地复垦质量控制标准》（TD/T 1036—2013）相关规定，控制复垦质量，生物结皮可以增强土壤的入渗和保水能力，当生物结皮覆盖度达到 50%以上时，即可停止维护。

3.3　露天排土场土层重构涵水保水作用

3.3.1　涵水层的土层重构工艺

煤炭开采产生了大量的采矿废物，改变原来的地表形态，对矿区生态环境造成了严重破坏。调查发现，目前矿区常用的这种黄土、红黏土交替的覆土工艺形成的涵水层结构，持水能力差，不利于矿区植物的生长。植物-根系-土壤系统是陆地生态系统的主要功能单元，植物与微生物利用土壤中的营养进行复杂的生命活动，维持生态系统的稳定，微生物修复土壤成为近些年研究的热点。

黄土作为隔水层，可以减少水分下渗和土壤蒸发，保蓄水分，为植物生长提供水分。AMF 能够促进植物生长发育，其与黄土隔层最佳深度的联合生态效应对于重构土层的生态重建具有重要的现实意义。设计了不同深度黄土层作为人造保水层，表层接种 AMF。土柱总高度为 80cm，其中 0～30cm 为表层砂土（40%饱和度），30～70cm 为包含 10cm 人造含水层（80%饱和度）的干砂层，黄土分别位于土柱的 20～30cm、30～40cm、40～50cm、50～60cm、60～70cm 处。顶部 10cm 为透明无土层作为植物生长空间（图 3.4）。

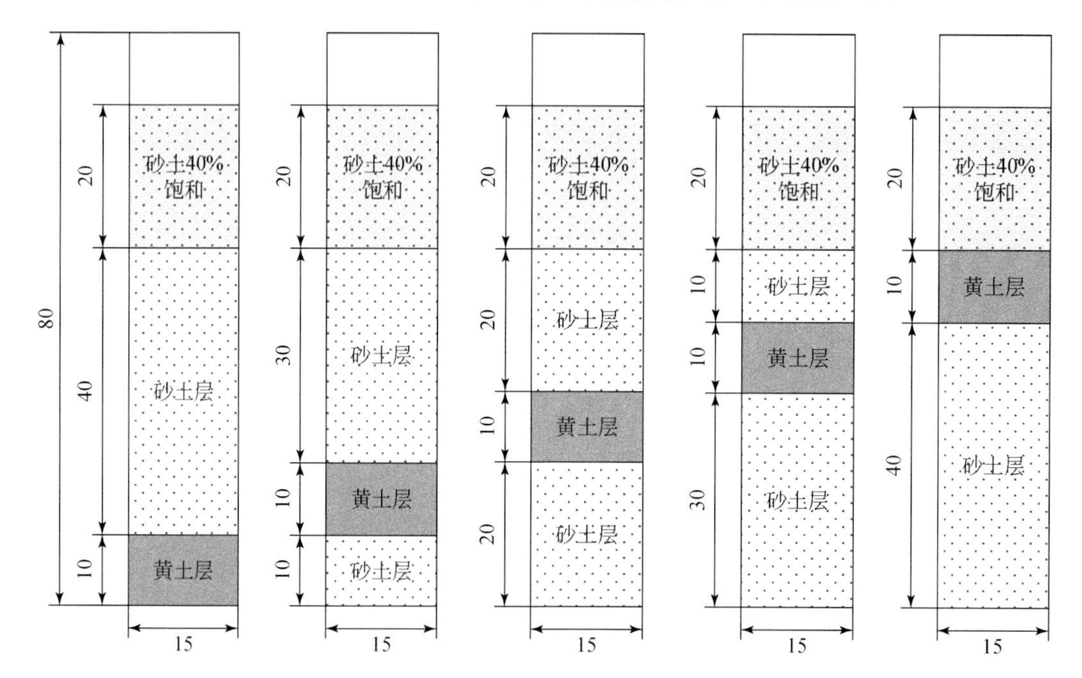

图 3.4　基于不同涵水层位置的重构土层设计图（单位：cm）

在植物生长两个月后测定了不同涵水层位置下玉米 AMF 侵染率（表 3.1）。从表 3.1 可知，当涵水层位置位于 40～50cm 时拥有最高的侵染率，而位于 20～30cm 的侵染率最低。可能与根系分布有关。

表 3.1　不同涵水层位置下玉米 AMF 侵染率　　（单位：%）

处理	20～30cm	30～40cm	40～50cm	50～60cm	60～70cm
AMF	33.52±5.4d	40.00±3.85cd	87.87±7.79a	78.67±2.73b	46.67±5.43c
CK（对照组）	4.43±2.53a	5.01±0.64b	5.67±0.33a	4.15±1.24a	2.77±0.79b

注：不同小写字母表示两处理间有显著差异，下同。

3.3.2　不同涵水层深度与 AMF 联合促生作用

测定不同处理植株的株高、冠幅以及地上地下生物量，定量描述了土层重构模式下涵水层不同位置以及接种 AMF 对玉米生长状况的影响（表 3.2）。

表 3.2　不同涵水层位置下玉米的生长特征

处理	涵水层/cm	株高/cm	冠径/cm	地上部干重/g	根系干重/g
CK	20～30	34.87±2.51b	40.52±1.37a	4.03±0.02b	0.90±0.07b
	30～40	39.93±1.21a	41.55±2.15a	2.36±0.58c	0.54±0.20c
	40～50	27.81±1.50c	31.42±1.17b	2.86±0.72c	0.72±0.32c
	50～60	33.21±2.22b	23.25±1.31c	4.89±0.22a	1.06±0.05a
	60～70	28.53±1.26c	23.73±1.16c	4.32±0.24a	0.97±0.02b
AMF	20～30	39.66±1.67b	46.72±2.10a	3.17±0.14c	0.80±0.03c
	30～40	44.83±4.05a	50.97±5.57a	3.73±0.28b	1.00±0.09b
	40～50	28.87±0.78c	36.72±2.10b	3.96±0.32b	0.75±0.15c
	50～60	38.45±0.55b	23.32±1.98c	6.40±0.33a	1.57±0.45a
	60～70	32.23±1.44c	26.77±1.23c	4.12±0.82b	1.09±0.14a

从表 3.2 可知，接菌及涵水层深度对植物生长均造成了显著影响。不接菌对照，涵水层位于 30～40cm 时拥有最大的株高及冠径（39.93±1.21cm、41.55±2.15cm），而在 50～60cm 时拥有最大的地上部干重和根系干重（4.89±0.22g、1.06±0.05g）（P<0.05）。接菌处理下，涵水层位于 30～40cm 时拥有最大的株高及冠幅（44.83±4.05cm、50.97±5.57cm），而在 50～60cm 时拥有最大的地上部干重和根系生物量（64.0±0.33g、1.57±0.45g）（P<0.05）。不同深度下接种 AMF 均显著促进了植物生长，且增长的幅度随着侵染率的增加有上升的趋势，当人造涵水层位于 50～60cm 时，接种 AMF 对植株生长的提升作用最明显，株高提高了 15.2%，地上部干重提高了 30.6%，根系生物量提高了 61.9%，反映出接种 AMF 对植物的生长起到了积极促进作用。

3.3.3　不同涵水层深度与 AMF 联合对土壤水分的空间分布

涵水层深度会引起土壤水分分布的空间变化，进而影响植物生长。从表 3.3 可知，菌根的存在及涵水层深度对土壤水分吸收利用均造成了显著的影响。随着人造涵水层深度增加，黄土夹层土壤含水率呈上升趋势（从 16.28%到 22.75%），接种 AMF 后人造涵水层的土壤含水率有一定的上升。对比不同夹层深度表层 0～10cm 含水率，除了夹层深度位于 20～30cm 的处理外，接种 AMF 显著提高了该层的含水率。

表 3.3　不同处理下土壤水分分布状况

处理	深度/cm	夹层处理 20～30cm/%	夹层处理 30～40cm/%	夹层处理 40～50cm/%	夹层处理 50～60cm/%	夹层处理 60～70cm/%
CK	0～10	3.65±0.11	1.73±0.29	1.71±0.22	1.73±0.29	1.62±0.40
	10～20	2.78±0.35	2.91±0.09	2.81±0.19	2.91±0.09	2.81±0.37
	20～30	16.22±0.27	3.99±0.31	3.29±0.11	3.79±0.21	3.48±0.47
	30～40	2.44±0.58	18.94±0.40	18.94±0.40	1.94±0.20	4.38±0.35
	40～50	1.85±0.19	3.90±0.80	20.90±0.80	2.90±0.41	4.54±0.20
	50～60	0.79±0.18	6.99±0.32	4.79±0.12	21.49±0.12	5.28±0.10
	60～70	0.22±0.04	5.35±0.29	6.35±0.29	7.35±0.26	22.44±0.30

续表

处理	深度/cm	夹层处理 20～30cm/%	夹层处理 30～40cm/%	夹层处理 40～50cm/%	夹层处理 50～60cm/%	夹层处理 60～70cm/%
AMF	0～10	2.00±0.12	2.32±0.35	2.12±0.35	2.15±0.31	2.47±0.21
	10～20	1.67±0.18	4.03±0.29	3.53±0.22	4.03±0.22	4.05±0.32
	20～30	16.28±2.51	4.40±0.79	4.20±0.79	2.40±0.68	3.94±0.17
	30～40	2.14±0.33	23.42±0.75	3.42±0.71	3.22±0.71	4.24±0.38
	40～50	1.55±0.18	4.78±0.43	21.78±0.43	4.18±0.43	4.42±0.37
	50～60	0.69±0.08	5.13±0.30	6.13±0.20	22.13±0.10	4.80±0.41
	60～70	0.12±0.03	6.92±0.74	3.92±0.74	5.22±0.74	22.75±1.06

当夹层位于 20～30cm 时，接种 AMF 显著降低了土壤水分的含量，而当夹层位于 30～70cm 时，接种 AMF 显著提高了土壤水分的含量，且提升幅度最大的处理为夹层深度于 60～70cm 的处理，说明 AMF 可以帮助将人造涵水层中的水分转运到上层土壤，以提高土壤含水率，促进植物生长。

3.3.4 不同涵水层深度与 AMF 联合对植物水分利用策略

1. 土壤水和植物根茎水的 $\delta^{18}O$ 与 δD 利用

图 3.5 为土壤水 $\delta^{18}O$ 和 δD 值随黄土夹层深度的变化规律以及植物根茎结合部 $\delta^{18}O$ 和 δD 值，依据根茎结合部 $\delta^{18}O$ 和 δD 值与土壤水 $\delta^{18}O$ 和 δD 值变化曲线的交点或者相近点可以推测植物可能的用水位置。

由图 3.5（a）和（b）可知，当夹层位置在 20～30cm 时，种植植物且不接菌（L-CK）植物茎水的 $\delta^{18}O$ 和 δD 值与土壤水分的 $\delta^{18}O$ 和 δD 值的交点在 0～10cm，因此 0～10cm 有可能为 L-CK 组玉米的供水层位；种植植物且接菌（L-M）植物茎水的 $\delta^{18}O$ 和 δD 值与土壤水分的 $\delta^{18}O$ 和 δD 值的交点有两个，分别在 10～20cm 和 60～70cm，故 10～20cm 和 60～70cm 均有可能为 L-M 组植物的供水层位。

由图 3.5（c）和（d）可知，当夹层位置在 30～40cm 时，L-CK 组植物茎水的 $\delta^{18}O$ 值与土壤水分的 $\delta^{18}O$ 值的交点在 0～20cm 处，因此 0～20cm 有可能为 L-CK 组植物的供水层位；L-M 组植物茎水的 $\delta^{18}O$ 值与土壤水分的 $\delta^{18}O$ 值的交于 0～20cm 以及 40～60cm，故 0～20cm 和 40～60cm 均有可能为 L-M 组植物的供水层位。

由图 3.5（e）、（f）和（i）、（j）可知，当夹层位置在 40～50cm 以及 60～70cm 时，L-CK 组植物茎水的 $\delta^{18}O$ 和 δD 值与土壤水分的 $\delta^{18}O$ 和 δD 值在 0～20cm 相近，而 L-M 组植物茎水的 $\delta^{18}O$ 和 δD 值与土壤水分的 $\delta^{18}O$ 和 δD 值在 0～10cm 相近，推断出不同处理植物的主要吸水层位为 0～10cm 土壤层。

由图 3.5（g）和（h）可知，当夹层位置在 50～60cm 时，L-CK 组植物茎水的 $\delta^{18}O$ 和 δD 值与土壤水分的 $\delta^{18}O$ 和 δD 值在 10～40cm 处相交，而 L-M 组植物茎水的 $\delta^{18}O$ 和 δD 值与土壤水分的 $\delta^{18}O$ 和 δD 值在 10～70cm 处相交。

当黄土夹层处于 20～30cm、30～40cm 和 50～60cm 时，接种 AMF 可能促进植物利用更深层的土壤水。

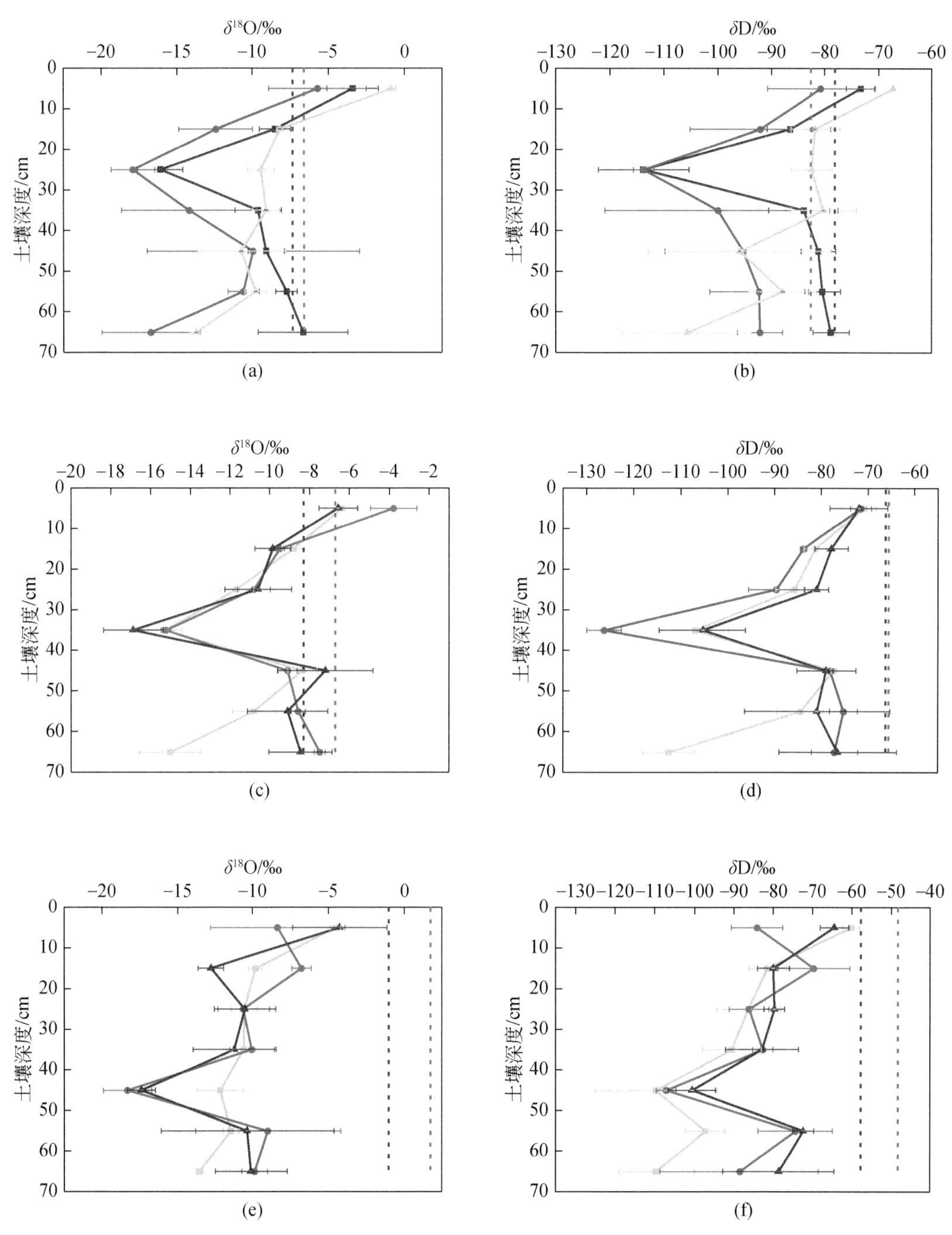

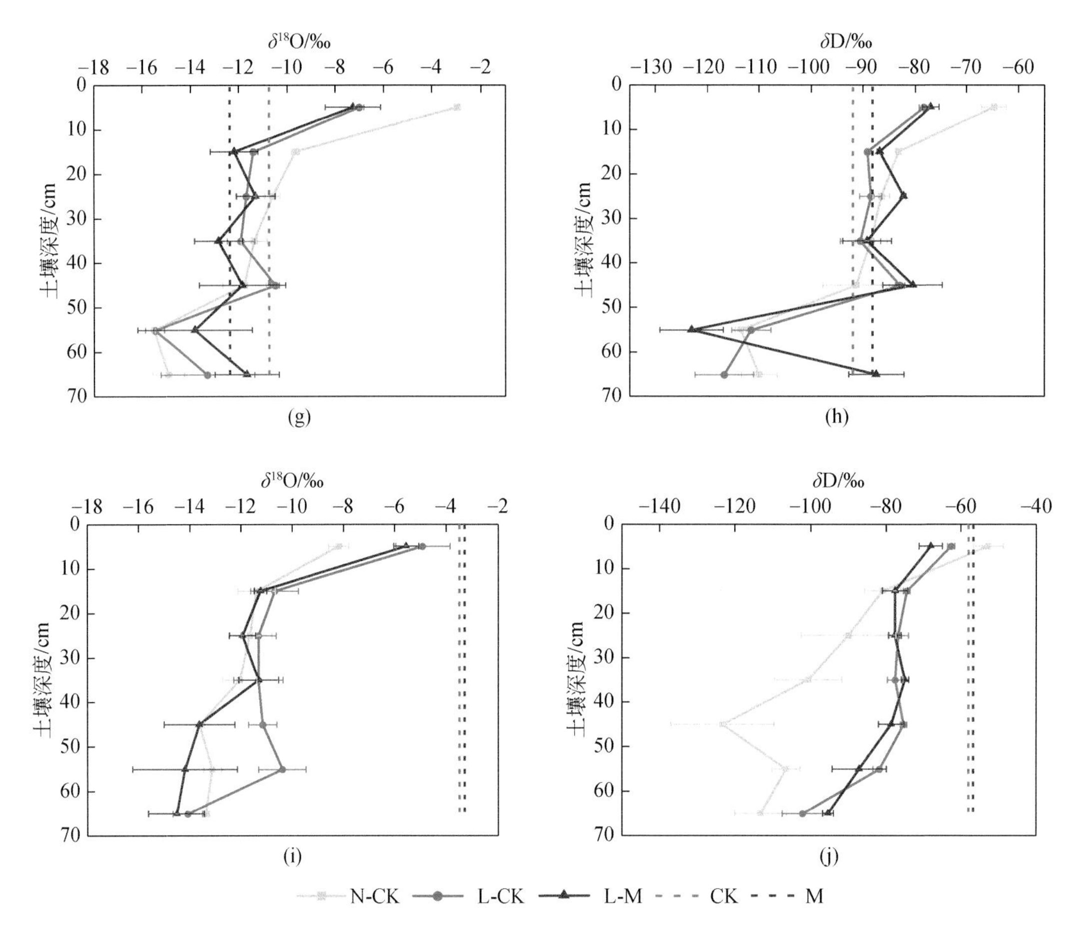

图 3.5　不同处理下土壤水和玉米茎水的 $\delta^{18}O$ 与 δD

（a）和（b）、（c）和（d）、（e）和（f）、（g）和（h）、（i）和（j）分别为黄土夹层位于 20～30cm、30～40cm、40～50cm、50～60cm、60～70cm 处各处理下土壤水的 $\delta^{18}O$ 和 δD 值随深度的变化规律以及植物根茎结合部的 $\delta^{18}O$ 和 δD 值

2. 不同处理下植物对土壤水分的利用情况

接种 AMF 与涵水层深度对植物的水分利用产生明显影响。由图 3.6 可以看到，随着涵水夹层位置的加深，不同处理下的植物对表层土壤水分的利用增加。其中，当涵水夹层为 20～30cm 时，CK 处理对表层 0～10cm 土壤的水分利用比例为 30.2%；而当涵水夹层为 60～70cm 时，CK 处理的用水比例为 44.3%。此外，不同 CK 处理玉米，其对最深部 60～70cm 土壤层的水分利用比例也有所变化，夹层位置由上到下，水分利用比例依次为 14.93%、20.43%、9.53%、3.03%、6.63%。可以看出，随着夹层加深，植物对深部土壤水分的利用比例逐渐减少。可能是植物根系在深层分布较少，根系作为植物利用水分的主要器官，地下生物量在深部土壤中减少引起其对该层位土壤水分利用的降低。

对比涵水夹层接种 AMF 与 CK 的植物水分利用状况，发现接种 AMF 减少了植物对表层 0～20cm 土壤水分的利用比例，涵水夹层为 20～30cm 的植物水分利用减少了 1.7%，60～70cm 的植物水分利用减少了 11.8%，表明接种 AMF 有利于提高植物利用更深层次土壤水分。同一夹层处理下，接种 AMF 增加植物对涵水夹层中土壤水分的利用比例，尤其在涵水夹层为40～50cm的处理中，接种AMF使玉米对夹层中的土壤水分利用比例增加了7.6%，即接种 AMF 增加了涵水夹层的生态价值，这对干旱缺水的西部矿区意义重大。

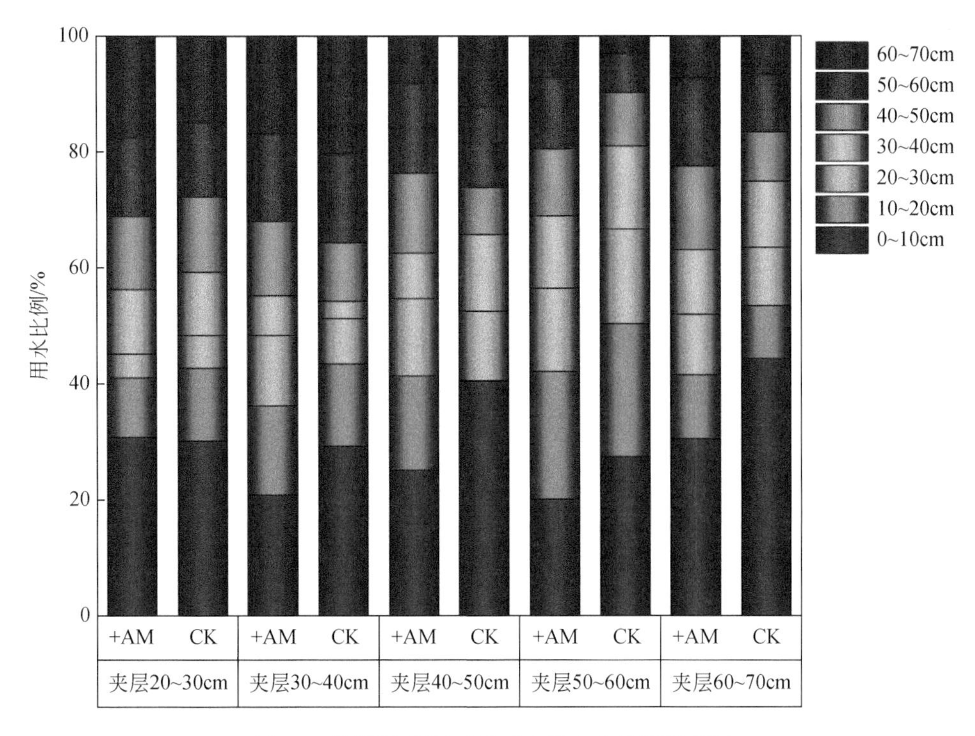

图 3.6　不同处理下玉米对土壤水分的利用情况

3.4　露天排土场土层重构与 AMF 联合提高水盐利用

3.4.1　模拟土层重构设置

露天排土场中提高植物对深层土壤水的利用效率，对西部矿区生态环境恢复至关重要。因此，模拟土层重构与接种 AMF，揭示土层重构与接菌联合作用对土层水分的保水与提水作用，对于干旱脆弱区排土场生态重建具有重要的现实生态意义。设置接种 AMF 与黄土层两个正交处理（图 3.7），土层设黄土层（LL）（地表下 20～40cm）和无黄土层（NL），进行接菌（AM）和不接种（CK）处理，即不接种无黄土层（CK-NL）、不接种黄土层（CK-LL）、接种无黄土层（AM-NL）和接种黄土层（AM-LL）。沙土和黄土土壤的理化性状见表 3.4，为了确保根系发育，使用淡水灌溉，并且每周添加肥料（表 3.5），灌溉时间和灌溉量如图 3.8 所示。在地下含水层中加入盐分，每天补充马氏瓶中的水，确保生长室中地下水位在 20cm 处，在 42 天后停止地表灌溉，并撤除马氏瓶。生长室尺寸为 40cm×5cm×100cm，材质为有机玻璃，前后均透明，以便观测根系的生长和水分的分布。此外，在生长室横向和纵向上分别间隔 8cm、10cm 设置取样孔（直径 3cm），用橡皮塞塞住，便于分期取土样。

在每个生长室的底部，通过橡胶软管与马氏瓶相连。马氏瓶为一个圆柱筒（直径 20cm、高度 25cm），用以模拟地下水位。获得了植物根系形态特征、根系密度、土壤水分、土壤盐分以及不同深度土壤水和植物根茎结合部水的δ^2H 和δ^{18}O 指标。

图 3.7　试验设置图

表 3.4　供试土壤的理化性状

土壤质地	粒径含量/%			pH	EC/(μs/cm)	最大持水量/%	有机质/(g/kg)
	0.1～2mm	0.01～0.1mm	＜0.01mm				
砂土	75.3	20.9	3.8	8.57	158.53	18.83	4.43
黄土	16.6	77.2	6.2	8.70	231.53	30.85	8.57

表 3.5　灌溉水和含盐地下水的组成

组成	淡水	淡水+肥料	含盐地下水
NH_4NO_3/(mg/L)	0	170.58	0
KH_2PO_4/(mg/L)	0	131.61	0
KNO_3/(mg/L)	0	291.01	0
NaCl/(mg/L)	0	0	1752.40

3.4.2　植物生物量与根系形态特征测量

根系按照平均直径划分为细根（直径＜0.05mm）和粗根（直径＞0.05mm）（表 3.6）。AM-NL 和 AM-LL 处理的菌根定殖较高，而 CK-NL 和 CK-LL 处理的根系未被菌根侵染。接菌均不同程度地提高了植物地上和地下生物量，其中 AM-LL 处理的地上和地下生物量分别比 CK-LL 处理提高了 19.0%和 51.4%。黄土层处理的植物地上和地下生物量也均有不同程度提高，CK-LL 处理的地上和地下生物量分别比 CK-NL 处理提高了 29.4%和 51.4%。

其中，AM-LL 处理的玉米地上和地下生物量提高程度最大，比 CK-NL 分别提高 589.5%和 325.7%，AM-LL 菌根贡献率显著高于 AM-NL。

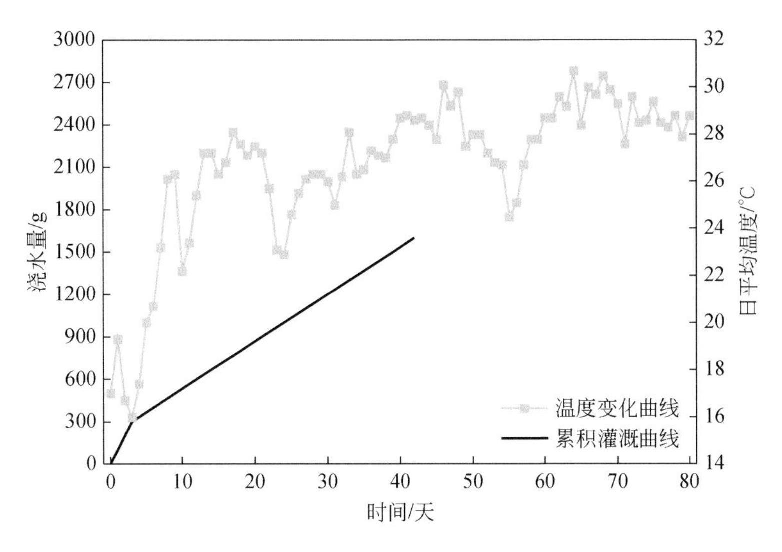

图 3.8 灌溉时间、灌溉量及温度变化

表 3.6 不同处理对菌根定殖率、定殖强度、生物量和菌根贡献率的影响

处理	细根定殖率/%	细根定殖强度/%	粗根定殖率/%	粗根定殖强度/%	地上生物量/g	地下生物量/g	菌根贡献率/%
CK-NL	—	—	—	—	1.53±0.12b	0.35±0.02b	—
CK-LL	—	—	—	—	1.98±0.35b	0.53±0.05b	—
AM-NL	57.78±6.19b	6.74±4.93b	60.00±11.55a	12.13±8.44a	1.82±0.17b	0.53±0.11b	20.00b
AM-LL	91.11±8.89a	38.91±16.77a	86.67±13.33a	36.4±23.90a	10.55±2.30a	1.49±0.23a	79.15a

注：数据表示为平均值±SE（n=3），同一列不同字母表示在 P<0.05 水平上有显著差异，下同。

接菌处理均不同程度提高了根尖数、根系总长度、总表面积和总体积（表 3.7），其中 AM-NL 比 CK-NL 分别提高了 8.6%、19.3%、14.3%和 10.3%。接菌能通过扩大根系与土壤的接触面积，提高根系对土壤中水分和养分的吸收利用效率，从而改善根系形态特征。黄土层处理下根尖数、根系总长度、总表面积和总体积也均有所提高，CK-LL 比 CK-NL 分别提高了 30.3%、23.5%、25.4%和 35.2%。其中，AM-LL 提高程度最大，比 CK-NL 分别提高了 162.5%、168.4%、223.7%和 397.3%。表明 AM 和 LL 处理减缓了水分亏缺对根系形态发育的负效应。

表 3.7 不同处理对玉米根系形态特征参数的影响

处理	根尖数	总长度/cm	总表面积/cm^2	总体积/cm^3	平均直径/mm
CK-NL	3685.67±269.83b	2266.74±284.78b	458.63±56.86b	10.33±1.39b	0.79±0.01a
CK-LL	4802.67±757.10ab	2799.28±349.21b	574.93±71.74b	13.97±1.11b	0.78±0.00a

续表

处理	根尖数	总长度/cm	总表面积/cm²	总体积/cm³	平均直径/mm
AM-NL	4001.67±1146.13b	2705.07±496.97b	524.00±120.88b	11.39±3.13b	0.74±0.04a
AM-LL	9674.00±1781.02a	6083.89±1232.05a	1484.44±191.60a	51.37±2.91a	0.85±0.03a

注：数据表示为平均值±SE（n=3），同一列不同字母表示在 P<0.05 水平上有显著差异，下同。

不同处理土壤剖面中根系生物量的分布随着深度的增加根系生物量逐渐减小（图 3.9）。不同深度 AM-LL 处理根系生物量均显著高于其他处理，并且根系发育最深。

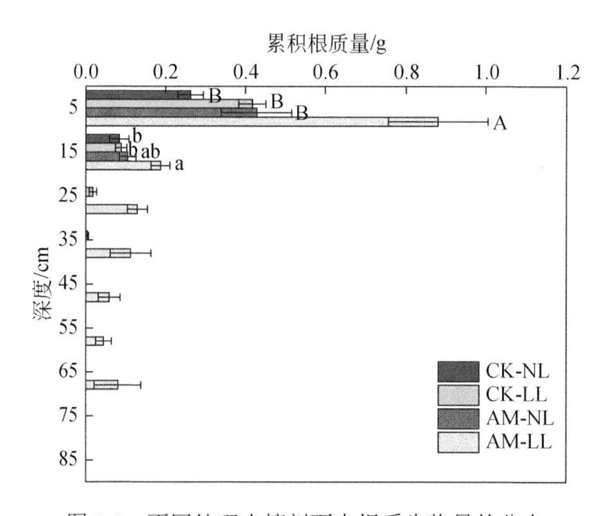

图 3.9 不同处理土壤剖面中根系生物量的分布

65cm 处根系生物量为 60cm 以下土壤剖面中根系生物量累和。数据表示为平均值±SE（n=3），数据点右方不同字母表示在 P<0.05 水平上有显著差异

3.4.3 根系发育密度和土壤水盐空间分布

以 10cm×10cm×5cm 分区收集生长室的土壤样品的测试结果，绘制出土壤水分、土壤盐分和根系密度的空间分布（图 3.10）。可以看出，根系密度随土壤深度增加而逐渐减小，土壤水分分布随深度增加而逐渐增大，但是有黄土隔层时，水分在土壤剖面存在突然增加的现象；无黄土隔层时，接菌与对照根系密度和土壤水分差异不显著。有黄土隔层 CK-LL 和 AM-LL 处理，土壤水分和根系密度差异较显著，接菌增加根系密度，提高根系对土壤中水分和养分的吸收利用效率。

土壤盐分随土壤深度增加而逐渐减小（图 3.11），这与土壤水分分布是相反的。同样，有黄土隔层时，盐分在土壤剖面有增加的现象，无隔层处理土壤盐分空间分布差异不显著。有黄土隔层时，接菌处理土壤盐分有汇集，差异显著，这与根系吸水盐密切相关。

图 3.12 说明了土壤水分、盐分和根系密度之间的关系，发现有黄土隔层处理根系密度的土壤样本点较多，根系较为发育，土壤水分较大，盐分较低（EC<400μs/cm）。同样，无隔层混合处理不管接菌与否土壤水分、盐分和根系密度的关系相似，土壤水分较小，根系不发育且集中分布在盐分相对较高的地方（EC>400μs/cm）。在有黄土隔层且接菌时

(AM-LL)，其根系更发育且大多数分布于盐分较低的区域。

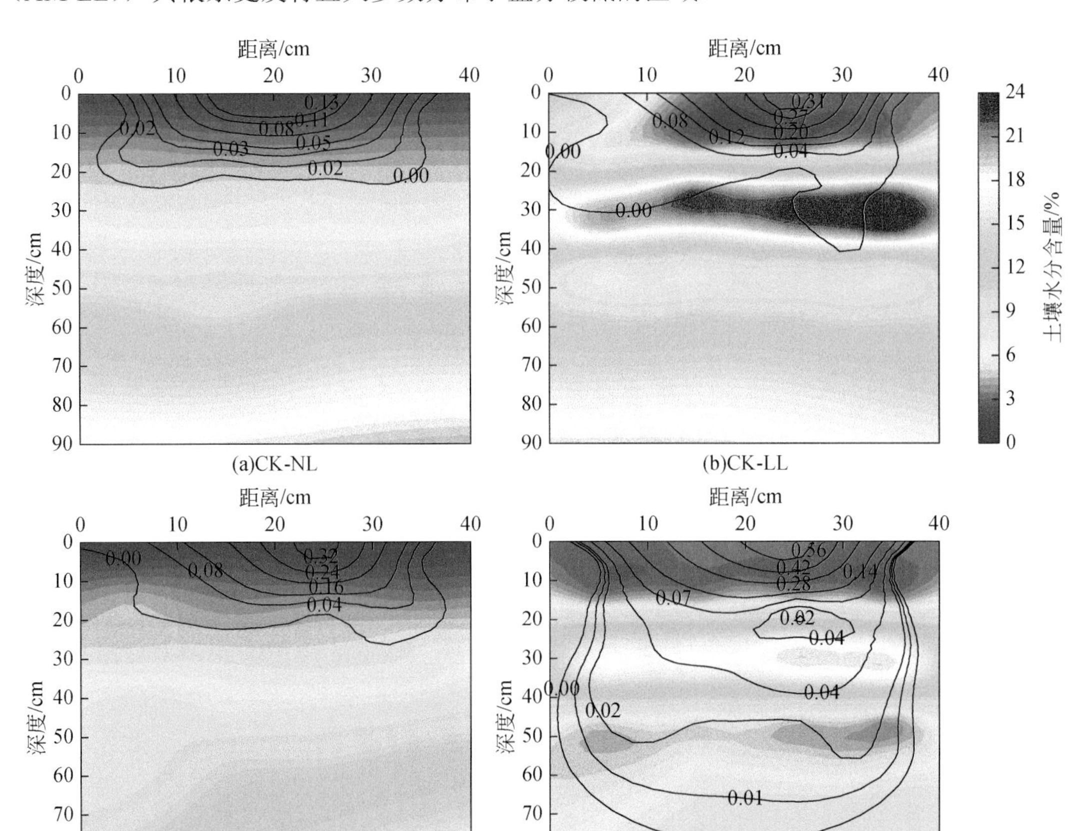

图 3.10 不同处理根系密度与土壤剖面水分关系

彩色地图表示土壤水分分布；黑色等高线表示根系密度，g/500cm³

3.4.4 植物吸水深度及其比例

根系密度和土壤水分、盐分的空间分布必然会影响植物吸水深度及比例，采用稳定水同位素来表示其变化，测定土壤水和植物根茎结合部水的δ^{18}O 和δ^{2}H 的剖面变化（图 3.13 和图 3.14）。土壤中δ^{18}O 为-18.43‰～1.62‰，平均为-11.00‰；δ^{2}H 的变化范围为-145.31‰～-57.75‰，平均为-96.54‰。土壤水中的同位素组成随着土壤深度的增加而逐渐减小。当有黄土隔层时，对应土层中土壤水的同位素值显著减小，根茎结合部水同位素值也向更负偏移。这主要归因于黄土层中水分含量相对较大，比砂土受蒸发影响小，因此同位素值较小。此外，在部分深度δ^{2}H 的标准误差较大，这主要归因于氢同位素比氧同位素对环境更敏感，可能导致较大的不确定性和波动性。对根茎结合部水同位素的分析发现，在不同处理中，植物根茎结合部水δ^{18}O 和δ^{2}H 分别在-12.83‰～-2.05‰和-120.88‰～-52.16‰之间。

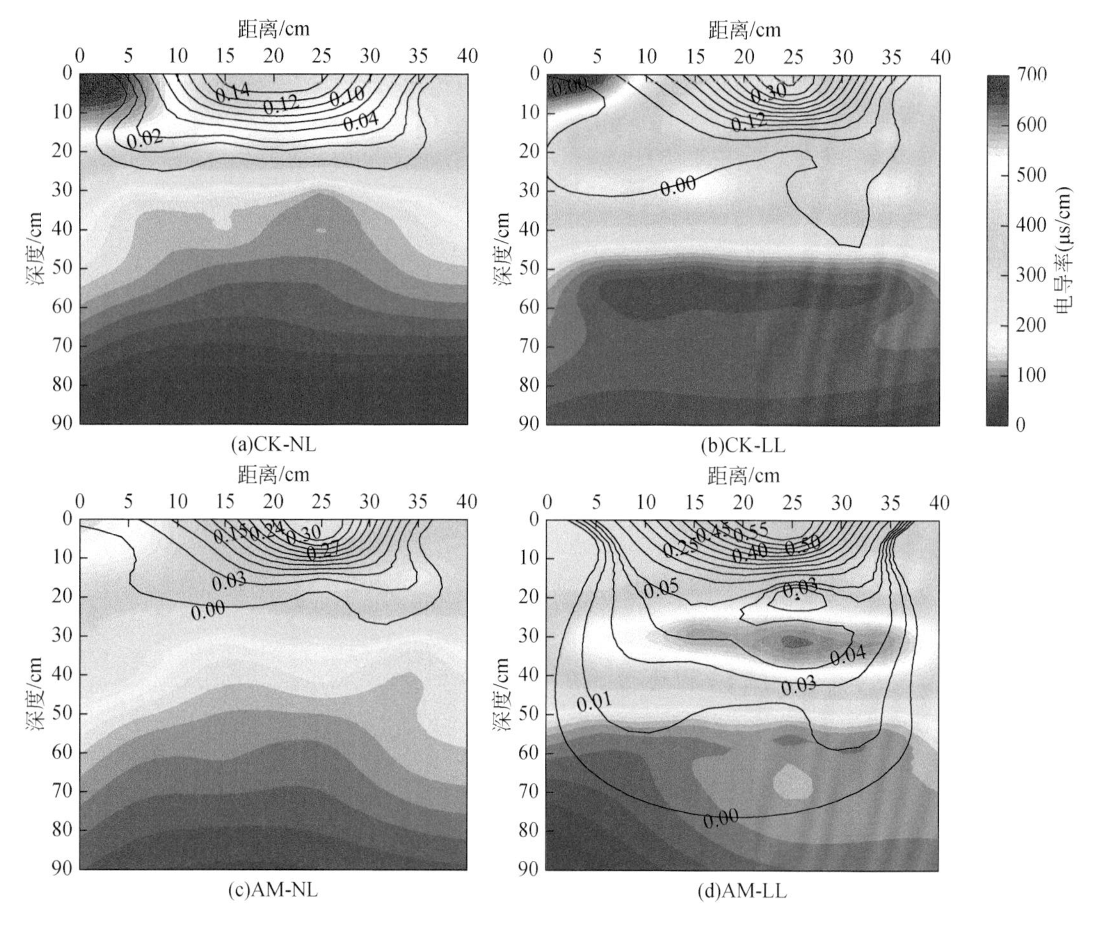

图 3.11　不同处理土壤剖面盐分与根系密度关系

彩色地图表示土壤盐分分布；黑色等高线表示根系密度，g/500cm³

根据图解法，推断不同处理植物水分吸收深度大多数来自于 0～20cm 和 20～40cm 土层。这种图形推理的方法仅表示了植物水分吸收深度，当水源同时来自多个土层时，可能无法解释贡献比例问题。通过 MixSIAR 模型分析了不同处理植物对不同深度土壤水分吸收比例（图 3.15）。CK-NL 处理中，玉米从地表以下 0～20cm 土壤中吸收的水分比例最大（76.4%）；AM-LL 处理中，玉米水分吸收最多的为 20～40cm（40%）。对比 CK-NL 和 AM-NL 处理具有相同规律，AM 处理使得植物对 20～40cm、>40cm 土壤水分吸收比例分别增加

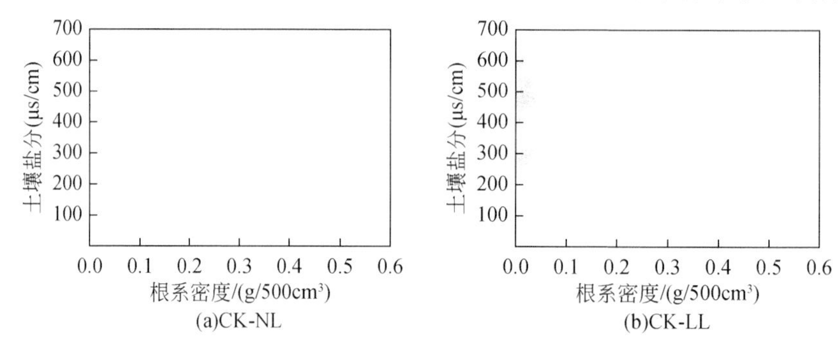

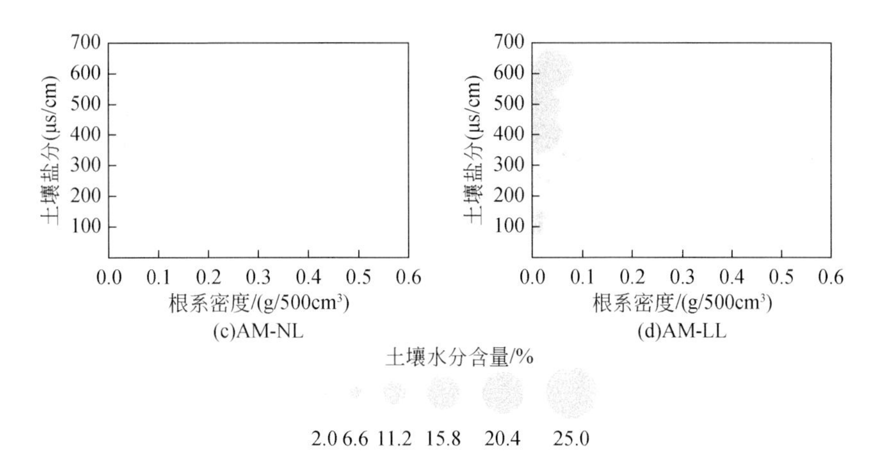

图 3.12 根系密度和土壤水分、盐分之间的关系

了 20.0%和 11.2%。对比 CK-NL 和 CK-LL 处理，发现 LL 处理使得植物对 20～40cm、>40cm 土壤水分吸收比例分别增加了 20.5%和 8.5%。AM-LL 处理使得植物对 20～40cm、>40cm 土壤水分吸收比例的促进是最显著的，比 CK-NL 处理分别增加了 28.9%和 15.3%。

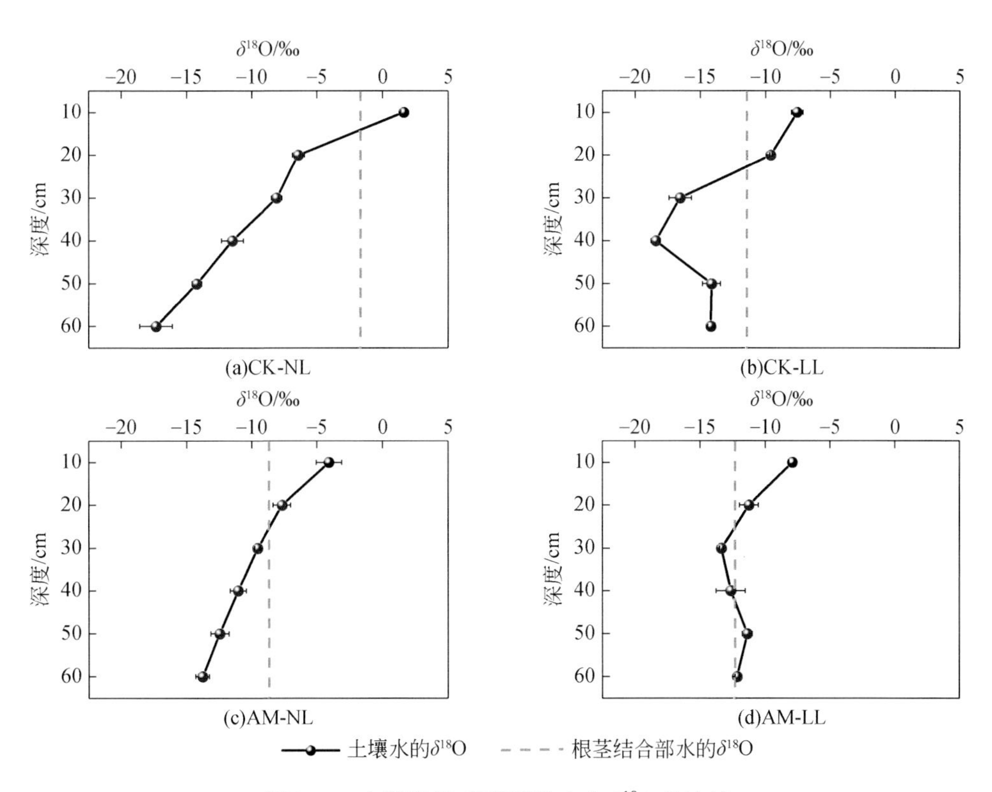

图 3.13 土壤和根-茎连接处水中 δ^{18}O 的比较

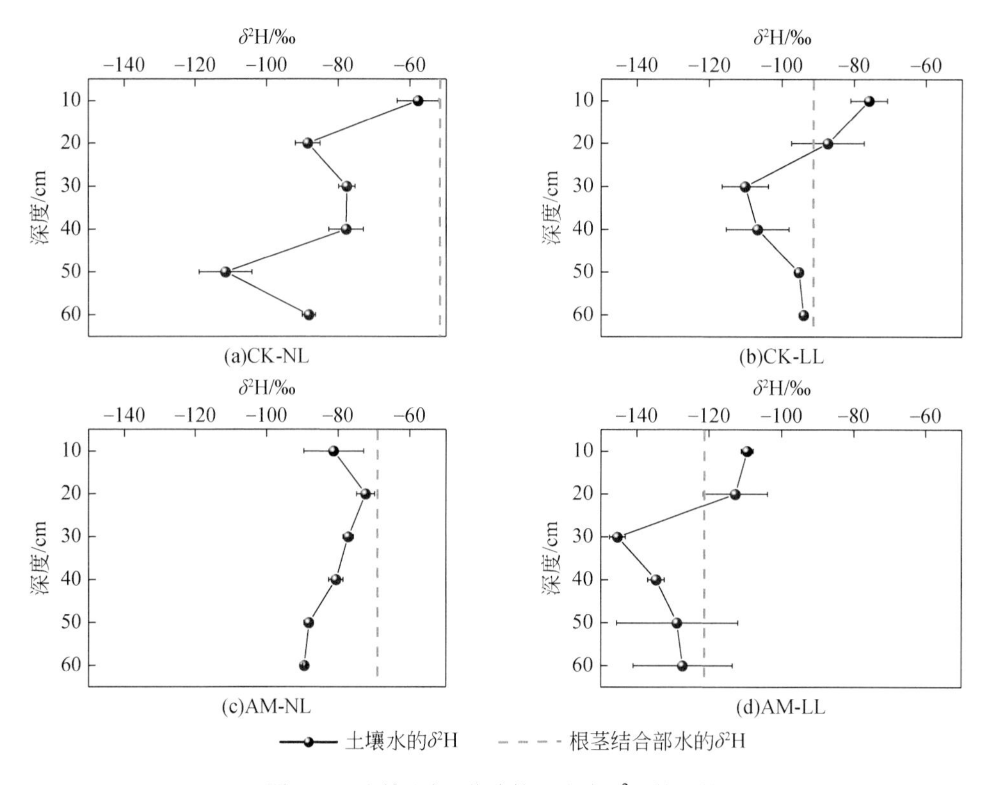

图 3.14　土壤和根-茎连接处水中 δ^2H 的比较

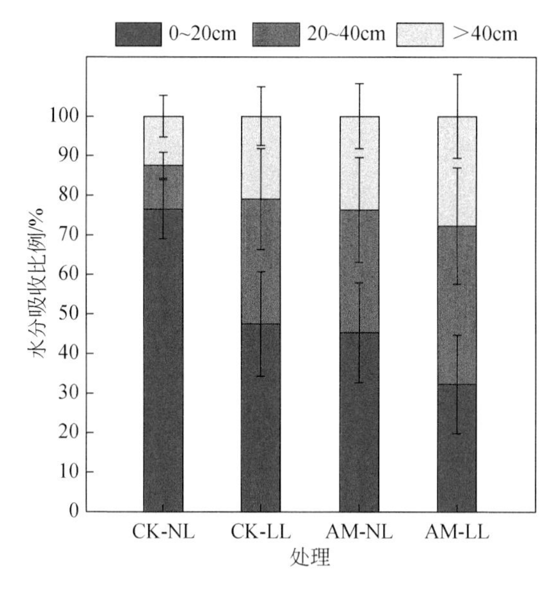

图 3.15　基于 MixSIAR 模型的不同处理下植物对不同深度土壤水分吸收比例

3.5 本章小结

接菌促进根系生长并增加根系吸水面积，植物提水量也受植物整个生育期需水量影响。接种 AMF 处理和黄土层联合能提高根区土壤水分以及增加植被对更深层水分利用效率，主要结果有以下几点。

（1）接种 AMF 和黄土层处理均不同程度地提高了玉米地上和地下生物量、叶片叶绿素含量，减缓了水分亏缺对根系形态发育的负效应，使得根尖数、根系总长度、总表面积和总体积相比对照处理均有所提高。接种 AMF 和黄土层联合处理的效果最好。

（2）根系密度和土壤盐分随土壤深度增加而逐渐减小，土壤水分分布随深度增加而逐渐增大，但是黄土层处理中水分和盐分在土壤剖面存在突然增加的现象。

（3）植物水分吸收主要来自于 0～20cm 和 20～40cm 土层，但是水分吸收比例不同。接种 AMF 和黄土隔层联合，植物 0～20cm 土壤中水分吸收的比例显著下降，从 20～40cm 和＞40cm 土壤中水分吸收比例增加。

4　露天排土场生态重建对种群多样性演变影响

土壤微生物群落的结构和功能变化敏感地反映着土壤质量的变化，露天煤矿排土场土地复垦质量评估早前较多关注于地上植被生长和土壤理化特性，土壤微生物群落演变常常被忽略，近年来才逐步被关注。土壤真菌群落在生态系统过程中扮演着病原体、分解者和共生者等重要角色[90]，是促进土壤碳循环和难溶性有机物降解的主要介质[91]。土壤微生物多样性和活性变化是评价人类活动对土壤生态影响的重要指标[92]。土壤真菌的群落组成和功能受到不同环境因素、土壤特性和宿主植物的调节，如气候[93]、植物-微生物相互作用[94]、植被类型[95]、土壤质地[96]、土壤养分[97]、土地利用模式和开垦时间等[98]。植物通常以凋落物和根系分泌物的形式向土壤输入碳（C）和氮（N）[99]，土壤微生物则主要负责合成和释放与土壤碳、氮、磷循环相关的胞外水解酶等[100]。矿区良好的土壤养分能够通过复垦区内植物-微生物的相互作用，促进植物生长并维持生态系统的可持续发展[101]。露天排土场土壤为重构土壤，土层结构不良，经过植物-微生物相互作用后，其土壤孔隙度、土壤容重、土壤团聚体均发生明显改变，影响排土场的水分循环过程。

4.1　露天排土场微生物多样性演变规律

4.1.1　不同复垦年限土壤真菌群落组成和功能

在准能排土场多年的生态重建区，采集不同复垦年限（1 年、5 年、10 年、15 年、20 年）的紫花苜蓿根际土，分析土壤真菌群落的组成和功能。根据 FUNGuild 数据库，将 1059 个 OTUs 按营养模式分为 9 类，各营养模式占比分别为共生营养型（Symbiotroph，19.4%）、腐生-共生营养型（Saprotroph-Symbiotroph，12.6%）、病理营养型（Pathotroph，11.2%）、病理-腐生-共生营养型（Pathotroph-Saprotroph-Symbiotroph，8.6%）、病理-腐生营养型（Pathotroph-Saprotroph，2.5%）、病理-共生营养体（Pathotroph-Symbiotroph，0.81%）、病原菌-腐生-共生营养型（Pathogen-Saprotroph-Symbiotroph，0.13%）、腐生营养型（Saprotroph，0.003%）以及未分配（Saprotroph，44.6%）[图 4.1（a）]。在整个复垦时期内，共生营养型的相对丰度在复垦 5 年时有最高值，为 76.2%。未分配的真菌营养型在复垦期内呈逐渐上升趋势，由复垦 1 年时的 23.7%提高至复垦 20 年时的 81.1%。腐生-共生营养型的相对丰度总体上在复垦期内呈下降趋势，由复垦 1 年占比 31.5%下降至复垦 20 年时占比 4.93%。

通过 OTU 序列的对比分析，共鉴定出土壤真菌 133 科 [图 4.1（b）]，其中优势科为：norank_o__Pleosporales（13.8%）、unclassified_c__Leotiomycetes（9.67%）、丛赤壳科（Nectriaceae，9.44%）、被孢霉科（Mortierellaceae，8.71%）、球盖菇科（Strophariaceae，6.69%）、火丝菌科（Pyronemataceae，6.13%）、unclassified_k__Fungi（5.99%）、unclassified_p__Ascomycota（5.18%）、革菌科（Thelephoraceae，4.70%）和角担菌科（Ceratobasidiaceae，

3.13%)。在整个复垦期间，norank_o__Pleosporales 和火丝菌科的相对丰度在复垦初期随复垦时间的增加而升高，在复垦 10 年时达到最大值；两类真菌的丰度分别由复垦 1 年占比 1.83%、0.79%增长至复垦 10 年时占比 32.4%、16.0%，之后随复垦时间的增加而降低，至复垦 20 年时下降至 1.11%、0.01%。被孢霉科和丛赤壳科的相对丰度在复垦期内呈下降趋势，分别由复垦 1 年时的 29.4%和 23.9%，下降至复垦 20 年的 3.88%和 1.96%。球盖菇科的相对丰度在复垦 1 年时为 0.75%，在复垦 5 年时达到最大值，为 41.7%。根据以上结果可得，真菌群落与功能在整个复垦期内发生了极大的演变，生活型逐渐由共生型向腐生型转变，说明复垦后植被的恢复与土壤真菌的变化密切相关。

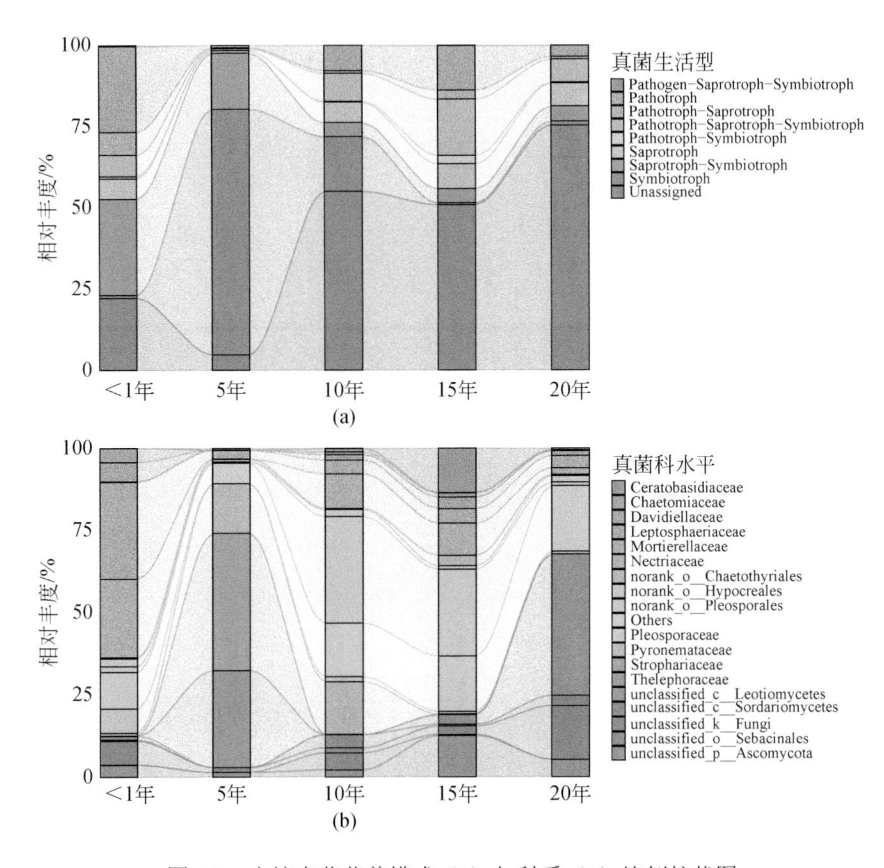

图 4.1 土壤真菌营养模式（a）与科系（b）比例柱状图

根据维恩图计算了多个样品中共有 OUT 数量和独有 OTU 数量，以及组成相似度和重叠度（图 4.2）。在 5 个不同的复垦时期，共有的 OTU 为 22 个，占总量的 2.1%。在复垦 1 年、5 年、10 年、15 年、20 年时，独有 OTU 数量分别为 50（4.6%）、49（4.6%）、147（13.9%）、129（12.2%）、225（21.2%）。在不同的复垦时期内，总 OTU 数量随着复垦时间的增加逐渐升高，在复垦 20 年时达到最高。真菌的 OTU 数量一定程度上代表了真菌群落的恢复速度，由此可得真菌在复垦 1～10 年内恢复较快，而在 10～20 年时增速放缓，但独有 OUT 量数的增加也证明了真菌在恢复过程中的功能特化。

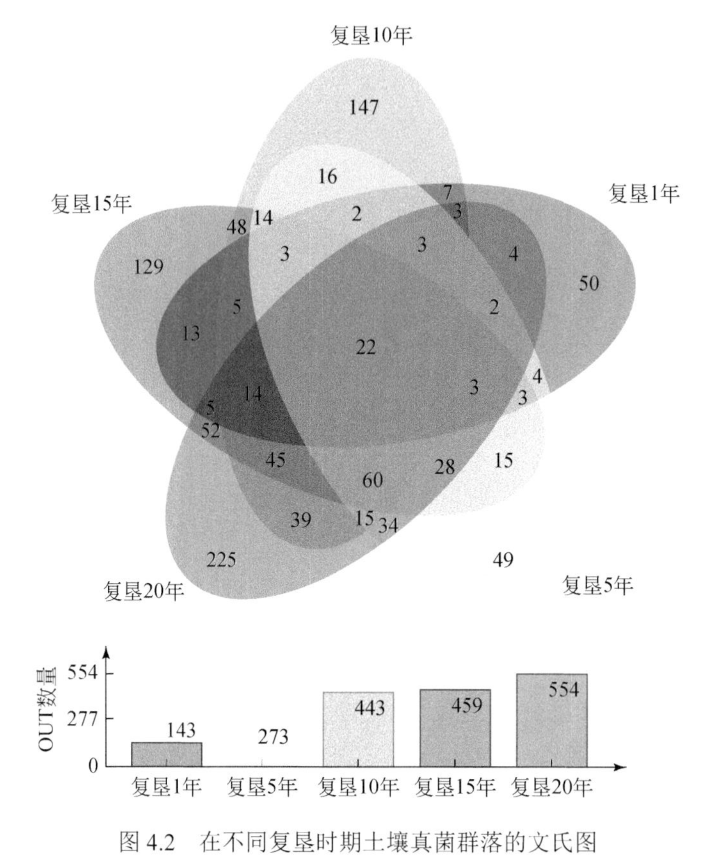

图 4.2 在不同复垦时期土壤真菌群落的文氏图

4.1.2 不同复垦年限土壤因子变化规律

不同复垦年限的土壤有机碳（soil organic carbon，SOC）存在显著差异（$P<0.05$）（表 4.1），整体趋势为随复垦时间的增加而显著增加（$P<0.05$），复垦 1 年时存在最小值，为 2.78mg/g，复垦 20 年时存在最大值，为 8.25mg/g；土壤全氮（TN）在复垦前 10 年的时间内随复垦时间的增加而下降，但是在复垦时间超过 10 年后随复垦时间的增加而增加，并且在复垦 20 年时显著含量显著高于其他复垦年份（$P<0.05$）；速效磷（available phosphorus，AP）含量呈现先降低后升高的趋势，变化趋势与土壤全氮相似，但速效磷含量最大值出现在复垦 1 年，并且复垦 1 年与复垦 20 年显著高于复垦 5 年与复垦 10 年（$P<0.05$）；pH 最大值出现在复垦 1 年时,为 7.82，并且高于复垦 5 年及复垦 10 年（$P<0.05$）；土壤磷酸酶的变化范围为 11.2～14.2(μmol/kg)·(FW/min)，变化趋势为在复垦前期时间的增加，活性呈上升趋势，最大值出现在复垦 15 年，之后在复垦 20 年时出现下降；土壤脲酶的变化范围为 30.33～38.86μmol/(kg·L·h)，最小值出现在复垦 1 年时，且显著低于复垦 10 年、15 年及 20 年（$P<0.05$）。蔗糖酶活性在复垦时期内的变化范围为 7.12～83.70mg/(kg·24h)，最大值出现在复垦 15 年，复垦 1 年时有最小值。根据土壤因子变化，土壤有机碳随着复垦年限的增加而呈大幅增长的趋势，可能与植被凋落物的输入有关，而 N、P、K 等营养元素在复垦时间序列上不规律的波动在一定程度上也反映出植物-土壤-微生物间的养分供求平衡与循环

的关系。

表 4.1　不同年份下土壤因子

复垦年限	1 年	5 年	10 年	15 年	20 年	F	P
土壤有机碳/(mg/g)	2.78c	3.38c	3.66c	5.74b	8.25a	30.79	＜0.001
土壤全氮/(mg/g)	0.99b	0.99b	0.71b	0.83b	2.50a	103.59	＜0.001
速效磷/(mg/g)	3.81a	1.94c	1.84c	2.53bc	3.24ab	17.78	＜0.001
速效钾/(mg/g)	68.05b	95.58ab	144.14a	107.51ab	133.02a	5.79	0.003
pH	7.82a	7.64b	7.65b	7.714ab	7.71ab	6.63	0.001
电导率/(μs/cm)	241.60a	218.32a	200.64a	237.40a	231.40a	2.74	0.058
磷酸酶 /[（μmol/kg）·（FW/min）]	11.18c	12.28bc	12.74ab	14.22a	13.35ab	9.56	＜0.001
土壤脲酶 /［μmol/(kg·L·h)］	30.33b	33.56ab	38.86a	38.14a	38.68a	8.76	＜0.001
蔗糖酶/[(mg/kg·24h)]	7.12b	63.90a	28.24b	83.70a	67.20a	36.22	＜0.001

注：小写字母表示单因素方差分析有显著差异（P＜0.05），下同。

4.1.3　不同复垦年限土壤真菌群落多样性

分析真菌群落的多样性指标 Shannon-Wiener 指数（SW）的变化范围为 1.969～3.141，均值为 2.631（图 4.3）。在复垦 5 年时，Shannon-Wiener 指数较复垦 1 年时有下降趋势，并且显著低于复垦 10 年和 15 年的 Shannon-Wiener 指数（P＜0.05）。观测物种数（Sobs）、ACE 指数及系统发育指数在复垦时期的变化范围分别为 49.8～297.4、55.0～318 和 24.1～69.1，三种多样性指数呈相似的变化规律即随复垦时间的增加而显著上升（P＜0.05）。并且在复垦 1 年和 5 年与其他复垦年份间存在显著差异（P＜0.05），真菌群落在复垦 10 年后多样性指数的变化趋于稳定。

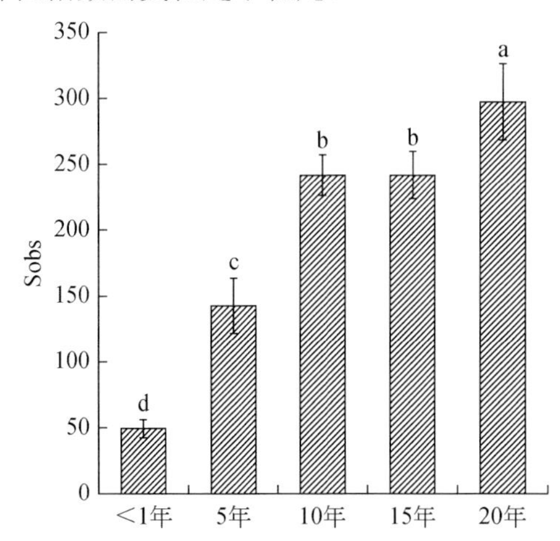

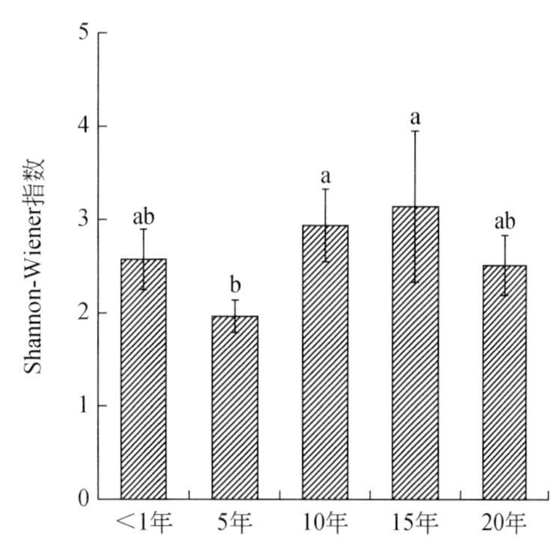

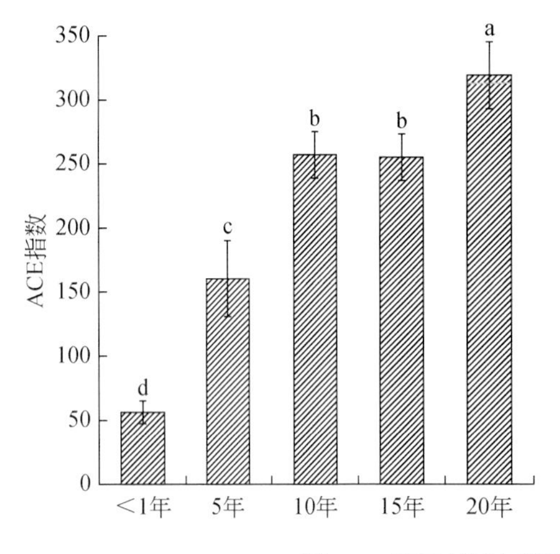

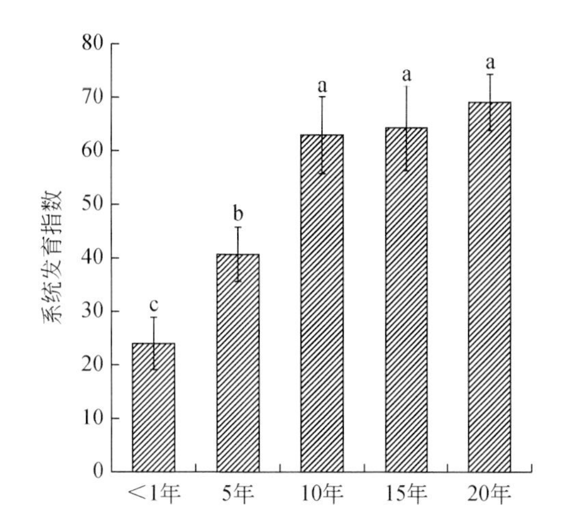

图 4.3 不同复垦年限下土壤真菌群落多样性指数

图中误差棒表示标准差，误差棒不同小写字母表示在不同复垦年份中差异显著

由基于置换的多元方差分析（PerMANOVA）和非度量多维尺度分析（NMDS）可得，土壤真菌营养模式和群落组成在不同复垦年份间差异显著（$P<0.001$）（图 4.4）。使用 envfit 分析土壤因子对土壤真菌营养模式和群落组成的影响可得，速效磷（AP，$P=0.038$）、有机碳（SOC，$P=0.003$）、全氮（TN，$P<0.001$）和蔗糖酶（INV，$P=0.047$）对土壤真菌营养模式影响显著；土壤速效钾（AK，$P=0.005$）、脲酶（U，$P=0.004$）、磷酸酶（Pha，$P=0.006$）、有机碳（$P=0.004$）、全氮（$P=0.006$）、速效磷（$P=0.002$）、pH（$P=0.004$）和电导率（electrical conductivity，EC）（$P=0.006$）对土壤真菌群落组成有显著影响，说明土壤因子对真菌群落有直接或间接的作用需进一步探究。

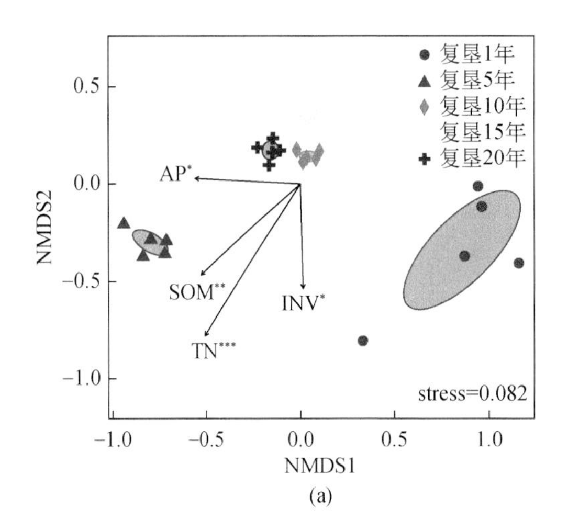

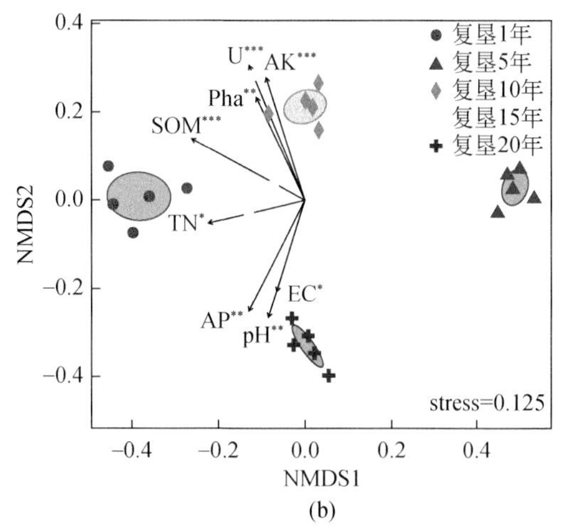

图 4.4 土壤真菌生活型（a）和群落结构（b）的非度量多维尺度分析

箭头表示土壤因子的拟合向量，其分布与真菌生活型以及群落结构显著相关（*$P<0.05$，**$P<0.01$，***$P<0.001$）。AP 为速效磷；SOM 为有机质；INV 为蔗糖酶；U 为脲酶；Pha 为磷酸酶；AK 为速效钾；TN 为全氮；EC 为电导率

4.1.4 土壤真菌群落网络分析

真菌网络显示出大量的节点和边（268 个节点和 2186 条边）[图 4.5（a）]。除未鉴定的土壤真菌外，肉座菌目（Hypocreales）、格孢腔菌目（Pleosporales）、粪壳菌目（Sordariales）和盘菌目（Pezizales）在网络中所占的节点比例较高，分别为 14.2%、10.8%、5.97%和 5.60%。共现性网络分析表明，许多真菌群落和功能与土壤因子存在相关性 [图 4.5（b）、（c）]。Sebacinales_Group_B 与土壤有机碳和总氮呈正相关 [图 4.5（b）]（$P<0.05$），火丝菌科（Pyronemataceae）与 SOC、Pha 和 INV 呈显著正相关（$P<0.05$）；盘菌科（Pezizaceae）与 AP 和 TN 呈正相关（$P<0.05$）。在真菌营养模式方面，寄生型真菌（Fungal Parasite）与 pH、INV、Pha 和 SOC 呈正相关 [图 4.5（c）]，（$P<0.05$）；粪腐生-植物腐生型真菌（Dung Saprotroph-Plant Saprotroph）与 Pha、EC 呈显著正相关（$P<0.05$）；内生真菌（Endophyte）与 SOC 和 AK 呈正相关（$P<0.05$）。在群落组成与功能的网络中，土壤有机碳与真菌的功能及群落结构紧密相关，说明在排土场生境下，有机碳是维持土壤真菌群落，促进真菌功能的关键因子。

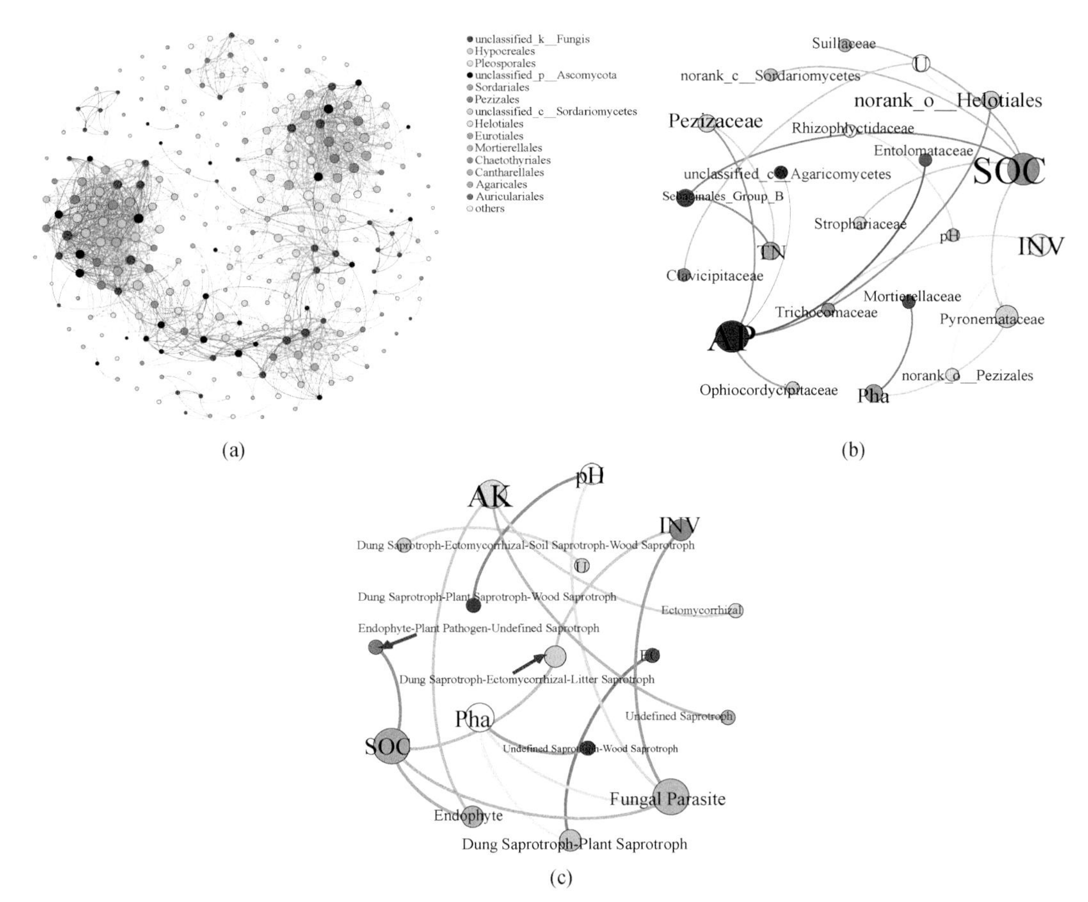

图 4.5 露天煤矿排土场的土壤真菌群落（a）与土壤变量相关的土壤真菌科（b）以及生活型（c）的共现性网络

4.1.5　不同因子间相关性分析

使用曼特尔分析可得（图 4.6），土壤因子与真菌群落结构以及营养模式显著相关（$P<0.05$）。根据不同变量之间的相关系数（R 值），利用结构方程模型（SEM）量化土壤因子与真菌群落组成和营养模式的相对影响以及路径关系（χ^2=40.644，df=28，P=0.058，RMSEA=0.046，GFI=0.967，AIC=116.644），表明有机碳、全氮和 pH 对真菌群落结构和脲酶具有直接且显著的影响（$P<0.05$），全氮对真菌营养模式具有直接且显著的影响（$P<0.05$），pH 和有机碳能够间接并显著影响真菌的营养模式（$P<0.05$）。同时，土壤真菌营养模式对磷酸酶和蔗糖酶有直接且显著的影响（$P<0.05$）。通过 SEM 模型进一步确认土壤有机碳作为复垦过程中重要的土壤变量，驱动了真菌的群落构成与功能，而真菌通过土壤酶间接影响了土壤的速效养分，因此真菌在养分循环中的作用，可能与有机碳的驱动相关。

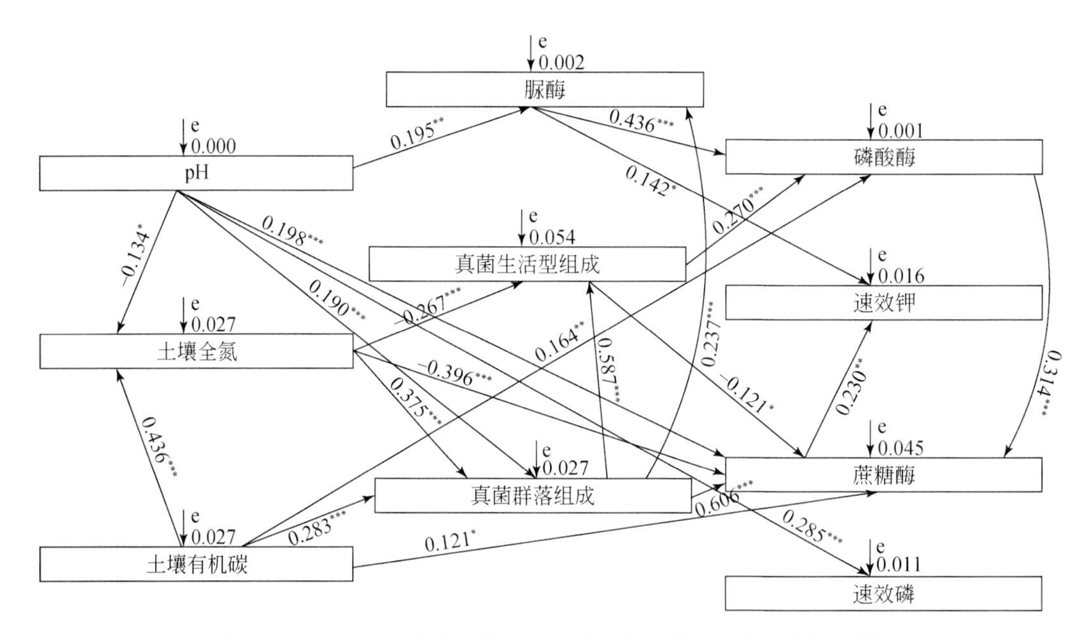

图 4.6　土壤变量、真菌群落组成和生活型组成之间的结构方程模型

*为 $P<0.05$，**为 $P<0.01$，***为 $P<0.001$

复垦早期（1 年）与复垦后期土壤真菌的多样性、群落组成和功能存在显著差异，土壤真菌多样性在复垦 1～10 年内恢复较快，在复垦 10 年后逐渐趋于平稳，达到生态稳定阶段。土壤真菌随着复垦时间的推移呈现出功能特化，生活型逐渐由共生型转为腐生型，可能与地面植被恢复使凋落物数量增加有关。土壤真菌群落能通过分解有机碳增加土壤养分循环，促进土壤有机碳、氮、磷积累。土壤有机碳是影响排土场真菌群落与功能的关键因子，土壤真菌通过对土壤酶的直接作用，间接影响土壤有效养分；在矿区人工修复的不同复垦时期，土壤真菌群落与土壤因子的相互作用是推动该区域土壤生态改善与恢复的关键因素。

4.2 露天排土场丛枝菌根真菌多样性演变规律

4.2.1 不同复垦年限对土壤 AMF 群落组成影响

DNA 纯化并测序后，共获得 334937 条 AMF 的 DNA 序列，AMF 的 DNA 序列经聚类分析后共获得 156 条 OTUs。使用 OTUs 序列构建系统发育树（图 4.7），并与参考序列集（MaarjAM 数据库）进行比对，共鉴定球囊菌门（Glomeromycota）的 AMF 分属 9 科，相对丰度分别为：球囊霉科（Glomeraceae，40.7%）、多孢球囊霉科（Diversisporaceae，26.1%）、近明球囊霉科（Claroideoglomeraceae，16.5%）、类球囊霉科（Paraglomeraceae，9.0%）、双型囊霉科（Ambisporaceae，6.1%）、原囊霉科（Archaeosporaceae，1.0%）、无梗囊霉科（Acaulosporaceae，0.7%）、盾巨孢囊霉科（Scutellosporaceae，0.008%）和 Geosiphonaceae（0.004%）。在科分类下又可以归类为 12 个属，其中包括：无梗囊霉属（*Acaulospora*）1 个、双型囊霉属（*Ambispora*）20 个、原囊霉属（*Archaeospora*）10 个、近明球囊霉属（*Claroideoglomus*）18 个、多孢囊霉属（*Diversispora*）7 个、管柄囊霉属（*Funneliformis*）3 个、*Geosiphon* 2 个、球囊霉属（*Glomus*）59 个、类球囊霉属（*Paraglomus*）32 个、根孢囊霉属（*Rhizoglomus*）1 个、盾巨孢囊霉属（*Scutellospora*）1 个和隔球囊霉属（*Septoglomus*）属 1 个。在 20 年的复垦期间内，AMF 中近明球囊霉属的相对丰度保持稳定，球囊霉属的相对丰度从复垦 1 年的 4.32%增加到复垦 20 年的 73.05%；而双型囊霉属的相对丰度随复垦年限的增加呈下降趋势，复垦 1 年平均值为 21.82%，而在复垦 20 年平均值为 0.66%（图 4.8）。AMF 群落在复垦过程中优势种群发生了明显改变，可能与不同复垦阶段，植物与 AMF 的共生关系相关。

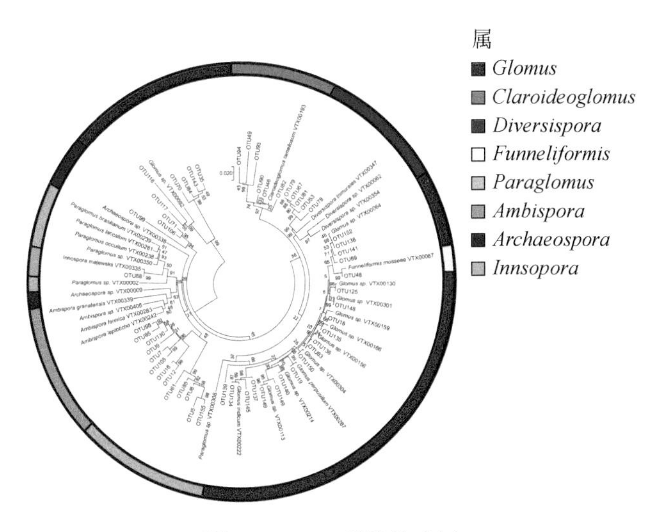

图 4.7 AMF 系统发育树

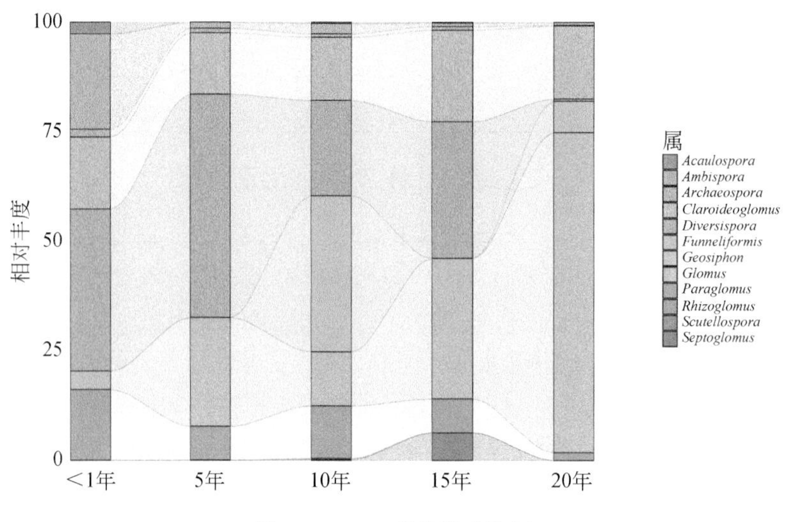

图 4.8　AMF 群落组成比例

根据文氏图计算了不同样品中共有和独有 OTU 数量，并展示组成相似度和重叠度（图 4.9）。在 5 个不同的复垦时期，共有的 OTU 为 16 个，占总量的 10.3%。在复垦 1 年、5 年、10 年、15 年、20 年，独有 OTU 数量分别为 14 个（9.0%）、8 个（5.1%）、14 个（9.0%）、9 个（5.8%）、10 个（6.4%）。在不同复垦时期内，总 OTU 数量随着复垦时间的增加而增

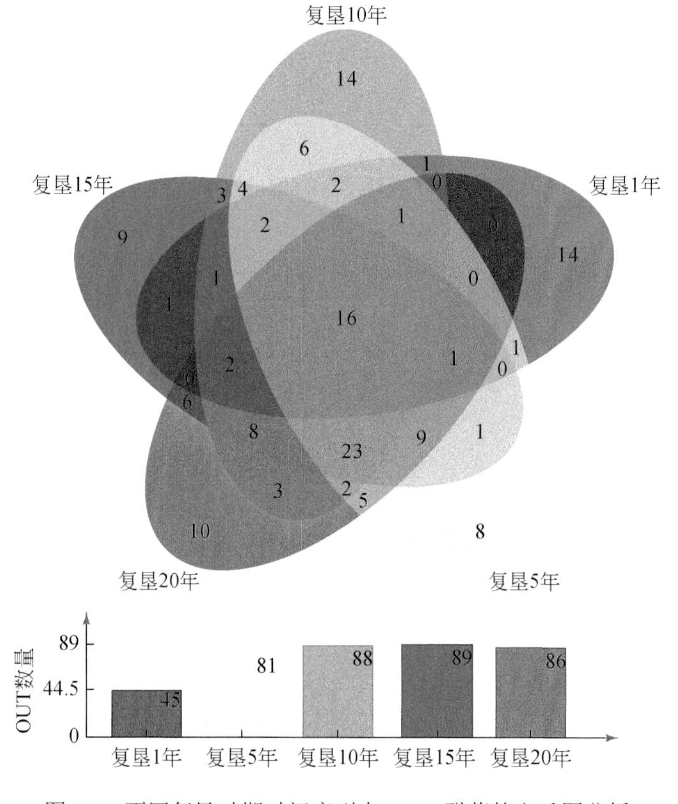

图 4.9　不同复垦时期时间序列中 AMF 群落的文氏图分析

加，但在复垦15年至复垦20年的阶段有所下降。该结果表明，AMF种群在复垦初期有明显的增加，而在中后期，主要发生的是种类的变化，而数量上变化不大。

4.2.2　不同复垦年限土壤化学计量与球囊霉素分析

不同复垦时期内土壤碳氮比的变化范围为2.82～7.05，在复垦1～15年中，碳氮比随复垦年份的增加而呈上升趋势，在复垦20年比值下降，并且在复垦10年、15年显著高于复垦1年（$P<0.05$）（表4.2）；土壤氮磷比的变化范围为273.10～783.10，变化趋势呈先增高（复垦1～5年）后降低（复垦5～15年），最后呈再增高（复垦15～20年）的趋势，且在复垦20年有最大值，并显著高于其他复垦年限。土壤碳磷比的变化范围为759.80～2604.00，碳磷比随着复垦时间的增加呈显著上升的趋势，在复垦20年时有最大值，并且复垦1年显著低于其他复垦年份（$P<0.05$）。

表4.2　不同复垦年限下土壤生态化学计量变化

复垦年限	C/N	N/P	C/P	EEG（mg/g）	TG（mg/g）	EEG/SOC	TG/SOC
1年	2.82c	273.10c	759.80c	0.15b	0.28b	0.06a	0.11a
5年	3.52bc	513.30b	1734.00b	0.13b	0.30b	0.04ab	0.10ab
10年	5.21ab	384.70bc	2002.00ab	0.14b	0.29b	0.04ab	0.09abc
15年	7.05a	331.70c	2275.00ab	0.15b	0.30b	0.03b	0.05c
20年	3.31bc	783.10a	2604.00a	0.20a	0.47a	0.03b	0.06bc
F	12.14	32.42	13.52	15.26	63.01	6.34	5.55
P	<0.001	<0.001	<0.001	<0.001	<0.001	0.002	0.004

注：小写字母表示单因素方差分析有显著差异（$P<0.05$），下同。

在不同复垦时期，土壤易提取球囊酶素和总球囊霉素的含量差异显著（$P<0.001$），表现为复垦20年显著高于其他年限（$P<0.001$）。易提取球囊酶素的变化范围为0.13～0.20mg/g，总球囊酶素的含量范围为0.28～0.47mg/g，土壤易提取球囊酶素与总球囊霉素的平均值分别为0.153mg/g和0.327mg/g，球囊霉素含量整体随复垦年限的增加而上升，最大值均在复垦20年，其中易提取球囊霉素在复垦5年有最小值，总球囊霉素在复垦1年有最小值。土壤总球囊霉素占有机碳的比例为5.4%～10.5%，平均占比为9%，其中比例最高和最低的年限分别为复垦1年和复垦15年，且在这两个年限间差异显著（$P<0.05$），其中在复垦1～15年间总球囊霉素占有机碳的比例呈下降趋势，在复垦20年略有提高。土壤易提取球囊霉素占有机碳的比例为2.5%～5.8%，平均占比为3.8%，比例最高和最低的年限分别为复垦1年和复垦20年，并随着复垦时间的增加比例逐渐降低。

4.2.3　不同复垦年限土壤AMF群落多样性

不同复垦时期，土壤AMF多样性差异显著（图4.10）。AMF的Shannon-Wiener指数的变化范围为0.857～2.561，其中最小值出现在复垦1年，并与其他复垦年限间存在显著差异（$P<0.05$），最大值出现在复垦15年。Sobs的变化范围为18.20～56.80，ACE指数的

变化范围为 20.11～73.30，其最小值均在复垦 1 年，最大值均在复垦 20 年，且在不同复垦年限间的变化趋势与 Shannon-Wiener 指数相似表现为复垦 5～20 年间无显著差异。AMF 系统发育多样性指数（phylogenetic index）的变化范围为 1.799～4.029，复垦 1 年的系统发育指数显著低于其他年限（$P<0.05$），并随着复垦时间的增加呈先上升后下降的趋势，最大值出现在复垦 10 年。PERMANOVA 分析表明，AMF 群落组成受不同复垦年限的显著影响（pseudo-$F=5.503$，$P<0.001$），NMDS 分析验证了不同复垦时期 AMF 群落组成存在显著差异（stress＝0.117）（图 4.11）。同时，AMF 群落组成与土壤易提取球囊霉素和有机碳比（EEG/SOC，$P=0.005$）、pH（$P=0.004$）、土壤全氮（TN，$P=0.006$）、速效磷（AP，$P=0.034$）、总球囊素（TG，$P=0.012$）、碳磷比（C/P，$P<0.001$）和氮磷比（C/P，$P=0.002$）显著相关。该结果表明，AMF 群落多样性能在复垦初期（1～5 年）快速恢复，在复垦中后期保持稳定，并且 AMF 群落与土壤化学计量显著相关，说明 AMF 在生态系统中发挥着重要的调节土壤养分循环的功能。

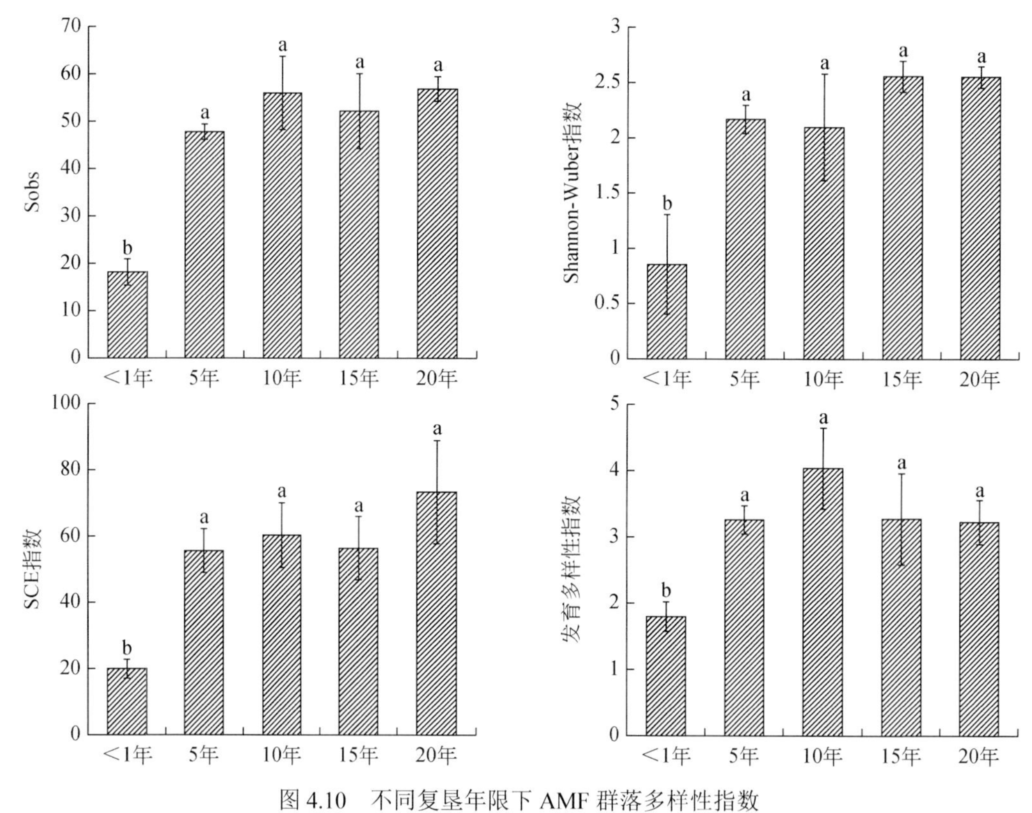

图 4.10　不同复垦年限下 AMF 群落多样性指数

图中误差棒表示标准差，误差棒不同小写字母表示在不同复垦年份中差异显著（$P<0.05$）

4.2.4　土壤 AMF 群落的网络分析

土壤微生物网络结构能够反映群落稳定性，对土壤 AMF 群落的网络分析可知，不同复垦年限，土壤 AMF 的平均聚类系数变化规律变现为：复垦 1 年（0.862）＞复垦 15 年（0.780）＞复垦 5 年（0.758）＞复垦 10 年（0.741）＞复垦 20 年（0.738）。网络平均度变化表现为：

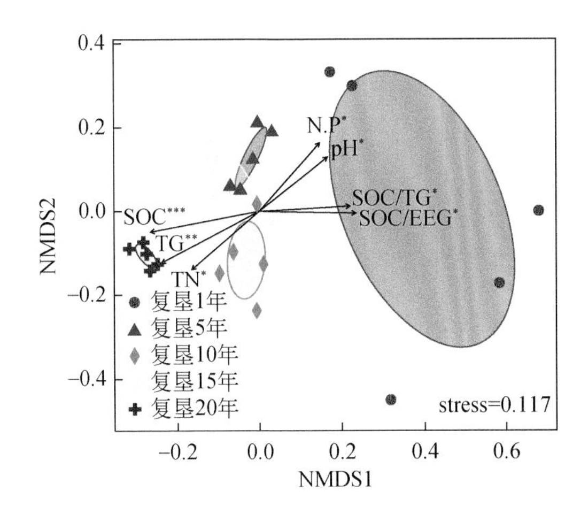

图 4.11 AMF 群落的非度量多维尺度分析

箭头表示土壤因子的拟合向量，其分布与 AMF 群落结构显著相关（$*P<0.05$，$**P<0.01$，$***P<0.001$）。SOC 为有机碳；TG 为总球囊霉素；TN 为全氮；N.P 为氮磷比；SOC/TG 为总球囊霉素占总有机碳比例；SOC/EEG 为易提取球囊霉素占总有机碳比例

复垦 10 年（7.023）>复垦 15 年（6.921）>复垦 20 年（6.233）>复垦 5 年（6.049）>复垦 1 年（4.889）。AMF 的平均路径距离规律为：复垦 15 年（4.732）>复垦 10 年（4.685）>复垦 20 年（4.559）>复垦 5 年（3.902）>复垦 1 年（2.497）。由图 4.12 可得，AMF 网络中节点数与边数呈先增大后减小的趋势，其中在复垦 1 年有最小值，而在复垦 10 年时有最大值，结合 AMF 群落的网络平均度对群落结构影响较大，因此，复垦年限为 10 年时，AMF 群落的网络复杂程度最高，参与核心网络的 AMF 种类最多，群落稳定性更强。网络

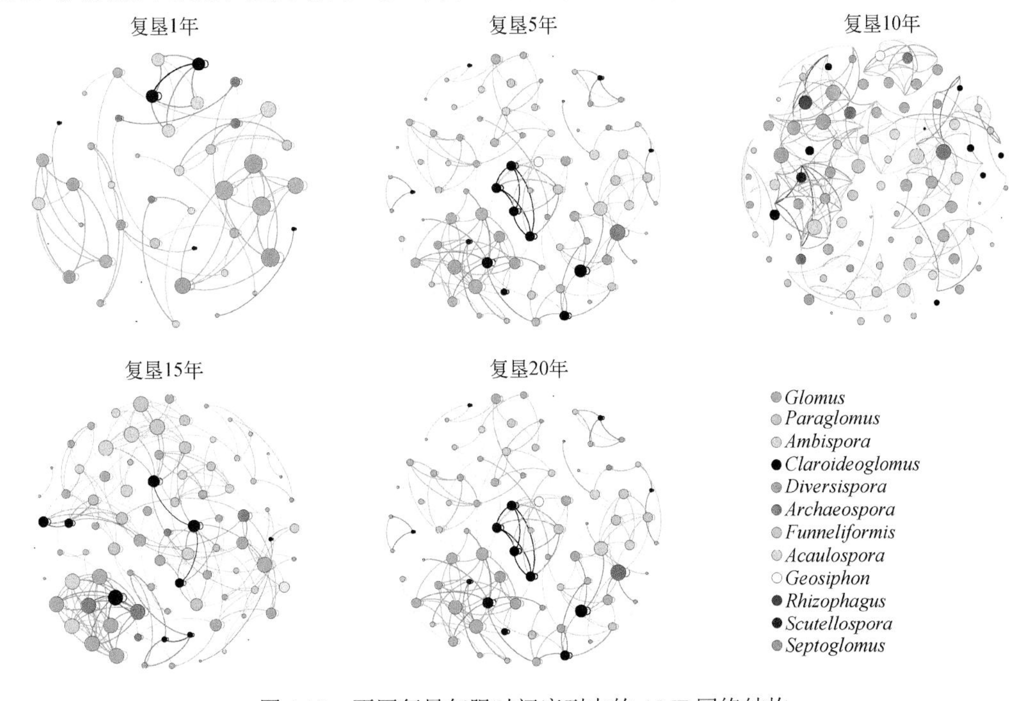

图 4.12 不同复垦年限时间序列中的 AMF 网络结构

模块度的值在 0.933～1.473 之间，且在不同复垦年限间差异显著，说明在复垦的不同阶段土壤 AMF 群落网络特征存在显著差异，进一步证明了 AMF 群落能在复垦初期完成快速重建，并且重建后的网络具有相当的复杂度与稳定性，说明 AMF 恢复能力极强，并有抵抗后续扰动的能力，生态应用潜力巨大。

4.2.5　土壤-AMF-复垦年限的相关性分析

Spearman 相关检验和 Mantel 检验表明，复垦年限、土壤因子、生态化学计量、AMF 多样性指数群落组成之间存在显著的相关关系（图 4.13）。其中碳磷比与球囊酶素含量、EEG/SOC 值、TG/SOC 值、AMF 多样性指数和 AMF 群落组呈显著相关（$P<0.05$）。除碳氮比外，土壤因子与双型囊霉属（*Ambispora*）、多孢囊霉属（*Diversispora*）、球囊霉属（*Glomus*）和类囊霉属（*Paraglomus*）均具有显著相关性（$P<0.05$），其中 *Ambispora*、*Paraglomus* 与除碳氮比外的所有土壤变量均有显著相关性；*Diversispora* 与土壤有机碳、全氮、速效磷、氮磷比、碳磷比以及球囊霉素有显著相关性；*Glomus* 与土壤全氮、速效磷、氮磷比、碳磷比以及球囊霉素相关指标有显著相关性。土壤全氮、总提取球囊酶素、氮磷比、碳磷比与土壤 AMF 多样性指数呈显著正相关（$P<0.05$），而土壤速效磷、EEG/SOC、TG/SOC 与 AMF 多样性指数呈显著负相关（$P<0.05$）。AMF 多样性与多种土壤因子及化学计量相关，说明提高 AMF 群落多样性有助于排土场生态环境的恢复，并且多数 AMF 属种与土壤营养和功能关系密切，因此，AMF 具有在排土场生境作为生物肥料进行应用的巨大潜力。

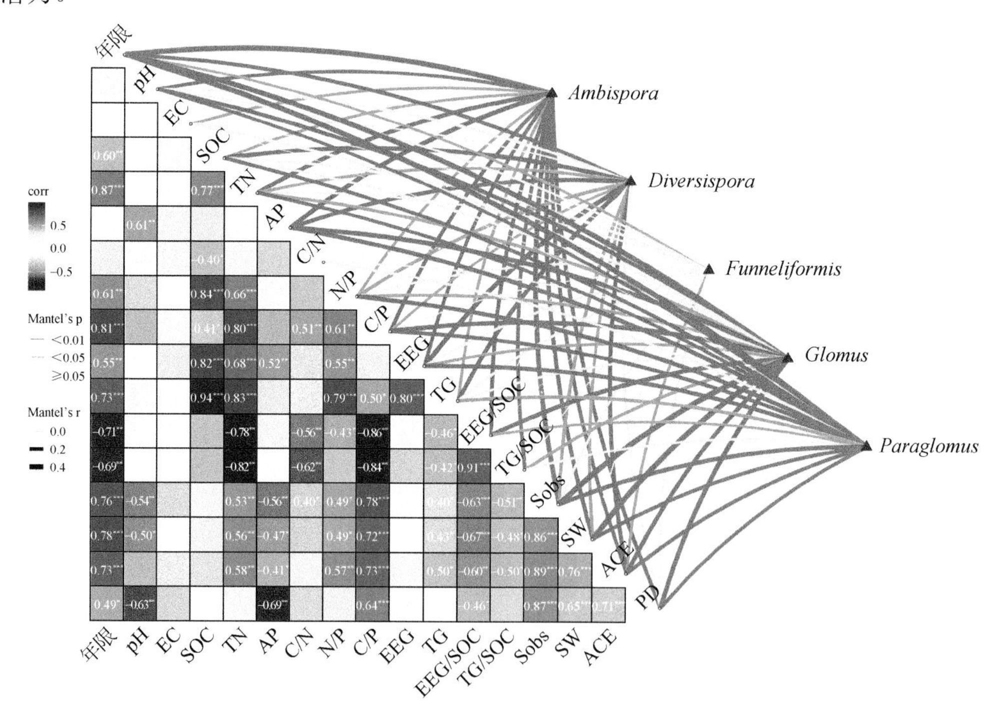

图 4.13　复垦年限、土壤变量、AMF 多样性和菌属丰度之间的相关性

图中不同色阶代表不同相关性的值（$^*P<0.05$，$^{**}P<0.01$，$^{***}P<0.001$）

随着复垦时间的推移，球囊霉属（*Glomus*）相对丰度上升，两型球囊霉属（*Ambispora*）相对丰度下降，近明球囊霉属（*Cloideoglomus*）的相对丰度保持稳定，其丰度的变化可能与环境适应性、宿主偏好性、功能多样性以及繁殖能力有关。复垦早期，与 AMF 密切相关的土壤球囊霉素在有机碳中占比较高，反映了 AMF 对土壤碳库的巨大贡献。土壤养分和生态化学计量对 AMF 多样性和群落组成具有显著影响，且 AMF 优势类群与土壤因子（特别是磷）密切相关，说明 AMF 对复垦土壤的营养积累、循环等生态功能影响显著。在人工复垦后的不同阶段（1～20 年），AMF 群落在复垦初期能够快速适应环境变化，多样性在复垦 1～5 年内迅速提高，随着 AMF 群落多样性和组成的变化，其生态功能随之改变，表现出较强的群落稳定性。因此，AMF 具有作为生物菌肥进行矿区生态修复的应用潜力。

4.3　露天排土场植被演变规律

4.3.1　排土场主要植物组成

经相应调查鉴定，准能黑岱沟露天煤矿排土场复垦区主要林下植物如表 4.3 所示，共发现 43 种植物，分别属于 15 科 36 属。排土场复垦地林下植物占比较多的为禾本科、菊科和豆科，分别为 9 属 9 种、7 属 12 种和 6 属 6 种，占全种数的 20.93%、30.23%和 11.63%。占比数量较少的藜科，为 3 属 4 种，占全种数的 6.98%。剩下的有萝藦科、香蒲科、紫葳科、牻牛儿苗科、蔷薇科、旋花科、石竹科、唇形科、茜草科、大戟科、玄参科各 1 属 1 种。

表 4.3　排土场林下植物组成

科	属	种
禾本科 Gramineae	早熟禾属 *Poa*	硬质早熟禾 *Poa sphondylodes* Trin.
	披碱草属 *Elymus*	披碱草 *Elymus dahuricus* Turcz.
	隐子草属 *Cleistogenes*	无芒隐子草 *Cleistogenes songorica*（Roshev.）Ohwi
	赖草属 *Leymus*	羊草 *Leymus chinensis*（Trin.）Tzvel.
	狗尾草属 *Setaria*	狗尾巴草 *Setaria viridis*（L.）Beauv.
	冰草属 *Agropyron*	冰草 *Agropyron cristatum*（L.）Gaertn.
	拂子茅属 *Calamagrostis*	拂子茅 *Calamagrostis epigeios*（L.）Roth
	赖草属 *Leymus*	赖草 *Leymus secalinus*（Georgi）Tzvel.
	芦竹属 *Arundo*	芦竹 *Arundo donax* L.
菊科 Asteraceae	狗娃花属 *Heteropappus*	阿尔泰狗娃花 *Aster altaicus* Willd.
	苦荬菜属 *Ixeris*	苦荬菜 *Ixeris polycephala* Cass.
	苦荬菜属 *Ixeris*	细叶苦荬菜 *Ixeris gracilias* Stebb.
	蒿属 *Artemisia*	白莲蒿 *Artemisia stechmanniana* Bess.
	蒿属 *Artemisia*	黄花蒿 *Artemisia annua* L.

续表

科	属	种
菊科 Asteraceae	蒿属 *Artemisia*	茵陈蒿 *Artemisia capillaris* Thunb.
	蒿属 *Artemisia*	米蒿 *Artemisia dalai-lamae* Krasch.
	蒿属 *Artemisia*	南牧蒿 *Artemisia eriopoda* Bge.
	万寿菊属 *Tagetes*	万寿菊 *Tagetes erecta* L.
	蓟属 *Cirsium*	蓟 *Cirsium japonicum* Fisch. ex DC.
	风毛菊属 *Saussurea*	风毛菊 *Saussurea japonica* （Thunb.）DC.
	麻花头属 *Serratula*	麻花头 *Serratula centauroides* L.
豆科 Leguminosae	苜蓿属 *Medicago*	苜蓿 *Medicago sativa* L.
	甘草属 *Glycyrrhiza*	甘草 *Glycyrrhiza uralensis* Fisch.
	草木犀属 *Melilotus*	草木樨 *Melilotus officinalis*（L.）Pall.
	米口袋属 *Gueldenstaedtia*	米口袋 *Gueldenstaedtia verna*（Georgi）Boriss.
	棘豆属 *Oxytropis*	二色棘豆 *Oxytropis bicolor* Bunge
	胡枝子属 *Lespedeza*	胡枝子 *Lespedeza bicolor* Turcz.
藜科 Chenopodiaceae	藜属 *Chenopodium*	藜 *Chenopodium album* L.
	猪毛菜属 *Salsola*	猪毛菜 *Kali collinum*
	猪毛菜属 *Salsola*	松叶猪毛菜 *Salsola laricifolia* Turcz.
	地肤属 *Kochia*	木地肤 *Bassia prostrata*（L.）Beck
萝藦科 Asclepiadaceae	萝藦属 *Metaplexis*	萝藦 *Cynanchum rostellatum*
香蒲科 Typhaceae	香蒲属 *Typha*	香蒲 *Typha orientalis* Presl
紫葳科 Bignoniaceae	角蒿属 *Incarvillea*	角蒿 *Incarvillea sinensis* Lam.
牻牛儿苗科 Geraniaceae	老鹳草属 *Geranium*	老鹳草 *Geranium wilfordii* Maxim.
蔷薇科 Rosaceae	委陵菜属 *Potentilla*	二裂委陵菜 *Potentilla bifurca* Linn.
旋花科 Convolvulaceae	旋花属 *Convolvulus*	田旋花 *Convolvulus arvensis* L.
石竹科 Caryophyllaceae	蝇子草属 *Silene*	女娄菜 *Silene aprica*
唇形科 Labiatae	青兰属 *Dracocephalum*	香青兰 *Dracocephalum moldavica* L.
茜草科 Rubiaceae	茜草属 *Rubia*	茜草 *Rubia cordifolia* L.
大戟科 Euphorbiaceae	大戟属 *Euphorbia*	乳浆大戟 *Euphorbia esula* L.
玄参科 Scrophulariaceae	地黄属 *Rehmannia*	地黄 *Rehmannia glutinosa*

4.3.2 不同样地林下植被群落特征研究

1. 相同种植时间不同植被恢复样地

根据种植时间，将排土场不同植被复垦样地分为五组，每组样地植被均为同等时间段种植，且样地位置为同排土场相近位置（表 4.4）。排土场复垦区不同植被恢复对林下植被群落影响显著，通过对相同时段不同植被复垦样地研究发现，除位于建成年份较短的内排土场紫花苜蓿地（2017 年）外，研究区复垦样地林下植被群落构成大多以早熟禾和披碱草等禾本科植物以及阿尔泰狗娃花、黄花蒿和白莲蒿等菊科植物为主，占比范围在 50%～98.63%之间。排土场禾本科植物与菊科植物间存在明显的竞争关系，而不同植被复垦模式对其竞争结果影响显著。

表 4.4 1998 年不同样地林下植被物种组成

样地编号	植被类型	林下植物种类
A1	山杏	木地肤、苜蓿、早熟禾、黄花蒿、苦荬、麻花头、沙地雀麦、白莲蒿、阿尔泰狗娃花
A2	草地	羊草、老鹳草、芦竹、苜蓿、万寿菊、早熟禾、白莲蒿

同期（1998 年）的山杏与草地相比，草地（1998 年）植被群落主要由禾本科的羊草（19.95%）与牻牛儿苗科的老鹳草（14.97%）构成，而山杏（1998 年）林下植被群落中藜科的木地肤（66.14%）为主要优势种，其次为菊科植物（17.93%）与禾本科植物（12.35%）。山杏（1998 年）样地形成了上层乔木、中层灌木、下层草本的多层次生态系统，相较于草地生态系统更高级。由 A2 和 B5 样地可知，排土场自然恢复的草地生态系统以禾本科植物为主，分别占总数的 79.95%和 90.05%，经过多年生长，其植被盖度也较高，分别为 77%和 62%，说明排土场经自然恢复，其草本植被科数和植被盖度都有相应提升，但其生态演变速度缓慢。

样地 A4～A12 均为北排土场的不同植被复垦样地，其种植时间在 2004～2005 年（表 4.5）。其中，杨树+油松、杨树+油松+山杏与杨树+柠条+山杏林下植被以禾本科（披碱草、无芒隐子草、早熟禾等）为主，分别占总科数的 78.43%、72.87%与 88.32%，其植被盖度分别为 12%、63%和 46%。油松和火炬树则以菊科（阿尔泰狗娃花、白莲蒿等）植物为主，分别占总科数的 54.74%和 58.21%，其植被盖度分别为 11%和 36%。油松+山杏、杨树+榆树与山杏的林下植被较为均匀，其植被盖度分别为 8%、38%和 52%。以油松为主的纯林或混林其林下植被显著低于其他样地，原因主要是其郁闭度较高，且林下枯落物较多，影响草本植物的生长发育。

表 4.5 2004～2005 年不同样地林下植被物种组成

样地编号	植被类型	林下植物种类
A4	油松+山杏	早熟禾、披碱草、阿尔泰狗娃花、萝藦、二色棘豆、细叶苦荬、木地肤、蓟
A5	杨树+油松	早熟禾、披碱草、阿尔泰狗娃花、茵陈蒿、萝藦、苦荬、苜蓿、洽草
A6	杨树+柠条+山杏	早熟禾、阿尔泰狗娃花、角蒿、无芒隐子草、黄花蒿、披碱草、苜蓿、胡枝子
A7	杨树+油松+山杏	早熟禾、无芒隐子草、万寿菊、阿尔泰狗娃花、黄花蒿、狗尾草、乳浆大戟、地黄、香青兰、细叶苦荬、草木樨
A8	油松	早熟禾、披碱草、萝藦、阿尔泰狗娃花、白莲蒿、甘草、苦荬、麻花头、洽草
A10	杨树+榆树	早熟禾、米蒿、萝藦、阿尔泰狗娃花、麻花头、白莲蒿、刺穗藜、细叶苦荬、黄花蒿、香蒲、藜
A11	火炬树	白莲蒿、苜蓿、早熟禾、黄花蒿、角蒿、阿尔泰狗娃花、苦荬菜
A12	山杏	早熟禾、赖草、黄花蒿、苜蓿、冰草、阿尔泰狗娃花、狗尾草、甘草、老鹳草

B1～B5 样地均为东排土场不同植被复垦样地，其种植时间在 2006～2007 年（表 4.6）。其中油松+香花槐和紫穗槐以禾本科（披碱草、早熟禾等）植物为主，其植被盖度分别为 1%和 40%。油松和香花槐以菊科（南牡蒿、白莲蒿和阿尔泰狗娃花等）植物为主，其植被盖度分别为 3%和 53%。

表 4.6 2006～2007 年不同样地林下植被物种组成

样地编号	植被类型	林下植物种类
B1	油松+香花槐	披碱草、白莲蒿、早熟禾、阿尔泰狗娃花、草木樨、茵陈蒿
B2	油松	早熟禾、万寿菊、南牡蒿、阿尔泰狗娃花、角蒿、细叶苦荬菜、黄花蒿、洽草
B3	香花槐	披碱草、白莲蒿、藜、黄花蒿、猪毛菜、香青兰、阿尔泰狗娃花、早熟禾、胡枝子
B4	紫穗槐	披碱草、白莲蒿、角蒿、洽草、阿尔泰狗娃花、麻花头、黄花蒿、苦荬菜、地黄、南牧蒿
B5	草地	狗尾草、黄花蒿、早熟禾、南牧蒿、苦荬菜、茵陈蒿、披碱草、角蒿、阿尔泰狗娃花

C2～C4 样地为内排土场在 2008～2009 年种植的不同植被复垦地，主要为杨树及其混林（表 4.7）。杨树和杨树+柠条样地均以禾本科（早熟禾、无芒隐子草和披碱草等）植物为主，其占比分别为 73.11%和 80.82%，植被盖度分别为 12%和 28%。而杨树+油松林下植被种类相比其他两种样地更丰富，植物种类以菊科（34.74%）、豆科（33.06%）和禾本科（22.31%）为主，且其各科数占比更为均匀，但其植被盖度较低，为 10%。

表 4.7 2008～2009 年不同样地林下植被物种组成

样地编号	植被类型	林下植物种类
C2	杨树	早熟禾、黄花蒿、田旋花、甘草、苦荬菜、女娄菜、细叶苦荬、米口袋、萝藦、二裂委陵菜、刺穗藜、无芒隐子草
C3	杨树+柠条	早熟禾、披碱草、无芒隐子草、黄花蒿、旱麦瓶草、草木犀
C4	杨树+油松	早熟禾、黄花蒿、无芒隐子草、萝藦、细叶苦荬、阿尔泰狗娃花、小苦荬、万寿菊、披碱草、老鹳草、甘草、苦荬菜、胡枝子

C5～C7 样地为在 2016～2017 年期间种植的不同复垦植被（表 4.8）。其中山杏与红柳位置紧邻，均为荒草地类，因其复垦时间尚短，其林下草本植被群落与草地类似。两块样地林下植被均以禾本科为主，但植物种类有所差异。山杏林下植被禾本科植物主要为赖草、拂子茅和早熟禾等；菊科植物主要为苦荬菜、黄花蒿等；豆科植物主要为草木樨等，分别占总科数的 80.39%、11.72%和 6.86%。红柳林下植被禾本科植物主要为披碱草；豆科植物主要为紫花苜蓿、草木樨和胡枝子等；菊科植物主要为黄花蒿和南牡蒿等，分别占总科数的 67.53%、17.53%和 14.94%，二者植被盖度分别为 42%和 57%（图 4.14）。在同等条件下，山杏林下植被禾本科植物明显增多，豆科植物显著减少，向矿区复垦多年样地的林下植被类型演变。紫花苜蓿位于近年新成内排土场，其生长环境为初始排土场。该样地主要植物为人工种植的紫花苜蓿，伴有猪毛菜和角蒿等一年生或一年至多年生植物，为比较原始的草本生态系统。

表 4.8 2016～2017 年不同样地林下植被物种组成

样地编号	植被类型	林下植物种类
C5	山杏	早熟禾、草木樨、赖草、猪毛菜、苦荬、万寿菊、拂子茅、黄花蒿
C6	红柳	披碱草、早熟禾、苜蓿、黄花蒿、草木樨、细叶苦荬、茵陈蒿、南牧蒿、苦荬菜、胡枝子
C7	紫花苜蓿	苜蓿、黄花蒿、角蒿、松叶猪毛菜、早熟禾

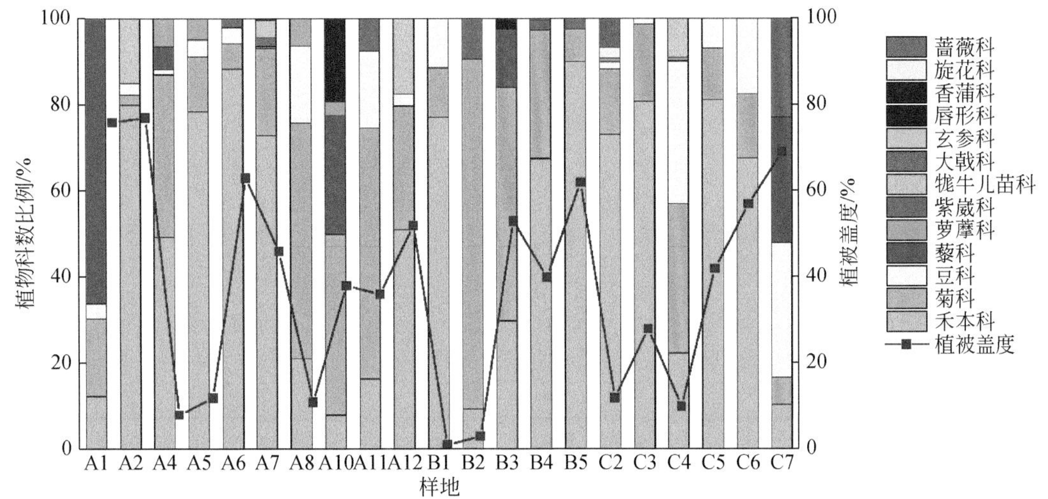

图 4.14 不同样地林下植被群落科数构成与植被盖度

2. 不同种植时间相同植被恢复样地

根据相同植被不同种植时间，将排土场不同植被复垦样地分为三组，分别为山杏、杨树+油松和油松（表 4.9）。

表 4.9 不同样地林下植被物种组成

植被类型	种植年份/年	样地编号	林下植物种类
山杏	1998	A1	木地肤、苜蓿、早熟禾、黄花蒿、苦荬、麻花头、沙地雀麦、白莲蒿、阿尔泰狗娃花
	2002	A3	木地肤、早熟禾、阿尔泰狗娃花、麻花头、老鹳草、藜、沙地雀麦、无芒隐子草、苜蓿、乳浆大戟
	2005	A12	早熟禾、赖草、黄花蒿、苜蓿、冰草、阿尔泰狗娃花、狗尾草、甘草、老鹳草
	2016	C5	赖草、早熟禾、拂子茅、草木樨、猪毛菜、苦荬、万寿菊、黄花蒿
杨树+油松	2004	A5	早熟禾、披碱草、阿尔泰狗娃花、茵陈蒿、萝藦、苦荬、苜蓿、洽草
	2009	C4	早熟禾、黄花蒿、无芒隐子草、萝藦、细叶苦荬菜、阿尔泰狗娃花、小苦荬、万寿菊、披碱草、老鹳草、甘草、苦荬菜、胡枝子
油松	2004	A8	早熟禾、披碱草、萝藦、阿尔泰狗娃花、白莲蒿、甘草、苦荬菜、麻花头、洽草
	2006	B2	早熟禾、万寿菊、南牡蒿、阿尔泰狗娃花、角蒿、细叶苦荬菜、黄花蒿、洽草

山杏共有四种不同种植年份的样地，其种植时间分别为 1998 年、2002 年、2005 年与 2016 年。山杏林下植被随复垦时间增长存在明显变化，其在 2016 年林下植被主要以禾本科（赖草、早熟禾以及拂子茅等）植物为主，占比为 80.39%。菊科（苦荬菜等）植物和豆科（草木樨等）植物较少，分别占比 11.72%和 6.86%。2005 年其禾本科（赖草、早熟禾等）植物占比有所下降，为 51.05%。菊科植物占比增长为 28.67%，豆科（苜蓿、甘草等）植物占比减少，以老鹳草为主的牻牛儿苗科出现。在 2002 年的样地中，禾本科与菊科植物大幅减少，分别降至 15.53%和 1.36%。而木地肤这种藜科亚灌木占据优势地位，其占比达到 79.61%。在 1998 年的样地中，木地肤依然占据优势地位，占比为 66.14%，其次为禾本科（早熟禾、沙地雀麦等）植物，占比为 12.35%。以白莲蒿、黄花蒿和阿尔泰狗娃花等为主的菊科植物增多，占比达到 17.93%。豆科植物主要为苜蓿，占比较少。由图 4.15 可知，山杏林下植被盖度随复垦时间增长呈现明显增加趋势。综上所述，山杏随复垦年限增长其林下植被逐渐旺盛，并且会抑制禾本科等植物生长，形成乔木-灌木-草本更多层次植被生态系统。

杨树+油松有两种不同种植年份的样地，种植时间分别为 2004 年和 2009 年。两种样地的林下植被盖度较低，分别为 12%和 10%。2009 年样地林下植被种类数量显著高于 2004 年样地其植物种类，其植物群落主要为菊科、豆科、禾本科和牻牛儿苗科，比例分别为 34.71%、33.06%、22.31%和 9.09%。2004 年林下植被群落主要以禾本科为主，其次为菊科，其分别占比 78.43%和 12.75%。豆科植物主要为苜蓿，萝藦科植物为萝藦，占比较低。

油松有两种不同种植年份的样地，种植时间分别为 2004 年和 2006 年。两种样地林下植被盖度分别为 10%和 3%。2006 年样地植被群落主要为菊科（南牡蒿、阿尔泰狗娃花等）、禾本科（早熟禾等）和紫葳科（角蒿等），占比分别为 81.13%、9.43%和 9.43%。2004 年样地植被群落主要为菊科（阿尔泰狗娃花、白莲蒿等）、禾本科（披碱草等）和豆科（甘草等），占比分别为 54.74%、21.05%和 17.89%（图 4.15）。可以看出，随复垦时间的增长，油松样地林下植被菊科植物减少，禾本科和豆科植物植物增加，角蒿这种一年至多年生植物消失，出现萝藦等植物。

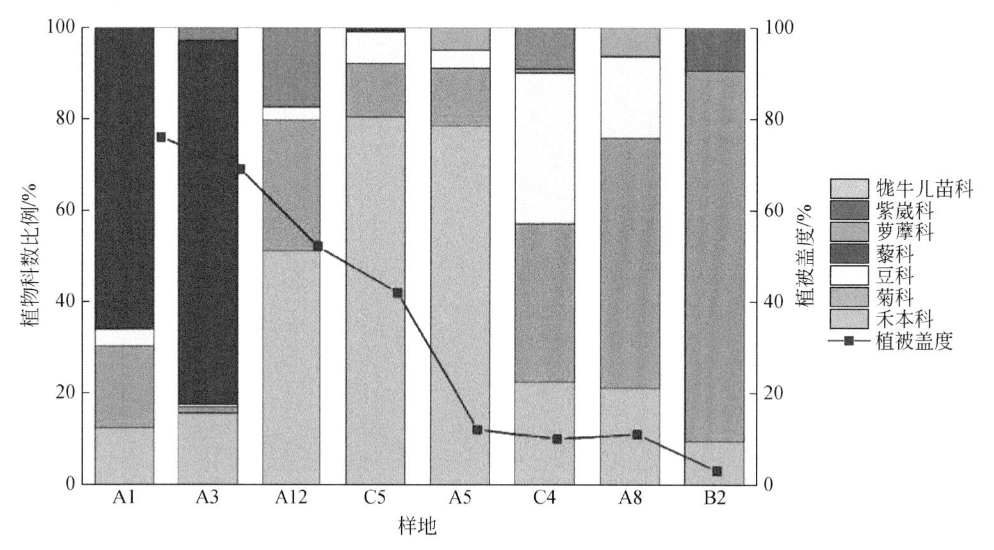

图 4.15　不同样地林下植被群落科数构成与盖度

4.3.3 不同样地林下植被群落α多样性指数研究

1. 相同种植时间不同植被恢复样地

排土场五组同等种植时间不同植被类型样地的林下植被群落α多样性指数如表 4.10 所示。样地大多为人工种植的乔木、灌木及其混林，不同样地内林下植被群落的物种多样性会受到乔灌层的影响。因不同样地人工林植被类型、植株密度以及郁闭度不同，其对林下植被群落的影响程度也不同。

山杏（1998 年）与草地（1998 年）相比，其 Shannon-Wiener 指数（SW）与 Pielou 均匀度指数（*P*）较低，说明山杏林植被林下之植被多样性和分布均匀度低于草地。山杏 Simpson 优势度指数（SP）与 Margalef 丰富度指数（DMG）均较高，是由于山杏与草地样地中分别有木地肤作为优势物种，占比为 66.15%。说明山杏作为小乔木，其林下植被相比草地有差异性。在 2004～2005 年的大多数植被样地其 Shannon-Wiener 指数和 Pielou 均匀度指数显著高于 1998 年的山杏和草地，其中杨树+油松的 Shannon-Wiener 指数和 Pielou 均匀度指数明显较高，且 Simpson 优势度指数显著较低，说明杨树+油松的林下植被群落多样性较高，并且其植物种类数量分布较为均匀，而油松的 Shannon-Wiener 指数和 Pielou 均匀度指数显著低于其他样地，Simpson 优势度指数显著较高，说明杨树和油松混种与油松单种相比其林下植被差异较大。在2006～2007年的不同植被样地中，香花槐的Shannon-Wiener指数（SW）、Pielou 均匀度指数和 Margalef 丰富度指数均高于其他样地，而 Simpson 优势度指数较低。2008～2009 年的三块植被样地为杨树林、与柠条形成的乔灌混林和与油松形成的乔木混林。其中，杨树+油松林的 Shannon-Wiener 指数、Pielou 均匀度指数和 Margalef 丰富度指数均显著高于其他两块样地，Simpson 优势度指数则显著低于其他两块样地。而杨树+柠条的 Shannon-Wiener 指数和 Margalef 丰富度指数最低。三种样地林下植被生态表现为杨树+油松＞杨树＞杨树+柠条。2016～2017 年三块植被样地复垦时间短暂，尤其是紫花苜蓿，其代表排土场复垦初期植被状况。Shannon-Wiener 指数和 Pielou 均匀度指数为山杏最高，紫花苜蓿最低但并未达到显著水平。其中红柳和紫花苜蓿样地中分别为披碱草和紫花苜蓿为优势物种，其优势度指数高于山杏样地。Margalef 丰富度指数则是苜蓿低于其他样地。紫花苜蓿样地位于新成内排土场，土壤容重高、土壤干燥，除人工种植的紫花苜蓿外其他植被数量少，植被较为原始。

表 4.10 不同植被样地α多样性指数

种植年份/年	植被类型	样地编号	SW	*P*	SP	DMG
1998	山杏	A1	0.61±0.42a	0.43±0.24a	0.69±0.24a	0.75±0.38a
	草地	A2	0.87±0.37a	0.59±0.21a	0.54±0.23a	0.69±0.10a
2004～2005	油松+山杏	A4	0.74±0.06de	0.67±0.05ab	0.54±0.05ab	0.91±0.05b
	杨树+油松	A5	1.79±0.08a	0.86±0.01a	0.17±0.01c	2.07±0.38a
	杨树+柠条+山杏	A6	0.46±0.21ef	0.49±0.23b	0.74±0.15a	0.50±0.23b
	杨树+油松+山杏	A7	1.53±0.26ab	0.77±0.07a	0.28±0.11bc	1.60±0.37a

续表

种植年份/年	植被类型	样地编号	SW	*P*	SP	DMG
2004～2005	油松	A8	0.38±0.07f	0.47±0.11b	0.78±0.06a	0.51±0.18b
	杨树+榆树	A10	1.03±0.27cd	0.79±0.10a	0.40±0.11bc	0.85±0.31b
	火炬树	A11	0.64±0.24ef	0.73±0.21a	0.48±0.30b	0.91±0.30b
	山杏	A12	1.23±0.20bc	0.90±0.12a	0.29±0.09bc	1.04±0.51b
2006～2007	油松+香花槐	B1	0.62±0.38b	0.65±0.25b	0.56±0.30a	0.83±0.48a
	油松	B2	0.79±0.63ab	0.59±0.39b	0.54±0.37a	1.01±0.92a
	香花槐	B3	1.14±0.25a	0.84±0.12a	0.35±0.10b	0.88±0.28a
	紫穗槐	B4	0.92±0.33a	0.62±0.19b	0.49±0.20ab	1.06±0.39a
	草地	B5	0.81±0.40ab	0.51±0.23b	0.59±0.24a	0.91±0.24a
2008～2009	杨树	C2	0.89±0.24ab	0.73±0.12b	0.46±0.15a	0.81±0.29b
	杨树+柠条	C3	0.62±0.44b	0.61±0.21b	0.63±0.25b	0.54±0.25b
	杨树+油松	C4	1.36±0.46a	0.91±0.06a	0.19±0.16b	1.61±0.49a
2016～2017	山杏	C5	0.90±0.28a	0.72±0.23a	0.45±0.20a	0.94±0.14a
	红柳	C6	0.62±0.23a	0.45±0.16a	0.68±0.15a	0.81±0.25a
	紫花苜蓿	C7	0.58±0.40a	0.53±0.37a	0.63±0.27a	0.60±0.41a

2. 不同种植时间相同植被恢复样地

三组相同植被复垦模式不同时间下样地的α多样性指数如表 4.11 所示。2005 年，山杏的 Shannon-Wiener 指数、Pielou 均匀度指数均高于 2016 年的山杏，其 Simpson 优势度指数相较于 2016 年样地明显降低。2002 年与 1998 年山杏林下植被群落受优势种木地肤的影响，其 Shannon-Wiener 指数和 Pielou 均匀度指数明显低于 2005 年和 2016 年样地，其优势度指数较高。这说明山杏林随复垦时间增长其林下植被群落多样性与丰富度均呈先增长后将降低的趋势。2004 年杨树+油松的 Shannon-Wiener 指数、和 Margalef 丰富度指数相比 2009 年样地有所明显增长，而 Pielou 均匀度指数有所降低，二者 Simpson 优势度指数无明显差异。2004 年油松样地相比于 2006 年油松样地其 Shannon-Wiener 指数、Pielou 均匀度指数和 Margalef 丰富度指数均有所降低，而 Simpson 优势度指数呈上升趋势，这可能是由于随油松生长其枯落物增多抑制了林下植被的生长发育。综上所述，排土场乔木植被复垦林的林下植被群落受不同植被影响显著。

表 4.11　不同种植时间相同植被α多样性指数

植被类型	种植年份	样地编号	SW	*P*	SP	DMG
山杏	1998	A1	0.61±0.42b	0.43±0.24b	0.69±0.24a	0.75±0.38a
	2002	A3	0.77±0.58ab	0.51±0.30b	0.59±0.30ab	0.74±0.52a
	2005	A12	1.23±0.20a	0.90±0.12a	0.29±0.09b	1.04±0.51a
	2016	C5	0.90±0.28ab	0.72±0.23ab	0.45±0.20ab	0.94±0.14a

续表

植被类型	种植年份	样地编号	SW	*P*	SP	DMG
杨树+油松	2004	A5	1.79±0.08a	0.86±0.01a	0.17±0.01a	2.07±0.38a
	2009	C4	1.36±0.46b	0.91±0.06a	0.19±0.16a	1.61±0.49b
油松	2004	A8	0.38±0.07b	0.47±0.11a	0.78±0.06a	0.51±0.18b
	2006	B2	0.79±0.63a	0.59±0.39a	0.54±0.37a	1.01±0.92a

4.4 本章小结

通过对排土场不同植被类型复垦样地进行林下植被调查，分析不同植被类型复垦样地林下植被的物种组成和多样性，取得以下结论。

（1）排土场复垦区林下植被群落的优势植物为禾本科和菊科植物。禾本科代表植物为硬质早熟禾、披碱草，样地出现频率分别为86.96%、47.83%。菊科代表植物为黄花蒿、阿尔泰狗娃花、白莲蒿，样地出现频率分别为65.22%、60.87%、39.13%。

（2）排土场不同样地的植被类型、复垦时间、种植密度、位置等因素对林下植被影响较大，各样地林下植被群落特征差异显著。

（3）排土场随着复垦时间增长，人工复垦样地林下植被的生态演变正在由一年生+多年生草本向多年生草本过渡，除山杏外，禾本科和菊科植物的优势地位会随复垦时间增长而逐渐扩大。

（4）排土场植被复垦区林下植被群落受不同植被类型恢复影响显著，整体随着复垦时间先向更复杂多样的方向发展，后又形成以某些植物为优势整体植被群落更稳定的方向发展。

5 露天排土场接菌对农田土壤提质作用及效应

中国是煤炭的主要生产和消费国，截至2021年末，全国煤炭年产能超过44亿t，煤炭国内自给率超过 92%，守住了工业与民生所需的底线[102]。近年来，煤炭生产重心逐步向西部转移，西部地区的亿吨级煤产量比重由2012年的54.4%上升至60.7%，山西、陕西、内蒙古、新疆地区的原煤产量可达全国原煤生产总量的80.9%，西部地区对于全国煤炭供给的重要性日益提高。

露天开采是现有煤矿开采的两大形式之一，截至 2021 年，我国露天矿产量规模达到7.2亿t，占全年煤炭生产总量的17.4%，主要分布在我国西部地区[103]。露天矿开采会造成原有地表覆被的破坏，扰乱原有土地利用结构，开采所遗留至矿坑和排弃的剥离物占用了大量的土地资源，压损既有土地，形成矿损景观，破坏土壤结构。此外，在露天开采过程中暴露的粉尘和有害成分可随风与降水等过程进入自然环境中，对当地的生态环境造成破坏。中国西部地区绝大部分区域年降水量低于400mm，干旱缺水，植被覆盖度低，自然本底脆弱，露天开采更加剧了当地生态环境矛盾。能源需求与环境保护矛盾日益尖锐，矿山生态修复问题的必要性和迫切性越发受到关注。露天排土场修复是露天矿生态修复的重要一环，更是研究的热点。

5.1 排土场农田恢复的必要性

5.1.1 露天排土场土地整治存在问题

露天排土场经过表土剥离、倒堆搬运形成无层次结构的松散土堆，占地面积大，对原有土壤产生压损，排土场边坡不稳，存在较大的安全隐患，且对周围生态环境造成不良影响。西部矿区排土场在干旱的气候条件下，由于土壤养分差和水资源缺乏，其自然生态恢复非常缓慢[104]。同时，在排土场自然演替过程中，风力、水力等侵蚀过程会加重矿区生态环境的退化，实现矿区植被重建是修复排土场脆弱生态环境的关键[105]。基于上述考虑，目前已有许多矿区有目的地开展人工生态干预措施以期达到排土场复绿的目的，并取得了一定的效果。严洁等发现在乌海矿区造林可以明显改善矿区排土场的土壤养分与碳库水平[106]。刘孝阳等在对平朔矿区露天煤矿排土场复垦类型对土壤养分影响的研究中发现，排土场被复垦为耕地时，各项土壤养分含量最高，其养分含量远高于林地和草地[14]。李叶鑫等在辽宁海州煤矿的不同植被类型对排土场复垦影响的研究中得出，刺槐林对矿区土壤质地改善效果最佳[107]。通常评估露天煤矿排土场土地复垦的标准主要集中在土壤理化性状改良和地表植被恢复两方面，往往忽略土壤微生物群落对于矿区生态系统修复的关键作用。

近年来，已有众多学者的研究逐渐关注到土壤微生物在矿区生态系统的循环过程中扮演的关键角色[96，99，100]。微生物复垦主要从两方面体现矿区生态系统的修复效应。一是通过分泌有机酸提高重金属溶解度以改变矿区土壤环境；二是以微生物产生的多糖与土壤颗粒结合的方式改善土壤团聚体结构以增强土壤稳定性。两种方式都是利用微生物代谢活动，以减弱土壤环境毒性的途径来实现矿区生态恢复的目的[108]。露天矿区生态系统较为复杂，生态恢复受到矿区多种因素的共同作用，恢复难度大且恢复周期长。改善土壤养分状况是矿区生态修复的首要任务。土壤与植被难以在短期内通过自然恢复改善矿区生态系统的结构和功能，尤其土壤性质的改良需要较长时间[109]。露天开采活动对生态系统破坏极大，复垦时间对复垦效果存在重要影响，通常情况下，复垦时间越长，矿区生态系统恢复效果越佳，复垦时间是矿区生态重建效应的重要保证[110，111]。

排土场生态重建目前存在的主要问题可归纳为两方面，一方面是自然环境限制下的系统性问题；另一方面是基于人地矛盾及其衍生问题。前者可被概括为三点：其一是排土场土壤结构较差、养分贫瘠，土壤改良存在一定难度，在开展排土场复垦前需评估其是否适宜农业开发；其二是农业种植的选择问题，需要结合实地条件选择耐寒作物与适宜的种植模式；其三是管理模式问题，排土场原有土壤较为贫瘠，为满足种植条件，需要大量农业要素投入，既包括化肥农药投入，又包括为提升作物成活率的相应农业基础设施投入。其中，高强度的农药化肥投入会导致农业面源污染等诸多问题，而相应的配套基础设施建设所需的经济投入较大，建设周期较长。

同时，矿区生态系统恢复过程缓慢，数年乃至数十年方见成效，除却在前期需要投入大量人力与物力来构建适宜耕种的环境，后期管护过程仍需维持较高水平投入以确保修复效果。后者人地矛盾则体现在矿山开采之初的征地与由之引发的复垦还地以及各方利益分配等相关问题上。原用地经济价值的高低很大程度上决定了征地的难易程度。若原用地是诸如裸地等经济价值较低的用地类型，则征地较易，不易产生经济纠纷。以准能矿区为例，排土场原土地权属归村集体所有，征地后排土场权属归采矿企业所有，当排土场达到使用期限后，矿山企业依照当初提交的复垦规划发展农业或在此基础上发展矿山旅游，无需还地于当地政府与村庄集体。若矿区其原用地为耕地、农村宅基地等经济价值较高的土地，则会引发采矿活动与村民生产生活的空间冲突问题，在该类状况下，征地难以实现，矿山企业通常以租赁方式获取排土场土地使用权，在使用期限到期后需依照合同复垦且还地于村集体。给予该用地模式的村民、矿山企业之间的利益博弈是排土场生态修复工作另一类难点。

5.1.2 露天矿排土场农田恢复的可行性与必要性

我国土地复垦工作开展较晚，对矿区生态修复和土地复垦工作开展于 20 世纪 50 年代末，直到 20 世纪 80 年代，以《土地管理法》的出台为标志，正式以法律形式规定了矿山用地单位与个人土地复垦责任的强制性与必要性。我国人口众多，而适宜耕种的土地有限，且耕地质量普遍较差，人地矛盾较为突出，恢复与补充耕地是土地整理工作最初开展时的首要目的。近年来，人们对耕地保护的认知逐步深入，历经了对耕地保护的要求从单一要求数量到数量、质量双重管控，再到对数量、质量和生态状况的三位一体的耕地综合治理的三个阶段。由最初的无差别关注耕地数量，深入至实现对全国耕地资源的全盘调控，从最初的对耕地保有数量的单一关注，拓展至对关于生态安全、粮食安全及国土空间优化等方面的综合考虑，切实关注到各地耕地资源的自然禀赋与可持续性，因地制宜部署耕地保护战略，在生态脆弱区域、关键区域实施退耕还林、还草及还湖，逐步实现对原有生态系统的恢复与治理。与此相适应，矿区土地复垦从单一面向耕地的恢复与补充也逐渐转为生态复垦与综合导向复垦。

在露天采矿过程中，出于堆排需要，会对满足工程水文地质条件需求的土地进行表土剥离，形成大量露天排土场。排土场农田恢复作为排土场土地整治的可行路径之一，其可行性与必要性在于工程技术、政策、经济效益和生态效益三方面。

其一，从工程技术层面来看，满足条件的排土区通常具有类似于“梯田”状的平台，适宜进行大规模农业开发作业。同时，已有众多研究表明，排土场复垦为耕地在工程与技术层面的可行之处。以山西平朔矿区复垦农用地为研究对象，同地貌未受损耕地、未复垦排土场为对照，探究其土地质量差异，得出排土场经复垦后土壤容重、田间持水量、pH 均要高于未受损耕地，排土场复垦耕地全钾、有效磷、速效钾均高于未受损耕地，但是有机质、全氮含量均低于未受损农用地，表明通过削坡与覆盖表层土等工程手段可有效修复矿区排土场土壤至可耕种状态[112]。Reintam 通过比较复垦时限长达 30 年的重构土壤与新鲜复垦土壤的有机质含量，发现前者有机质含量为 14.4～19.7g/kg，可满足作物生长需求[113]。现有研究也表明使用微生物与植物相结合的生物手段通过改良土壤肥力和减弱环境毒性等途径为作物生长创造条件[28，113]。

其二，从政策层面来看，近年来，国内正处于供给侧改革关键时点，谋求产业升级、推动高质量发展等众多举措仍面临诸多困难。在此背景下，粮食安全与之休戚相关的耕地保护问题，对于国家经济转型发展和应对风云突变的国际形势的托底意义与战略地位尤为显著。将现存数量庞大的矿山排土场复垦用于农业开发，不仅可以减少耕地压力，而且可以提升粮食产量。同时，矿山排土场面向耕地复垦，可以推动黄河流域高质量发展战略与乡村振兴战略的落地。西部露天矿区多位于黄河流域生态保护和高质量发展规划中的荒漠化防治区与水土保持区。在排土场复垦为耕地的过程中，通过工程措施与土壤重构等技术措施，疏松土壤结构，改善土壤养分状况，为作物生长创造条件，利于地表植被覆盖率的提高以及碳贮存能力的增强，提升所在区域的荒漠化防治效果与水土保持能力，为推动山水林田湖草沙冰生态修护工作以及全域土地综合整治奠定良好基础。此外，面向耕地的排土场复垦也可以为乡村振兴与矿区绿色可持续发展提供新的思路。在积极消纳存量用地的同时，有效解决建设用地指标紧张问题及采矿用地收储与矿区农民复耕的矛盾，促进土地利用的良性循环，实现资源开发与生态保护的双赢。除此之外，排土场复垦也是矿山生态修复工作的必然要求。依据《矿山地质环境保护规定》等相关法律规定，目前矿山修复工作坚持“预防为主、防治结合，谁开发谁保护、谁破坏谁治理、谁投资谁受益”的原则。矿山在开采筹备阶段，矿山企业必须依法按时向上级主管部门提交矿山复垦规划，在经过批准后方能获得矿山开采资质，同时需要依照开采能力等标准缴纳矿山生态修复基金用于后续矿山修复工作。面向耕地的排土场复垦符合矿山生态修复的基本要求。

其三，从经济效益与生态效益方面将露天矿排土场复垦为耕地，在此基础上结合当地特色，充分挖掘潜力，因地制宜。通过种植（如富硒稻米等）具有高经济价值的作物，或对原农产品进行加工与升级，提升农产品附加值，提高产出经济收益，与之相适应，立足特色农产品，发展特色农业，也是助推乡村振兴战略落地的可行之路和有效途径，相应产业可以作为推动乡村振兴的新引擎。在该转变过程中，借助产品优势，构建相应产业平台，激发品牌效应，同时可以创造一定数量的就业岗位，缓解就业压力，使得周边村民足不出户便可解决就业问题，产生提高家庭收入，提升生活品质等积极影响，体现出矿山复垦社会效应。西部露天矿区多处于干旱与半干旱地区，生态系统脆弱，通过种植作物可以提高地表植被覆盖率，同时为确保作物生长，需对土壤进行覆土、翻耕、增肥、接菌等措施，可有效提高土壤质量，从微观层面看，这对矿区生态系统中土壤团聚体的重构与恢复土壤微生物群落有积极意义，“微生物＋植被”的修复策略可以增强矿区土壤拉力等力学特性，增强修复后土壤水土保持能力。此外，复垦规划中为确保作物生长，地块周围需布设相应基础设施，结合当地自然环境，水是限制当地农业生产的主要条件，通过配置防护林、沟渠等措施，推动山水林田湖草生命综合体的整体修复，改善土地生态环境。

5.2 排土场农田提质种植模式与方法

在排土场形成过程中，原有地形地貌被改造，形成的类似于“梯田”状的排土场平台，适合开发农田提质增产。前述研究发现，排土场经过 10 年的生态重建后，土壤养分和微生物群落功能在很大程度上得到了恢复[114, 115]。因此，排土场通过生态治理，可具备发展农业的条件。传统农业对土壤水、肥非常重视，而 AMF 菌剂在促进植物吸收水分和养分、提高作物产量、改善作物品质方面发挥着重要作用[116, 117]。同时，AMF 还能够发挥一系列生态功能（如改善土壤结构、涵养水土、增加植物抗逆性等），可以通过减少化肥使用量来减少成本投入[118]，在可持续农业和粮食安全方面有很强的应用前景[119, 120]。AMF 能够通过菌丝[58]获取植物根系范围外的营养元素[121]，其与植物形成的菌-根共生体能吸收和转化更多的土壤养分[122]，提高植物生物量和产量[123]。

与单作相比，间作能更有效地利用资源，极大地促进了作物增产[124]。随着作物间的互助作用和种内竞争的减少，间作系统可以更有效地利用土壤水分和养分，降低种植成本，提高作物产量[125]。绿肥可以在不增加化学肥料施用量的情况下增加作物产量[126, 127]，并且还可以缓解由集约化和连续常规耕作引起的土壤退化[128]。豆科绿肥可以通过生物固氮补充土壤中的氮源，增加土壤对作物的氮供应[129]。风化煤的特点是比其他材料具有更高的腐殖酸含量，并且得益于风化煤的多孔结构和更活跃的官能团[130]，风化煤具有较强的阳离子交换能力。这些特点使风化煤具有交换、螯合、吸收土壤和肥料中的养分的能力，并能提高土壤酶活性，进而促进植物生长[130]。

为了探究排土场农业开发利用的模式，在复垦 10 年的排土场中开展农田提质研究。选择两种黄土高原常见的农作物：玉米和大豆，并设置了两种作物的单作和间作模式，优选适宜的 AMF 菌剂作为生物肥料，通过两年的生态监测，探究不同作物种植方式与菌肥组合的最佳模式。

5.2.1 排土场农田生态区设计

经过人工平整，选择玉米、大豆及玉米大豆间作三种种植模式进行农作生态效应研究。试验包含接菌处理和施肥处理，两种接菌处理包括对照和接菌 AMF；三种施肥处理包括对照、绿肥、绿肥＋风化煤。

施工设计：主区处理为对照与接菌，副区处理为绿肥＋风化煤。具体处理为接菌、接菌＋绿肥、接菌＋绿肥＋风化煤与对照、绿肥、绿肥＋风化煤随机排列。长为 30m，宽为 20m，面积为 30×20=600m^2，相同作物不同小区之间间隔 2m。以向日葵为例，行距为 0.3m，株距为 0.4m，共 49 行，每行 99 株，每个小区种植 49×99=4851 株。因部分小区不规则，故单作向日葵共 32634 株。共设计 32 个小区，包括 20 个正交组合小区及 12 个重复试验小区。

种植规格：在田间试验中选用玉米（*Zea mays* L.）和大豆［*Glycine max*（L.）Merr.］两种黄土高原常见作物进行单作与间作，作物配置模式如下。①玉米：行距为 0.3m，株距为 0.4m；②大豆：行距为 0.2m，株距为 0.2m；③玉米大豆间作：两行玉米四行大豆组成一个间作种植带，玉米株距为 30cm，行距为 40cm，大豆株距为 20cm，行距为 20cm。玉米与大豆间距为 30cm。玉米种植面积为 2/5，大豆种植面积为 3/5。试验设置接菌（I）、绿肥（G）、接菌＋绿肥（IG）、风化煤＋绿肥（DG）、接菌＋绿肥＋风化煤（IDG）与不接种对照（CK）六个处理。具体方法为 AM 真菌每小区施用 50kg/亩，风化煤与绿肥每小区施用 100kg/亩，每个小区间隔 2m。玉米品种为登海 618，大豆品种为中黄 37。每年 5 月播种，9 月收获，在播种作物前进行田间漫灌，后根据天气需要适当补充水分。四种作物需要（20×6＋2×4＋3）×（30×4＋4×3）=17292m^2，约 26 亩。

在中国内蒙古自治区鄂尔多斯市准格尔旗黑岱沟露天煤矿北排土场 1260 平台微生物复垦试验基地（30°08′N、103°00′E，海拔为 1260m）开展。气候属典型的中温带半干旱大陆性气候，矿区内被黄土覆盖。该地区年平均气温为 7.2℃，最高温度为 38.3℃，最低温度为零下 30.9℃，年平均积温（≥10℃）为 3350℃。年总降水量为 231～460mm，平均值为 404mm。绝大部分降水集中在 7～9 月，约占年降水量的 60%～70%。年平均蒸发量为 2082mm，年平均日照时数为 3119.3h，四季气候条件明显。土壤为黄绵土质地，土壤表层 pH 为 7.85，有机质为 15.5g/kg，有效氮含量为 25mg/kg，速效磷和速效钾含量分别为 9.31mg/kg 和 95.7mg/kg。经采样监测，该区土壤质地与营养分布均一，满足开展试验的条件。

于 2018～2019 年 8 月中旬，使用 Li-6400XT 便携式光合作用系统（LI-COR Inc., Lincoln，美国）并配备 LED 叶片室。于晴朗无风天气的上午 9：00～11：00，选取生长良好的植株，并选择主茎上正数第三片真叶，测定叶片光合速率（P_n）、气孔导度（G_s）、蒸腾速率（Tr）和胞间 CO_2 浓度（C_i），光源有效辐射为 1000μmol/（m^2·s），气体 Flow 值为 500mmol/s。每小区随机测定 20 株植物。水分利用效率（water use efficiency，WUE）为净光合速率与蒸腾速率的比值。使用钢卷尺测量株高、冠幅，游标卡尺测量地径，每个小区选取 20 株植物，每个植物测量 3 次取平均值。玉米、大豆收获时均为人工收获统计，其中每个小区选取 15 株植物，使用修枝剪在地面切割整株植物用以计算地上生物量及单株籽粒重，收割后的植物籽粒计入总产量。植物样品在 105℃烘箱干燥 1h 杀青后，在 70℃烘干至恒重后进行称重。

试验数据采用 Excel 2007 进行整理统计，利用 SPSS 19.0 进行 LSD 多重比较检验及方差分析，Origin 2018 用于柱状图绘制，R 语言 basic 包及 ggcor 包用于相关性分析及作图，vegan 包用于方差分解分析。

5.2.2 不同种植方式对土壤因子变化影响

1. 单作玉米种植区土壤因子变化

由表 5.1 可知，单作玉米种植区经过两年的种植后，各小区土壤因子出现了较为显著的差异（$P<0.05$）。其中 pH 范围为 7.84～8.44，对照处理 pH 有最大值，接菌处理与对照处理 pH 显著高于其他处理（$P<0.05$）。电导率范围为 105.67～150.90μs/cm，接菌处理电导率值有最大值，最小值出现在绿肥处理，接菌处理与对照处理电导率值显著高于绿肥、接菌＋绿肥、接菌＋绿肥＋风化煤处理（$P<0.05$）。碱性磷酸酶活性与易提取球囊霉素的值在各小区间无差异。有机质范围为 0.13～0.57mg/g，其中绿肥、接菌＋绿肥处理处均有最大值 0.57，接菌＋绿肥＋风化煤处理有最小值 0.13，绿肥、绿肥＋风化煤等处理显著高于其他处理（$P<0.05$）。速效磷在接菌＋绿肥＋风化煤处理有最大值 15.79mg/kg，对照处理有最小值 1.42mg/kg，对照、接菌等处理显著低于其他处理（$P<0.05$）。铵态氮范围为 3.44～7.92mg/kg，其中对照处理有最大值 7.92mg/kg，绿肥处理有最小值 3.44mg/kg，对照、接菌等处理显著高于其他处理（$P<0.05$）。硝态氮在接菌＋绿肥处理有最大值 27.30mg/kg，接菌处理有最小值 15.00mg/kg，绿肥、接菌＋绿肥、绿肥＋风化煤等处理显著高于其他处理。

表 5.1　2019 年玉米种植区土壤因子值

土壤因子	对照	接菌	绿肥	接菌＋绿肥	绿肥＋风化煤	接菌＋绿肥＋风化煤
pH	8.44a	8.28a	7.84b	7.86b	7.93b	7.86b
电导率/(μs/cm)	140.00ab	150.90a	105.67c	106.17c	114.20bc	110.17c
碱性磷酸酶/［(μmol/g)·(FW/min)］	0.49a	0.64a	0.48a	0.64a	0.55a	0.49a
脲酶/［μmol/(g·L·h)］	0.049a	0.052a	0.052a	0.042a	0.051a	0.048a
易提取球囊霉素/(mg/g)	9.25a	9.53a	9.12a	8.92a	9.51a	8.97a
有机质/(mg/g)	0.15c	0.18c	0.57a	0.39b	0.57a	0.13c
速效磷/(mg/kg)	1.42d	2.56d	6.53c	10.00b	12.29b	15.79a
速效钾/(mg/kg)	65.98c	84.48b	116.13a	97.87ab	98.02ab	103.82a
铵态氮/(mg/kg)	7.92a	6.45a	3.44b	4.12b	4.01b	4.24b
硝态氮/(mg/kg)	15.14c	15.00c	24.26ab	27.30a	21.68b	23.24b

注：小写字母表示单因素方差分析有显著差异（$P<0.05$）,下同。

2. 单作大豆种植区土壤因子变化

由表 5.2 可知，单作大豆种植区经过两年的种植后，各小区土壤因子出现了较为显著的差异（$P<0.05$）。其中 pH 的范围为 7.95～8.31，接菌＋绿肥＋风化煤处理的 pH 有最小值，且 pH 显著低于对照及接菌处理（$P<0.05$）。电导率值范围为 99.90～192.50μs/cm，对

照处理电导率有最大值，最小值出现在接菌＋绿肥处理，接菌区与对照区电导率值显著高于其他处理（$P<0.05$）。碱性磷酸酶活性范围为 0.41～0.72 (μmol/g) · (FW/min)，其中接菌＋绿肥＋风化煤处理处有最大值 0.72 (μmol/g) · (FW/min)，接菌处理有最小值 0.41 (μmol/g) · (FW/min)，接菌＋绿肥、接菌＋绿肥＋风化煤处理显著高于其他处理（$P<0.05$）。易提取球囊霉素范围为 8.85～12.14mg/g，其中对照处理有最小值 8.85，且显著低于其他处理（$P<0.05$）。有机质范围为 0.14～0.49mg/g，其中接菌＋绿肥＋风化煤处理处均有最大值 0.49，接菌处理有最小值 0.14，接菌＋绿肥＋风化煤处理显著高于其他处理（$P<0.05$）。速效磷在绿肥处理有最大值 6.79mg/kg，接菌＋绿肥处理有最小值 1.42mg/kg，绿肥、接菌＋绿肥＋风化煤处理显著高于其他处理（$P<0.05$）。铵态氮范围为 1.26～4.15mg/kg，其中接菌处有最小值 1.26mg/kg，绿肥＋风化煤处理有最大值 4.15 mg/kg，绿肥、绿肥＋风化煤、接菌＋绿肥＋风化煤处理显著高于其他处理（$P<0.05$）；硝态氮在绿肥处理有最大值 24.99mg/kg，接菌处理有最小值 11.03mg/kg，对照、接菌等处理显著低于其他处理（$P<0.05$）。

表 5.2　2019 年大豆种植区土壤因子值

土壤因子	对照	接菌	绿肥	接菌＋绿肥	绿肥＋风化煤	接菌＋绿肥＋风化煤
pH	8.26a	8.31a	8.03ab	8.01ab	8.07ab	7.95b
电导率/(μs/cm)	192.50a	141.07b	110.63c	99.90c	108.37c	109.10c
碱性磷酸酶活性/[(μmol/g) · (FW/min)]	0.48b	0.41b	0.58ab	0.68a	0.50b	0.72a
脲酶/[μmol/(g·L·h)]	0.037a	0.04a	0.038a	0.069a	0.034a	0.034a
易提取球囊霉素/(mg/g)	8.85b	11.88a	11.34a	11.68a	11.40a	12.14a
有机质/(mg/g)	0.15c	0.14c	0.16c	0.27bc	0.35ab	0.49a
速效磷/(mg/kg)	4.49b	3.43b	6.79a	1.69c	3.88b	6.30a
速效钾/(mg/kg)	70.51c	76.39bc	87.71ab	53.55d	98.68a	99.45a
铵态氮/(mg/kg)	1.59cd	1.26d	4.10a	2.77bc	4.15a	3.71ab
硝态氮/(mg/kg)	11.71b	11.03b	24.99a	21.55a	24.90a	22.38a

注：小写字母表示单因素方差分析有显著差异（$P<0.05$），下同。

3. 玉米-大豆间作种植区土壤因子变化

由表 5.3 可知，玉米大豆间作区经过两年的种植后，各小区土壤因子出现了较为显著的差异（$P<0.05$）。其中 pH 范围为 7.91～8.42，对照与接菌处理的 pH 有最大值，且接菌与对照处理的 pH 显著高于其他处理（$P<0.05$）；电导率范围为 94.23～144.60μs/cm，接菌处理的电导率有最大值，最小值出现在绿肥处理，接菌、接菌＋绿肥与接菌＋绿肥＋风化煤处理电导率显著高于其他处理（$P<0.05$）。碱性磷酸酶活性范围为 0.47～1.05 (μmol/g) · (FW/min)，其中接菌＋绿肥＋风化煤处理处有最大值 1.05 (μmol/g) · (FW/min)，对照处理有最小值 0.47 (μmol/g) · (FW/min)，接菌＋绿肥＋风化煤处理显著高于其他处理（$P<0.05$）。易提取球囊霉素范围为 8.76～10.73mg/g，其中接菌＋绿肥＋风化煤处理有最大值 10.73，且显著

高于对照、接菌、绿肥、接菌＋绿肥处理（$P<0.05$）。有机质范围为0.06～0.767mg/g，其中接菌＋绿肥＋风化煤处理有最大值0.767，绿肥处理有最小值0.06，接菌＋绿肥＋风化煤显著高于其他处理（$P<0.05$）。速效磷在接菌＋绿肥＋风化煤处理有最大值 16.74mg/kg，对照处理有最小值1.52mg/kg，接菌＋绿肥＋风化煤显著高于其他处理（$P<0.05$）。铵态氮范围为3.24～11.37mg/kg，其中绿肥＋风化煤处理有最小值3.24mg/kg，接菌处理有最大值12.22mg/kg，对照、接菌处理显著高于其他处理（$P<0.05$）。硝态氮在绿肥＋风化煤处理有最大值29.56mg/kg，接菌处理有最小值6.99mg/kg，绿肥、接菌＋绿肥、绿肥＋风化煤处理显著高于其他处理（$P<0.05$）。

表5.3　2019年玉米大豆间作区土壤因子值

土壤因子	对照	接菌	绿肥	接菌＋绿肥	绿肥＋风化煤	接菌＋绿肥＋风化煤
pH	8.42a	8.42a	7.95bc	7.91c	8.07bc	8.13b
电导率/(μs/cm)	118.50b	144.60a	94.23c	112.93b	132.43a	140.83a
碱性磷酸酶/［(μmol/g)·(FW/min)］	0.47b	0.56b	0.50b	0.63b	0.68b	1.05a
脲酶/［μmol/(g·L·h)］	0.048a	0.045a	0.045a	0.045a	0.041a	0.045a
易提取球囊霉素/(mg/g)	9.09bc	9.41bc	8.76c	9.19bc	10.08ab	10.73a
有机质/(mg/g)	0.11d	0.14cd	0.06d	0.21b	0.32b	0.767a
速效磷/(mg/kg)	1.52b	2.62b	1.84b	5.76b	3.19b	16.74a
速效钾/(mg/kg)	73.10bc	74.54bc	56.55c	88.01b	74.79bc	122.60a
铵态氮/(mg/kg)	11.37a	12.22a	3.82b	4.20b	3.24b	3.78b
硝态氮/(mg/kg)	7.41b	6.99b	23.52a	24.12a	29.56a	14.44b

注：小写字母表示单因素方差分析有显著差异（$P<0.05$）。

综上可知，玉米单作、大豆单作以及玉米大豆间作的土壤因子变化，接菌和有机培肥显著增加了土壤中的有机碳含量，提高了酶活性，增加了土壤速效营养含量，这些养分积累上的促进作用最终会有助于作物产量的提升和品质改善。

5.2.3　不同菌肥组合及种植模式下作物光合指标

1. 单作玉米光合指标

在单作种植区，玉米的净光合速率、气孔导度、胞间CO_2浓度、蒸腾速率以及水分利用效率均受菌肥组合和年份的显著影响，且存在显著的交互效应（$P<0.05$）（图 5.1）。在同一种植模式下，玉米净光合速率在绿肥及绿肥＋风化煤处理表现为2018年显著高于2019年（$P<0.05$），在对照和接菌＋绿肥＋风化煤处理表现为2019年显著高于2018年（$P<0.05$）。在气孔导度方面，2018年和2019年气孔导度变化区间分别为0.12～0.25mol $H_2O·m^{-2}·s^{-1}$和0.08～0.13 mol $H_2O·m^{-2}·s^{-1}$，整体表现为2018年高于2019年，并且在接菌、绿肥、绿肥＋风化煤处理间年份差异显著（$P<0.05$）。胞间CO_2浓度整体表现为2018年高于2019年，且在接菌、绿肥、接菌＋绿肥＋风化煤处理间年份差异显著（$P<0.05$）。除对照处理外，

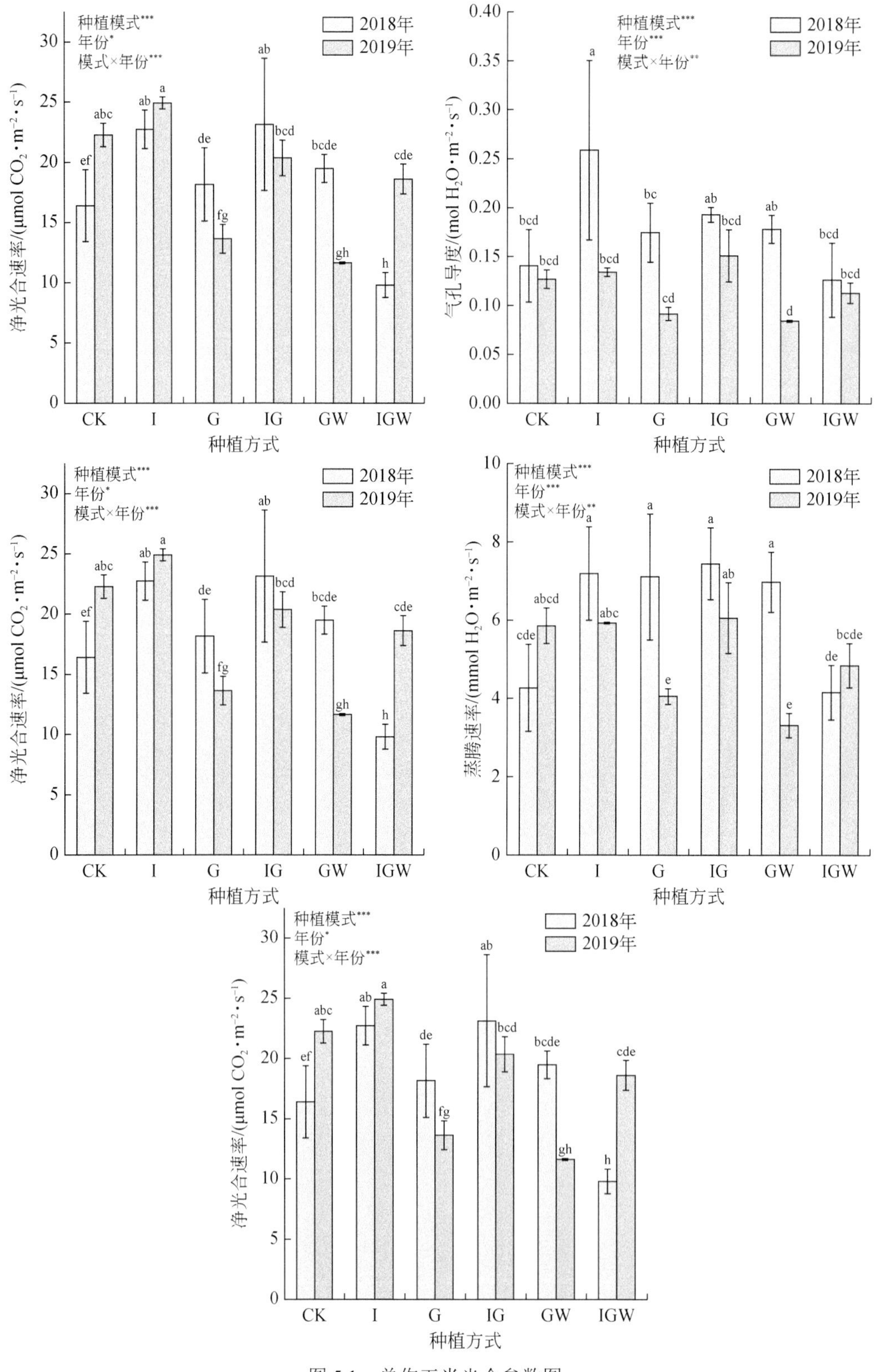

图 5.1　单作玉米光合参数图

玉米蒸腾速率在不同年份间均表现为2018年高于2019年，2018年和2019年区间分别为4.26～7.44mmol $H_2O·m^{-2}·s^{-1}$和3.31～5.92mmol $H_2O·m^{-2}·s^{-1}$，其中绿肥和绿肥＋风化煤处理在年份间差异显著。水分利用效率方面，2018年和2019年水分利用效率变化区间分别为2.58～3.95和3.36～4.20，其中接菌、绿肥、绿肥＋风化煤及接菌＋绿肥＋风化煤处理在年份间差异显著，表现为2019年显著高于2018年。

在同一年份中，玉米光合作用指数在不同处理间差异显著（P＜0.05）。在2018年中，净光合作用最大值出现在接菌处理，且接菌和接菌＋绿肥显著高于其他处理（P＜0.05）。气孔导度最大值出现在接菌处理，且接菌、接菌＋绿肥、绿肥＋风化煤处理显著高于其他处理（P＜0.05）；胞间CO_2最大值出现在接菌＋绿肥＋风化煤处理，且接菌＋绿肥＋风化煤处理显著高于对照、绿肥、接菌＋绿肥、绿肥＋风化煤处理（P＜0.05）；蒸腾速率最大值出现在接菌＋绿肥处理，且对照和接菌＋绿肥＋风化煤显著低于其他处理（P＜0.05）；水分利用效率最大值出现在对照处理，且对照处理显著高于其他处理（P＜0.05）。在2019年中，净光合作用最大值出现在接菌处理，且接菌处理显著高于除对照外的其他处理（P＜0.05）；气孔导度最大值出现在接菌＋绿肥处理，各处理间无显著差异；胞间CO_2最大值出现在对照处理，且对照处理显著高于接菌和接菌＋绿肥＋风化煤处理（P＜0.05）；蒸腾速率最大值出现在接菌＋绿肥处理，且接菌＋绿肥处理显著高于绿肥和绿肥＋风化煤处理（P＜0.05）；水分利用效率最大值出现在接菌处理，且接菌处理显著高于绿肥、接菌＋绿肥和绿肥＋风化煤处理（P＜0.05）。

2. 单作大豆光合指标

单作大豆的各光合指标（包括净光合速率、气孔导度、胞间CO_2浓度、蒸腾速率、水分利用效率）受到菌肥组合、年份及两者交互效应的显著影响（P＜0.05）（图5.2）。不同年份，大豆净光合速率、气孔导度和胞间CO_2浓度呈现相似的变化规律，即2018年显著高于2019年。大豆气孔导度在2018年和2019年变化区间分别为0.37～0.59mol $H_2O·m^{-2}·s^{-1}$

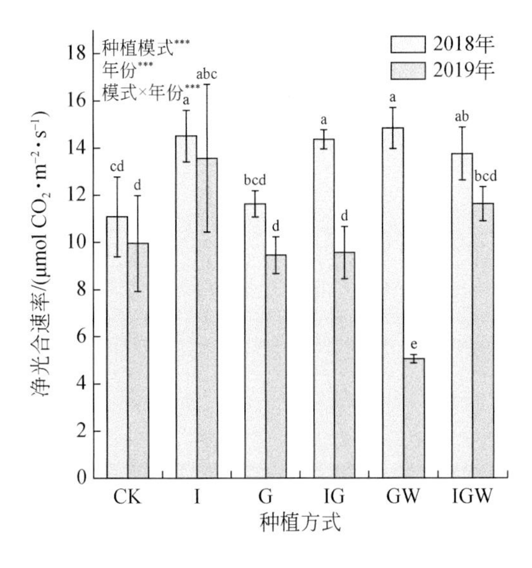

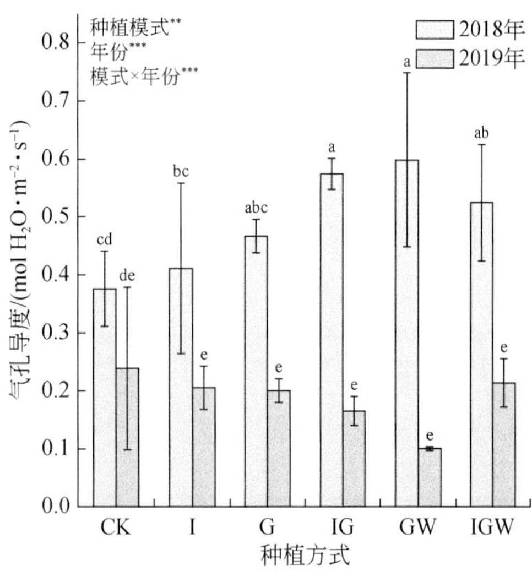

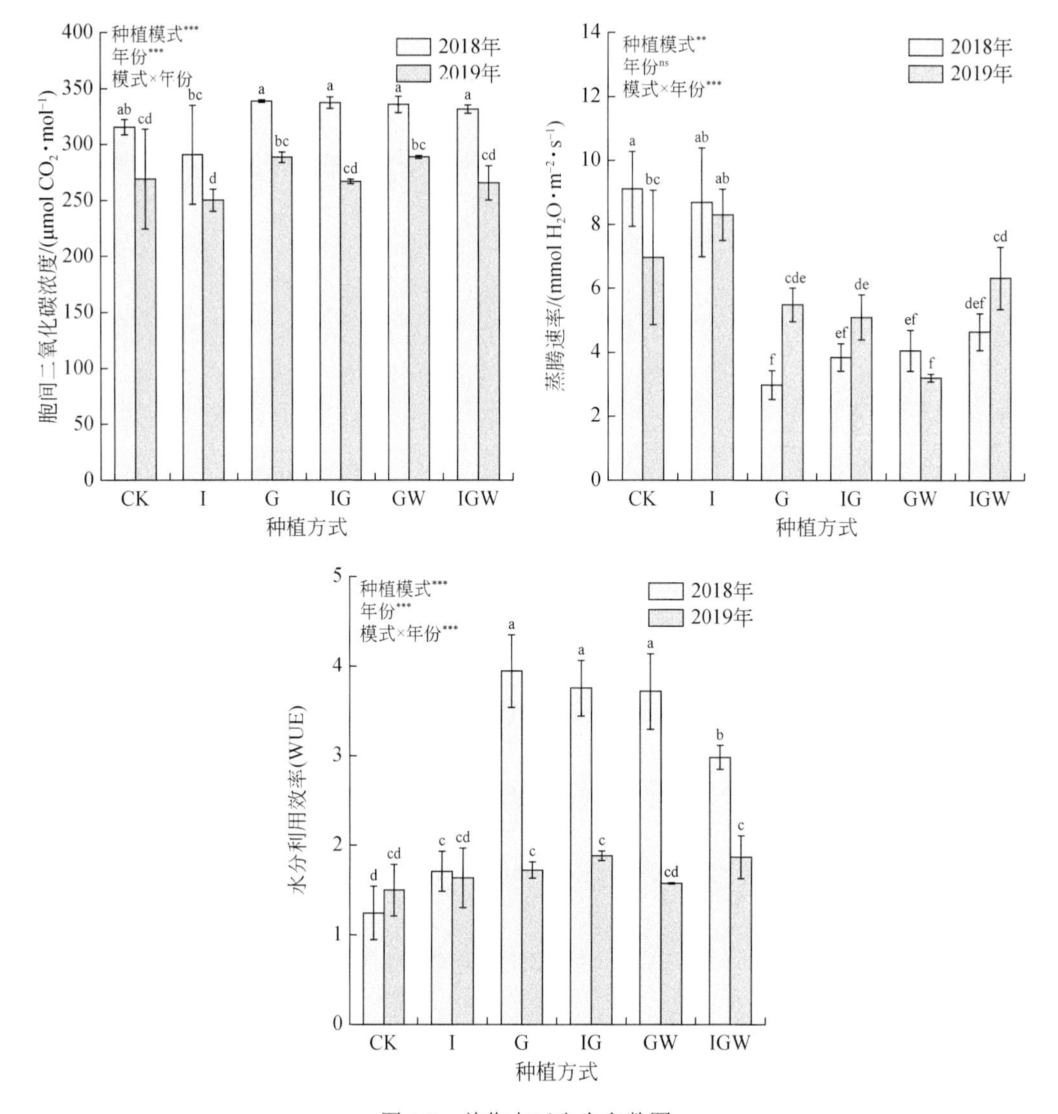

图 5.2 单作大豆光合参数图

和 0.10～0.24mol $H_2O\cdot m^{-2}\cdot s^{-1}$。大豆蒸腾速率在对照处理表现为 2018 年显著高于 2019 年，而在绿肥处理表现为 2019 年显著高于 2018 年（P<0.05），2018 年和 2019 年蒸腾速率变化区间分别为 2.98～9.11mmol $H_2O\cdot m^{-2}\cdot s^{-1}$ 和 3.21～8.30 mmol $H_2O\cdot m^{-2}\cdot s^{-1}$。大豆水分利用效率在 2018 年和 2019 年变化区间分别为 1.24～3.94 和 1.49～1.88，其中绿肥、接菌＋绿肥、绿肥＋风化煤及接菌＋绿肥＋风化煤处理在年份间差异显著，表现为 2018 年显著高于 2019 年（P<0.05）。

在同一年份中，大豆光合作用指数在不同处理间差异显著（P<0.05）。在 2018 年，净光合作用最大值出现在绿肥＋风化煤处理，且接菌、接菌＋绿肥和绿肥＋风化煤处理显著高于对照和绿肥处理（P<0.05）；气孔导度最大值出现在绿肥＋风化煤处理，且接菌＋绿肥、绿肥＋风化煤处理显著高于对照和接菌处理（P<0.05）；胞间 CO_2 最小值出现在接菌

处理，且接菌处理显著低于绿肥、接菌＋绿肥、绿肥＋风化煤和接菌＋绿肥＋风化煤等处理（P<0.05）；蒸腾速率最大值出现在对照处理，且对照处理显著高于除接菌外的其他处理（P<0.05）；水分利用效率最大值出现在绿肥处理，且绿肥、接菌＋绿肥和绿肥＋风化煤处理显著高于其他处理（P<0.05）。在2019年，净光合作用最大值出现在接菌处理，且接菌处理显著高于除接菌＋绿肥＋风化煤外的其他处理（P<0.05）；气孔导度最大值出现在对照处理，各处理间无显著差异；胞间CO_2最大值出现在绿肥＋风化煤处理，且绿肥、绿肥＋风化煤处理显著高于接菌处理（P<0.05）；蒸腾速率最大值出现在接菌处理，且接菌处理显著高于除对照外的其他处理（P<0.05）；水分利用效率最大值出现在接菌＋绿肥处理，各处理间无显著差异。

3. 玉米×大豆间作区光合指标

菌肥组合和种植年份显著影响了间作种植区玉米的光合作用（P<0.05）（图5.3）。间作玉米的净光合速率在2018年变化范围为16.00～22.39μmol $CO_2 \cdot m^{-2} \cdot s^{-1}$，在2019年变化范围为19.06～29.47μmol $CO_2 \cdot m^{-2} \cdot s^{-1}$，整体趋势为2019年显著高于2018年（$P$<0.05）。气孔导度在绿肥处理下年份差异显著，表现为2018年高于2019年。胞间CO_2浓度在2018年和2019年变化区间分别为146.56～261.33μmol $CO_2 \cdot mol^{-1}$和70.20～196.12μmol $CO_2 \cdot mol^{-1}$，整体表现为2018年高于2019年，且在接菌、风化煤＋绿肥、接菌＋绿肥＋风化煤处理间年份差异显著（P<0.05）。玉米蒸腾速率在不同年份间表现为2019年显著高于2018年（P<0.05），2018年和2019年区间分别为3.38～5.41mmol $H_2O \cdot m^{-2} \cdot s^{-1}$和5.95～8.41mmol $H_2O \cdot m^{-2} \cdot s^{-1}$。水分利用效率在2018年和2019年变化区间分别为4.11～4.97和3.06～3.80，整体表现为2019年高于2018年，除接菌＋绿肥＋风化煤处理外，其他处理均在年份间差异显著（P<0.05）。

在同一年份中，玉米部分光合作用指数在不同处理间差异显著（P<0.05）。在2018年中，净光合作用最大值出现在绿肥处理，且绿肥和接菌＋绿肥处理显著高于对照及接菌＋

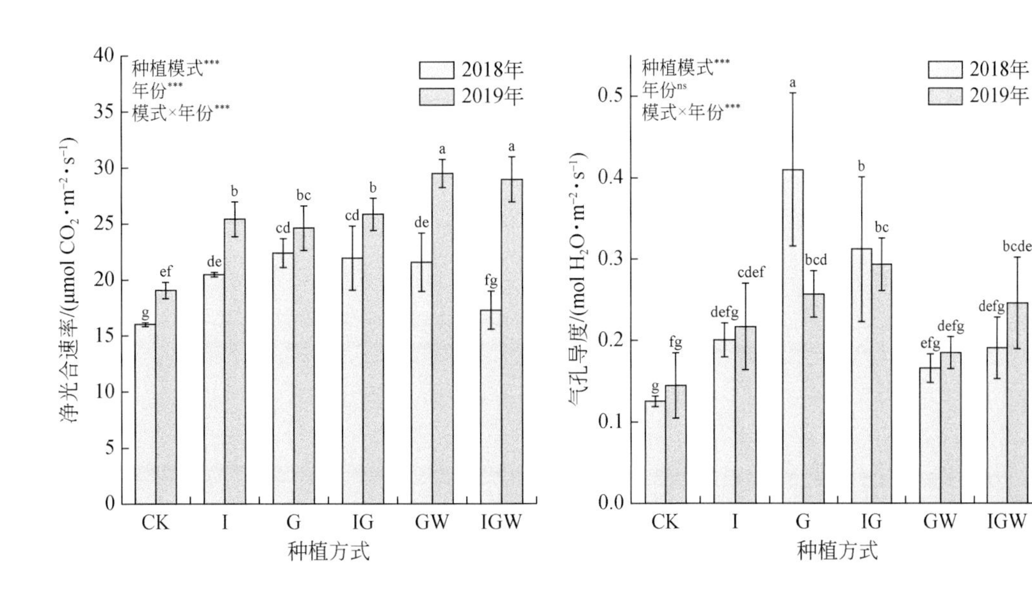

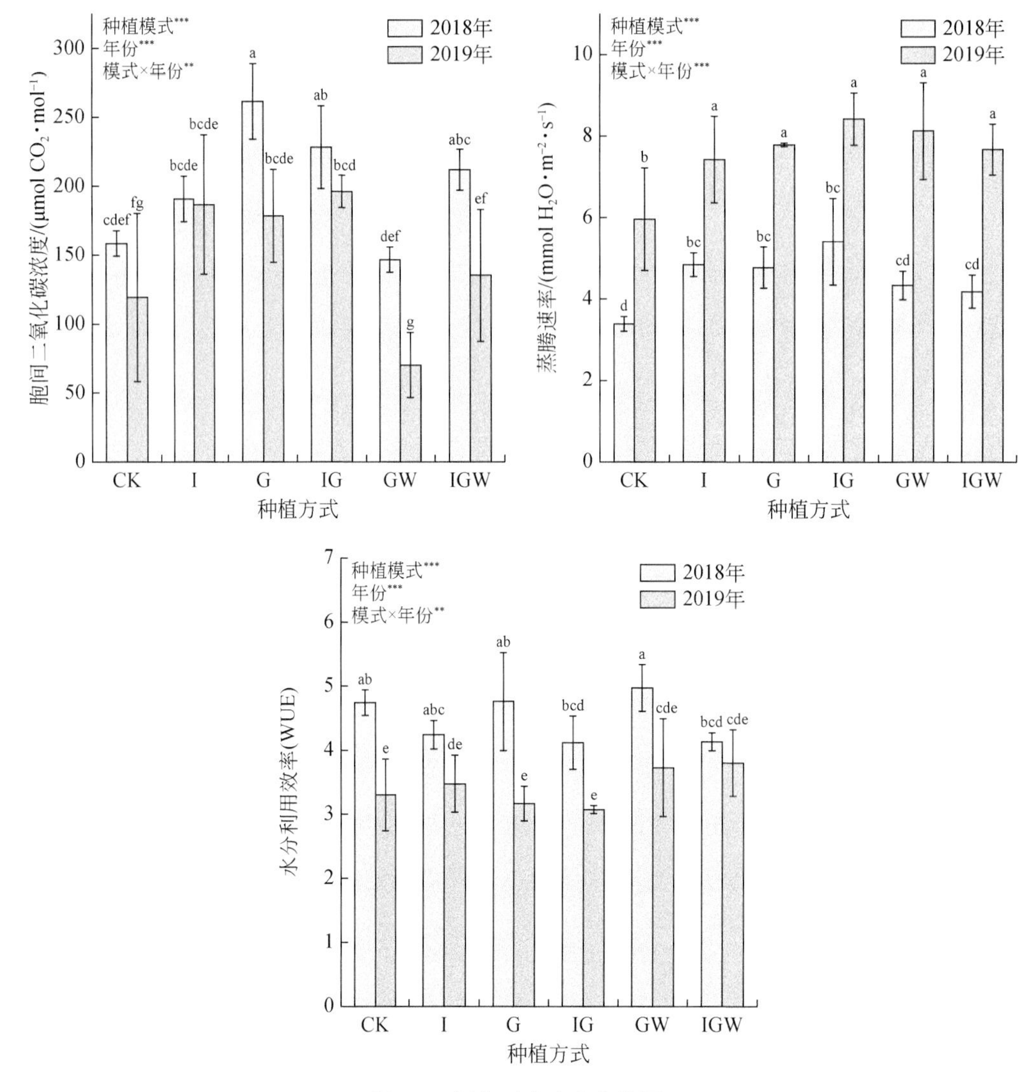

图 5.3　间作玉米光合参数图

绿肥＋风化煤处理（P<0.05）；气孔导度最大值出现在绿肥处理，且绿肥及接菌＋绿肥处理显著高于其他处理（P<0.05）；胞间 CO_2 最大值出现在绿肥处理，且显著高于对照、接菌和绿肥＋风化煤等处理（P<0.05）；蒸腾速率最大值出现在接菌＋绿肥处理，且显著高于对照处理（P<0.05）；水分利用效率最大值出现在绿肥＋风化煤处理，且显著高于接菌＋绿肥及接菌＋绿肥＋风化煤等其他处理（P<0.05）。在 2019 年中，净光合作用最大值出现在绿肥＋风化煤处理，且绿肥＋风化煤和接菌＋绿肥＋风化煤处理显著高于其他处理（P<0.05）；气孔导度最大值出现在接菌＋绿肥处理，且显著高于对照和绿肥＋风化煤处理（P<0.05）；胞间 CO_2 最大值出现在接菌＋绿肥处理，且高于对照、绿肥＋风化煤和接菌＋绿肥＋风化煤处理（P<0.05）；蒸腾速率最小值出现在对照处理，且显著低于其他处理（P<0.05）；水分利用效率最大值出现在接菌＋风化煤＋绿肥处理，其余各处理无显著差异。

间作处理下大豆的净光合速率、气孔导度、胞间 CO_2 浓度及蒸腾速率均受菌肥组合、年份及二者交互作用的显著影响（P<0.05）（图 5.4）。净光合速率在 2018 年和 2019 年变化区间分别为 6.42～12.48μmol $CO_2 \cdot m^{-2} \cdot s^{-1}$ 和 10.95～20.17μmol $CO_2 \cdot m^{-2} \cdot s^{-1}$，在接菌及绿肥＋风化煤处理均表现为 2019 年显著高于 2018 年（P<0.05）。气孔导度在 2018 年和 2019 年变化区间分别为 0.10～0.33mol $H_2O \cdot m^{-2} \cdot s^{-1}$ 和 0.08～0.21mol $H_2O \cdot m^{-2} \cdot s^{-1}$，在对照、接菌＋绿肥及接菌＋绿肥＋风化煤处理均表现为 2018 年显著高于 2019 年（P<0.05）。胞间 CO_2 浓度在 2018 年和 2019 年变化区间分别为 274.46～307.02μmol $CO_2 \cdot mol^{-1}$ 和 148.96～242.12μmol $CO_2 \cdot mol^{-1}$，整体表现为 2018 年显著高于 2019 年（P<0.05）。蒸腾速率在绿肥及绿肥＋风化煤处理表现为 2019 年显著高于 2018 年（P<0.05），2018 年和 2019 年蒸腾速率变化区间分别为 2.25～8.19mmol $H_2O \cdot m^{-2} \cdot s^{-1}$ 和 3.46～7.96mmol $H_2O \cdot m^{-2} \cdot s^{-1}$。水分利用效率在 2018 年和 2019 年变化区间分别为 1.84～2.94 和 1.94～3.32，其中接菌处理表现为 2019 年显著高于 2018 年，绿肥和绿肥＋风化煤处理则表现为 2018 年显著高于 2019 年（P<0.05）。

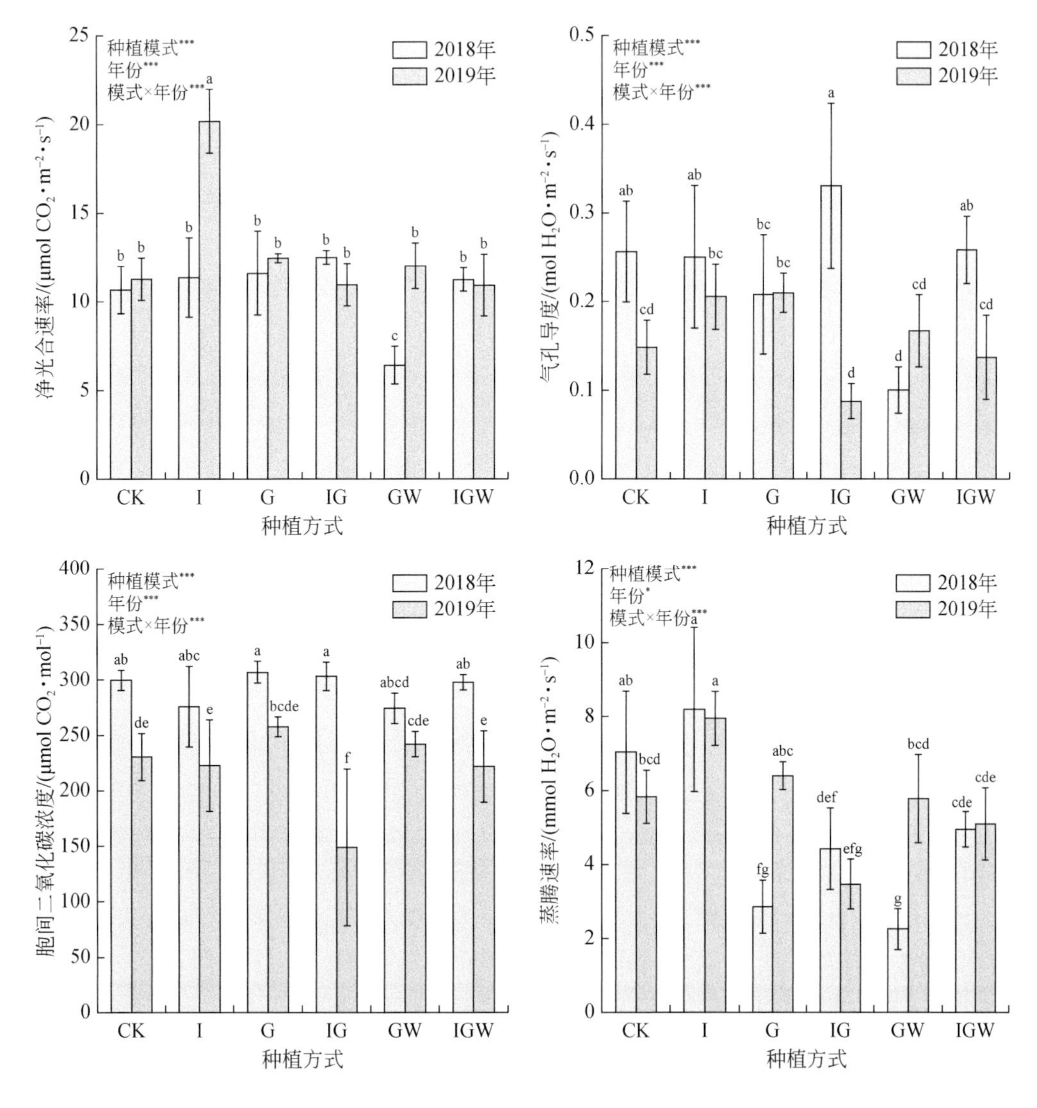

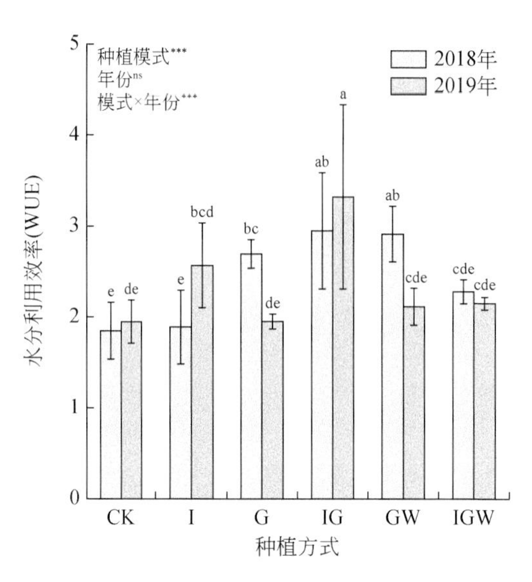

图 5.4　间作大豆光合参数图

在同一年份中，大豆光合作用指数在不同处理间差异显著（$P<0.05$）。在 2018 年中，净光合作用最小值出现在绿肥＋风化煤处理，且显著低于其他处理（$P<0.05$）；气孔导度最大值出现在接菌＋绿肥处理，且接菌＋绿肥处理显著高于绿肥和绿肥＋风化煤处理（$P<0.05$）；胞间 CO_2 最小值出现在绿肥处理，其余各处理间无显著差异；蒸腾速率最大值出现在接菌处理，且对照与接菌处理显著高于其他处理（$P<0.05$）；水分利用效率最大值出现在接菌＋绿肥处理，且接菌＋绿肥和绿肥＋风化煤处理显著高于对照、接菌以及接菌＋绿肥＋风化煤处理（$P<0.05$）。在 2019 年中，净光合作用最大值出现在接菌处理，且显著高于其他处理（$P<0.05$）；气孔导度最大值出现在绿肥处理，且接菌和绿肥处理显著高于接菌＋绿肥处理（$P<0.05$）；胞间 CO_2 最大值出现在绿肥处理，且显著高于接菌＋绿肥处理（$P<0.05$）；蒸腾速率最大值出现在接菌处理，且显著高于除绿肥外的其他处理（$P<0.05$）；水分利用效率最大值出现在接菌＋绿肥处理，且显著高于其他处理（$P<0.05$）。

5.2.4　不同菌肥组合及种植模式下对作物生长影响

1. 单作玉米生长特征

由图 5.5 分析可得，单作玉米的株高和净单株籽粒重受菌肥组合和年份的影响显著，且存在显著的交互效应（$P<0.05$）。单株茎叶干物质量与叶绿素相对分量（SPAD）值受菌肥组合和年份的影响显著（$P<0.05$），但不存在交互效应。玉米地径在菌肥组合和年份间均差异不显著。玉米株高在 2018 年变化范围为 200.65～221.32cm，在 2019 年变化范围为 166.62～190.87cm，在同一种植方式下，对照、接菌、接菌＋绿肥及接菌＋绿肥＋风化煤处理表现为 2018 年显著高于 2019 年（$P<0.05$）。玉米地径在 2018 年和 2019 年变化区间分别为 21.20～24.02mm 和 21.95～25.39mm，但在年份间差异不显著。在单株净籽粒重方面，2018 年和 2019 年区间分别为 134.87～335.07g 和 205.77～339.77g，整体表现为 2019

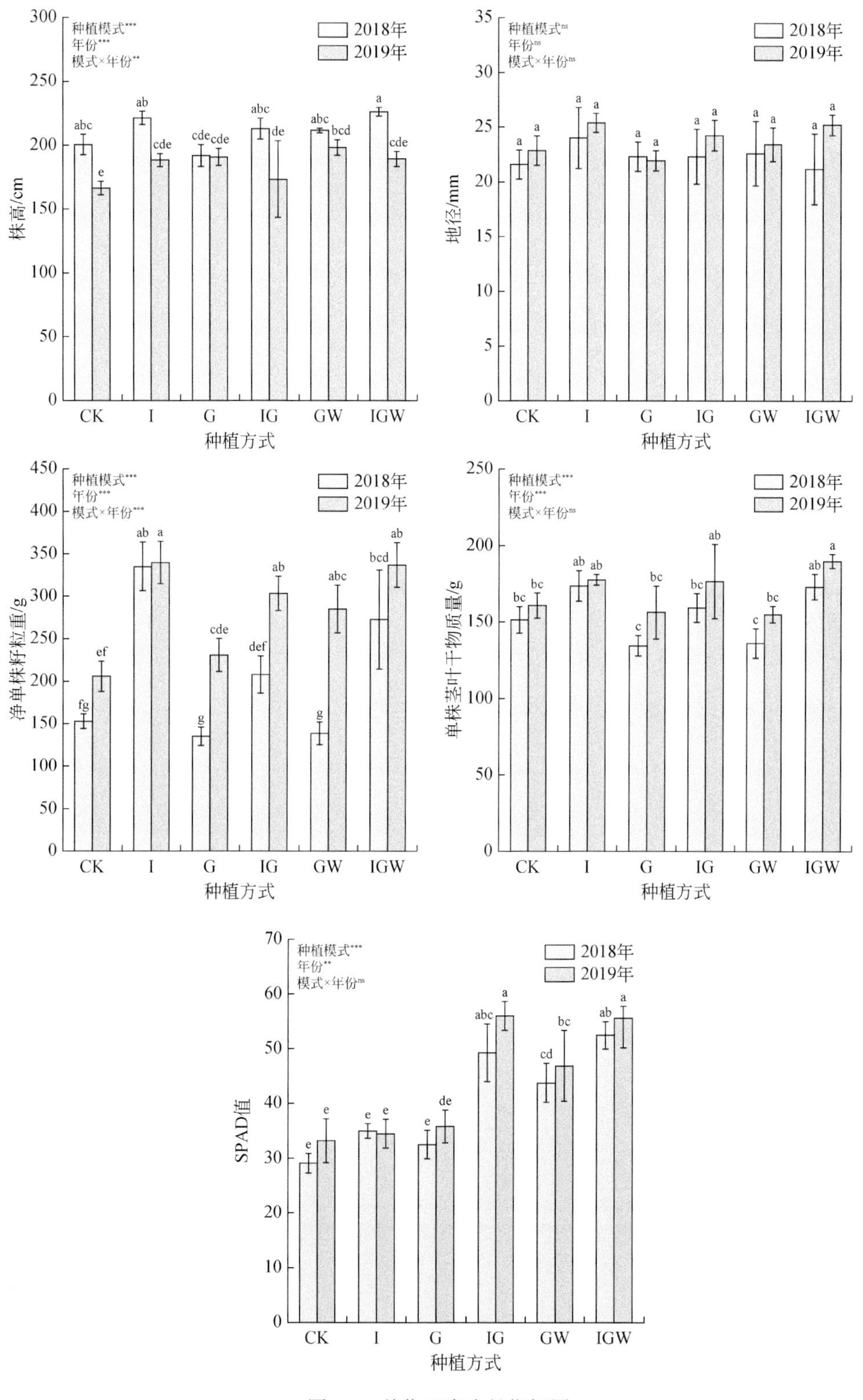

图 5.5 单作玉米生长指标图

年高于 2018 年，且在绿肥、接菌＋绿肥及绿肥＋风化煤等处理间年份差异显著（$P<0.05$）。茎叶干物质量与单株净籽粒重规律相似，整体表现为 2019 年高于 2018 年，但在年份间差异不显著，2018 年和 2019 年变化区间分别为 134.32～173.52g 和 154.97～189.87g。在 SPAD 值方面，2018 年和 2019 年变化区间分别为 29.12～49.32 和 33.22～56.05，整体趋势表现为 2019 年高于 2018 年，但同种植方式间年份差异不显著。

在同一年份中，玉米部分生长指标在不同处理间差异显著（$P<0.05$）。在 2018 年中，株高最大值出现在接菌＋绿肥＋风化煤处理，且接菌和接菌＋绿肥＋风化煤处理显著高于绿肥处理（$P<0.05$）；地径最大值出现在接菌处理，但各处理间差异不显著；净单株籽粒重最大值出现在接菌处理，且接菌处理显著高于对照、绿肥、接菌＋绿肥、绿肥＋风化煤等处理（$P<0.05$）；单株茎叶干物质量最大值出现在接菌处理，且接菌和接菌＋绿肥＋风化煤处理显著高于绿肥及绿肥＋风化煤处理（$P<0.05$）；SPAD 值的最大值出现在接菌＋绿肥＋风化煤处理，且接菌＋绿肥和接菌＋绿肥＋风化煤处理显著高于对照、接菌和绿肥处理（$P<0.05$）。在 2019 年中，株高最大值出现在绿肥＋风化煤处理，且绿肥＋风化煤处理显著高于对照处理（$P<0.05$）；地径最大值出现在接菌处理，其余各处理间差异不显著；净单株籽粒重最大值出现在接菌处理，且对照和绿肥处理显著低于其他处理（$P<0.05$）；单株茎叶干物质量最大值出现在接菌＋绿肥＋风化煤处理，且接菌＋绿肥＋风化煤处理显著高于对照、绿肥及绿肥＋风化煤处理（$P<0.05$）；SPAD 值的最大值出现在接菌＋绿肥处理，且接菌＋绿肥和接菌＋绿肥＋风化煤处理显著高于其他处理（$P<0.05$）。

2. 单作大豆生长特征

由图 5.6 可得，单作大豆的单株豆荚数、净单株籽粒重和单株茎叶干物质量受菌肥组合、年份及二者交互作用的显著影响；冠幅受菌肥组合和年份的显著影响（$P<0.05$），但不存在交互效应；株高和 SPAD 值在菌肥组合间差异显著（$P<0.05$），但在年份间差异不显著。其中，株高在 2018 年变化范围为 42.20～72.32cm，在 2019 年变化范围为 38.80～70.87cm，在同一菌肥处理下，大豆株高在年份间差异不显著。大豆冠幅在 2018 年和 2019 年变化区间分别为 42.25～49.50cm 和 53.75～70.25cm，且在接菌、绿肥、接菌＋绿肥和接菌＋绿肥＋风化煤处理表现为 2019 年显著高于 2018 年（$P<0.05$）。豆荚数在 2018 年和 2019 年变化区间分别为 21.25～33.75 和 39.5～55.25，整体表现为 2019 年显著高于 2018 年（$P<0.05$）。单株净籽粒重在 2018 年和 2019 年区间分别为 10.61～24.03g 和 26.04～36.01g，整体表现为 2019 年显著高于 2018 年（$P<0.05$）。茎叶干物质量与单株净籽粒重规律相似，2018 年和 2019 年变化区间分别为 29.12～49.32g 和 32.28～49.96g。在 SPAD 值方面，2018 年和 2019 年变化区间分别为 29.05～44.35 和 39.5～55.25，整体趋势表现为 2019 年显著高于 2018 年（$P<0.05$）。

在同一年份中，大豆部分生长指标在不同处理间差异显著（$P<0.05$）。在 2018 年，株高最大值出现在接菌处理，且接菌和接菌＋绿肥处理显著高于对照、绿肥及绿肥＋风化煤处理（$P<0.05$）；冠幅最大值出现在接菌＋绿肥＋风化煤处理，其余各处理间差异不显著；豆荚数最大值出现在接菌＋绿肥＋风化煤处理，且接菌＋绿肥＋风化煤处理显著高于其他处理（$P<0.05$）；净单株籽粒重与单株茎叶干物质量最大值均出现在接菌＋绿肥处理，且

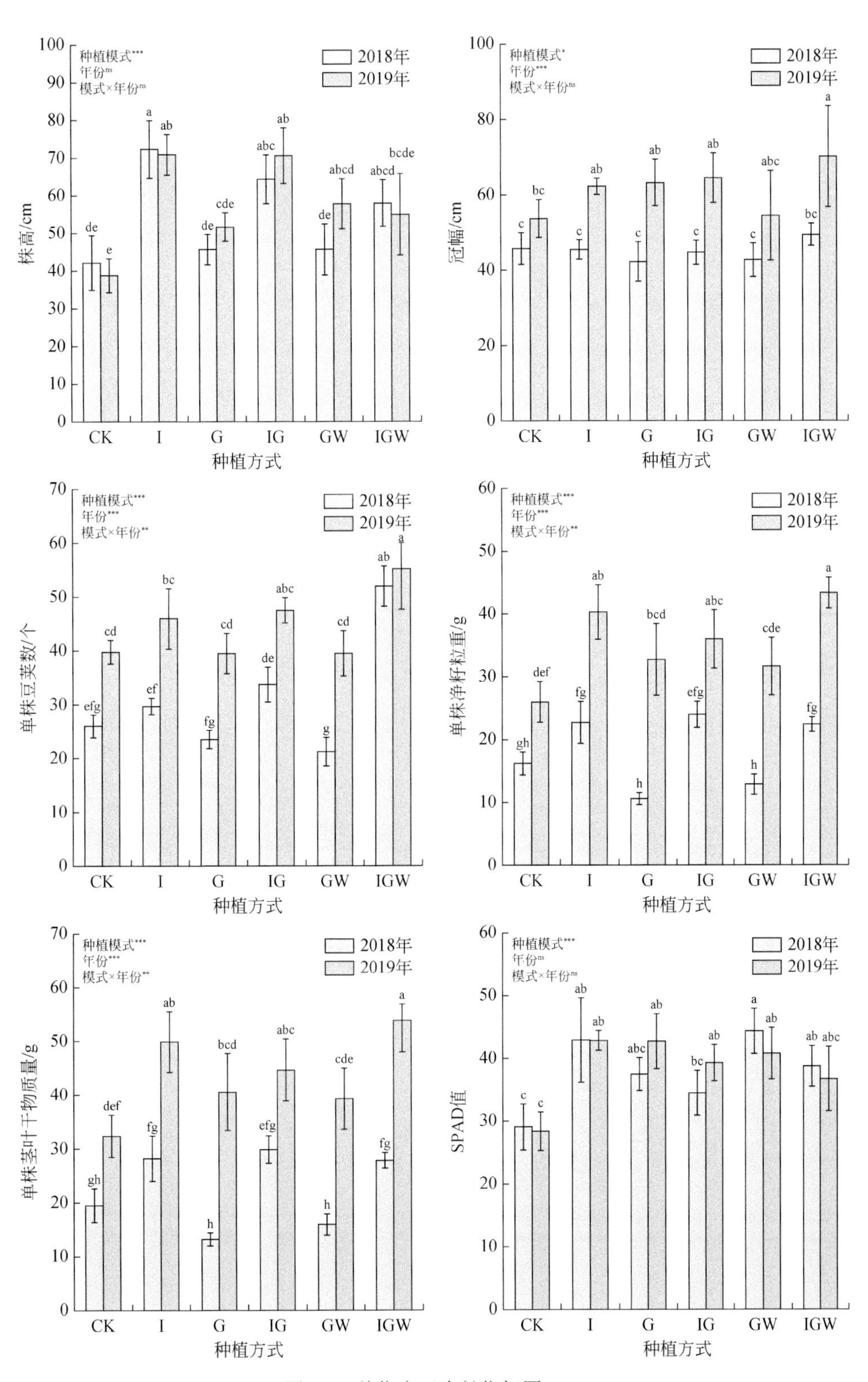

图 5.6 单作大豆生长指标图

接菌＋绿肥处理显著高于绿肥和绿肥＋风化煤处理（P＜0.05）；SPAD 值的最大值出现在接菌＋绿肥处理，且接菌＋绿肥处理显著高于对照和接菌＋绿肥处理（P＜0.05）。在 2019 年，株高最大值出现在接菌处理，且接菌与接菌＋绿肥处理显著高于对照和绿肥处理（P＜0.05）；冠幅最大值出现在接菌＋绿肥＋风化煤处理，且接菌＋绿肥＋风化煤显著高于对照处理（P＜0.05）；豆荚数最大值出现在接菌＋绿肥＋风化煤处理，且接菌＋绿肥＋风化煤处理显著高于除接菌＋绿肥外的其他处理（P＜0.05）；净单株籽粒重与茎叶干物质量变化规律相似，最大值出现在接菌＋绿肥＋风化煤处理，且接菌和接菌＋绿肥＋风化煤处理显著高于对照和绿肥＋风化煤处理（P＜0.05）；SPAD 值最小值出现在对照处理，且对照处理显著低于其他处理（P＜0.05）。

3. 玉米×大豆间作生长影响

由图 5.7 分析可得，间作处理下玉米的株高受菌肥组合和年份的影响显著，且存在显著的交互效应（P＜0.05）；玉米地径、单株净籽粒重与 SPAD 值受菌肥组合和年份的影响显著（P＜0.05），但不存在交互效应；单株茎叶干物质量在菌肥组合和年份间均差异不显著，但存在显著的交互效应（P＜0.05）。其中，玉米株高在 2018 年变化范围为 188.62～228.50cm，在 2019 年变化范围为 183.75～198.50cm，在同一种植方式中，接菌、绿肥、接菌＋绿肥及接菌＋绿肥＋风化煤处理表现为 2018 年显著高于 2019 年（P＜0.05）。玉米地径在 2018 年和 2019 年变化区间分别为 22.43～30.15mm 和 23.19～34.54mm，接菌＋绿肥及接菌＋绿肥＋风化煤处理表现为 2019 年显著高于 2018 年（P＜0.05）。玉米单株净籽粒重在 2018 年和 2019 年变化区间分别为 266.62～440.29g 和 224.10～286.07g，接菌处理表现为 2018 年显著高于 2019 年（P＜0.05）。玉米茎叶干物质量在 2018 年和 2019 年变化区间为 206.51～254.39g 和 216.70～237.53g，各处理间年份差异不显著。SPAD 值在 2018 年和 2019 年变化区间分别为 31.62～50.97 和 39.7～65.25，绿肥、绿肥＋风化煤及接菌＋绿肥＋风化煤处理表现为 2019 年显著高于 2018 年（P＜0.05）。

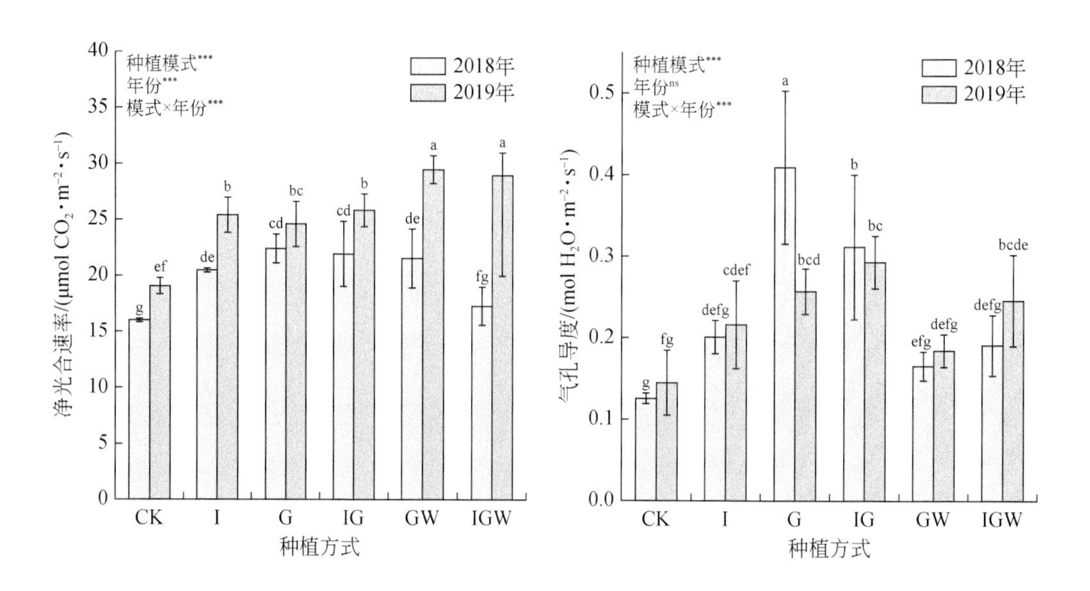

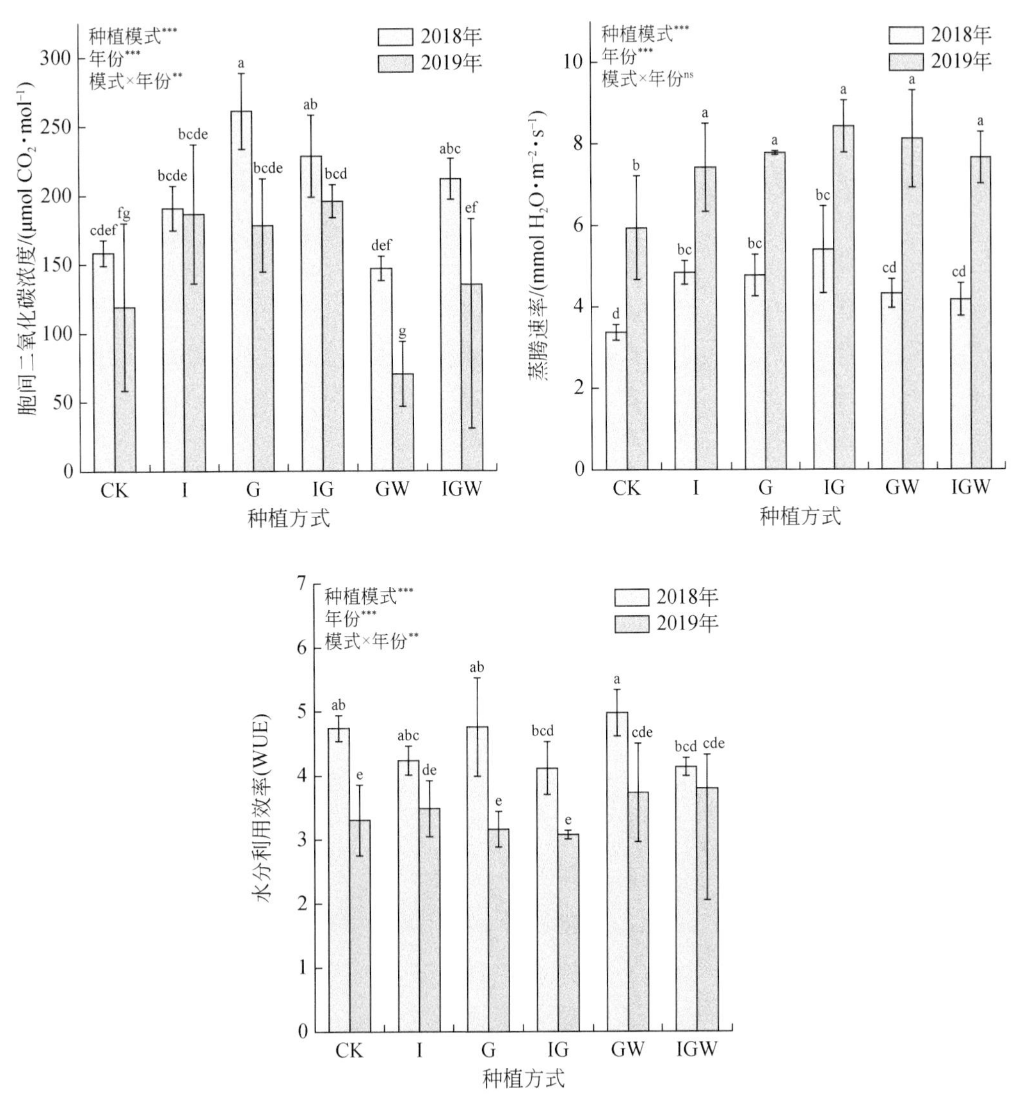

图 5.7 间作玉米生长指标图

在同一年份中，玉米部分生长指标在不同处理间差异显著（P<0.05）。在 2018 年中，株高最大值出现在接菌＋绿肥处理，且显著高于除绿肥外的其他处理（P<0.05）；地径最大值出现在接菌＋绿肥处理，且显著高于对照、接菌及绿肥＋风化煤处理（P<0.05）；净单株籽粒重最大值出现在接菌处理，且接菌处理显著高于除接菌＋绿肥＋风化煤外的其他处理（P<0.05）；单株茎叶干物质量最大值出现在接菌处理，其余各处理间无显著差异；SPAD 值的最大值出现在接菌＋绿肥处理，且显著高于对照和绿肥处理（P<0.05）。在 2019 年中，株高最大值出现在绿肥＋风化煤处理，其余各处理间无显著差异；地径最大值出现在接菌＋绿肥＋风化煤处理，绿肥、接菌＋绿肥及接菌＋绿肥＋风化煤处理显著高于其他处理（P<0.05）；净单株籽粒重最大值出现在接菌处理，但各处理间无显著差异；单株茎叶干物质量最大值出现在绿肥＋风化煤处理，但各处理间无显著差异；SPAD 值的最大值出

现在接菌＋绿肥＋绿肥处理，且接菌＋绿肥、绿肥＋风化煤和接菌＋绿肥＋风化煤处理显著高于其他处理（$P<0.05$）。

由图 5.8 可得，间作种植区，大豆的各项生长指标均表现为 2019 年显著高于 2018 年（$P<0.05$）。大豆株高在 2018 年和 2019 年变化范围为 32.47～59.67cm 和 57.12～89.00cm，冠幅变化区间分别为 31.17～36.55cm 和 50.00～70.25cm，豆荚数变化区间分别为 16.25～47.00 和 34.5～50.25，单株净籽粒重变化区间分别为 8.56～19.39g 和 21.00～35.00g，茎叶干物质量变化区间分别为 6.40～12.82g 和 20.54～24.85g，SPAD 值变化区间分别为 23.75～35.07 和 39.87～45.20。

在同一年份中，大豆部分生长指标在不同处理间差异显著（$P<0.05$）。在 2018 年中，株高最大值出现在接菌＋绿肥＋风化煤处理，且接菌＋绿肥和接菌＋绿肥＋风化煤处理显著高于对照、绿肥及绿肥＋风化煤处理（$P<0.05$）；冠幅最大值出现在接菌＋绿肥＋风化煤处理，但各处理间差异不显著；豆荚数最大值出现在接菌＋绿肥＋风化煤处理，且显著

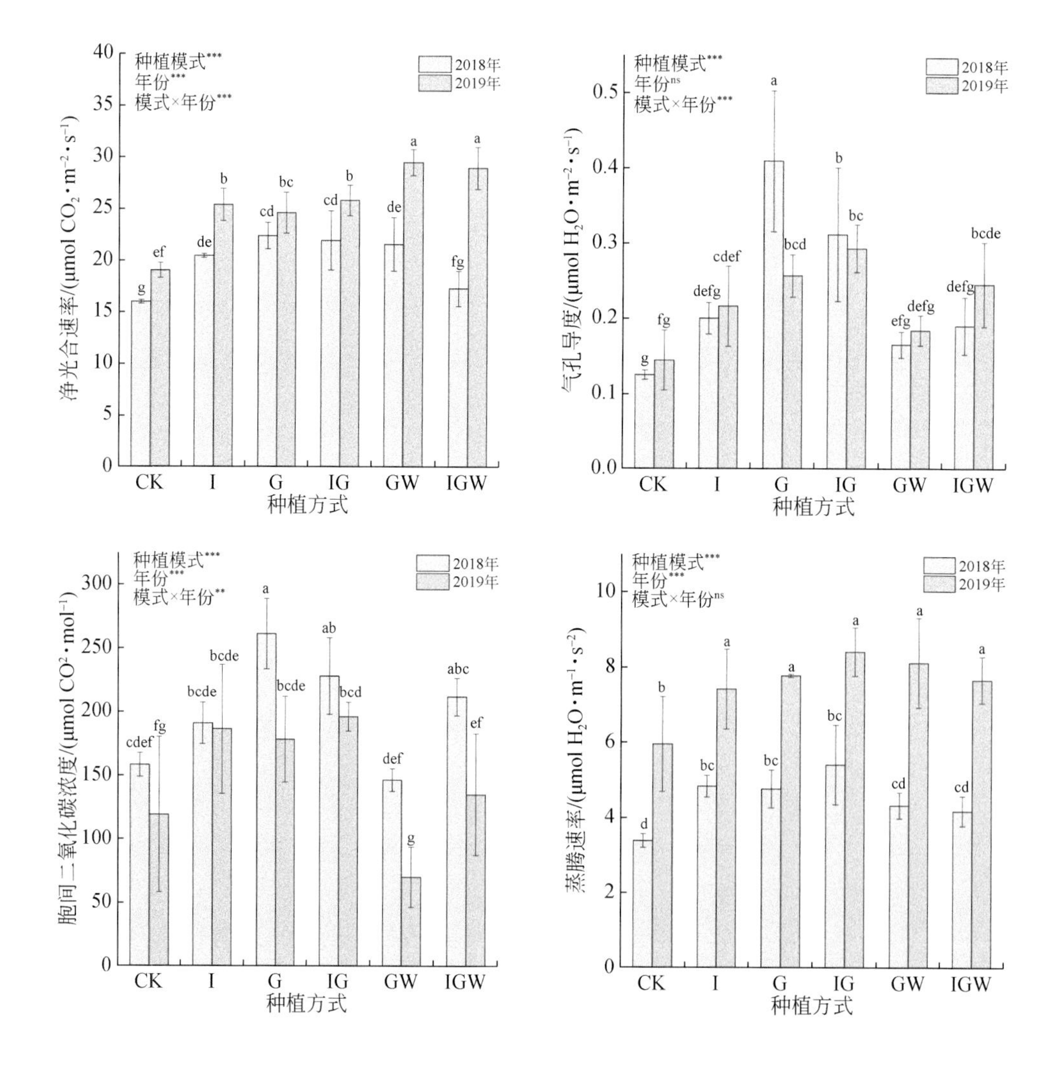

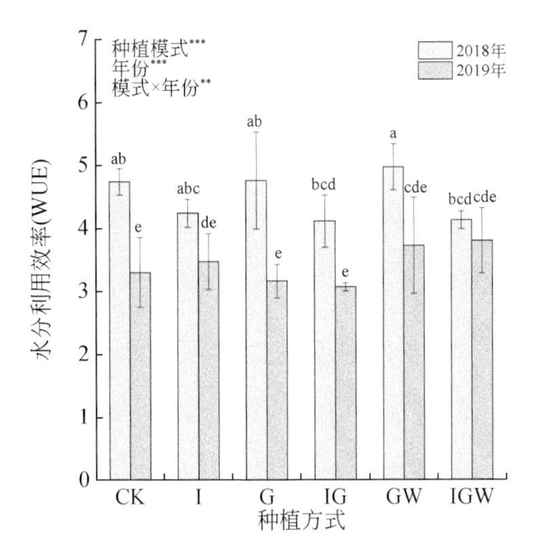

图 5.8　间作大豆生长指标图

高于其他处理（$P<0.05$）；净单株籽粒重最大值出现在接菌处理，且显著高于绿肥处理（$P<0.05$）；单株茎叶干物质量最大值出现在接菌＋绿肥处理，且显著高于绿肥处理（$P<0.05$）；SPAD 值的最大值出现在接菌＋绿肥＋风化煤处理，且高于除接菌外的其他处理（$P<0.05$）。在 2019 年中，株高最大值出现在绿肥＋风化煤处理，且显著高于除接菌＋绿肥外的其他处理（$P<0.05$）；冠幅最大值出现在接菌＋绿肥＋风化煤处理，且接菌＋绿肥＋风化煤显著高于对照处理（$P<0.05$）；豆荚数最大值出现在接菌＋绿肥＋风化煤处理，且显著高于除接菌＋绿肥外的其他处理（P<0.05）；净单株籽粒重最大值出现在接菌＋绿肥＋风化煤处理，且显著高于对照、绿肥和绿肥＋风化煤处理（$P<0.05$）；茎叶干物质量最大值出现在接菌＋绿肥＋风化煤处理，且显著高于对照、绿肥和接菌＋绿肥处理（$P<0.05$）；SPAD 值的最大值出现在接菌＋绿肥＋风化处理，其余各处理间差异不显著。

5.3　排土场微生物提质增产效应

5.3.1　不同菌肥组合及种植模式对作物产量影响

由图 5.9 可得，菌肥组合、种植模式以及两者交互作用均极显著影响了玉米产量（$P<0.001$）。除接菌＋绿肥处理外，间作玉米产量均显著高于单作（$P<0.05$）。在单作玉米下，玉米产量均值变化范围为 511.12～708.28kg/ha[①]，最小值为绿肥处理，最大值为接菌＋绿肥＋风化煤处理，且接菌＋绿肥＋风化煤玉米产量显著高于其他处理（$P<0.05$）。在间作处理下，玉米产量均值变化范围为 499.00～1021.67kg/ha，最小值为接菌＋绿肥处理，最大值为接菌＋绿肥＋风化煤处理；接菌＋绿肥＋风化煤、绿肥＋风化煤及接菌处理下玉米产量均显著高于对照处理（$P<0.05$），而绿肥与接菌＋绿肥处理则显著低于对照处理（$P<0.05$）。由此可得，接菌＋绿肥＋风化煤的组合大幅提升了玉米产量，分别在单作及间作中将产量

① $1ha=10^4m^2$。

提升了 36.9%和 40.4%，该处理对土壤营养、作物生长及光合作用均有显著提升，因此产量优势可能来源于生长和营养优势的积累。间作模式下玉米产量显著高于单作，可能与间作下营养资源利用更充分以及大豆固氮作用提升了土壤氮含量有关。

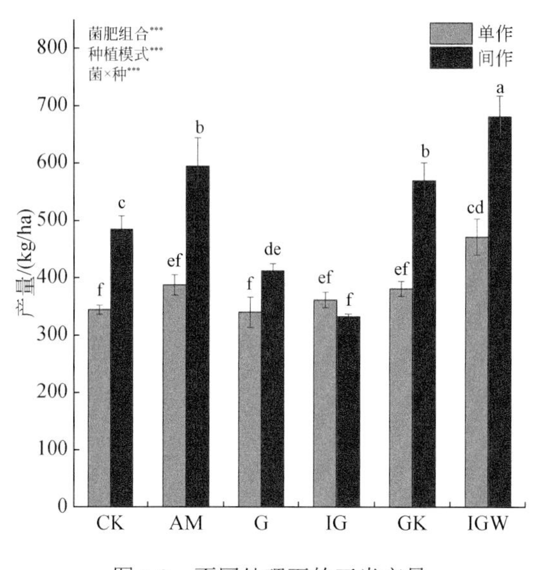

图 5.9　不同处理下的玉米产量

误差棒代表标准差，不同小写字母表明在不同处理间差异显著（$P<0.05$，***$P<0.001$），下同

由图 5.10 可得，菌肥组合、种植模式以及两者交互作用均极显著影响大豆产量（$P<0.001$）。除绿肥＋风化煤处理外，单作大豆产量均高于间作，并在接菌、绿肥、接菌＋绿肥及接菌＋绿肥＋风化煤处理下差异显著（$P<0.05$）。在单作处理下，大豆产量均值变化

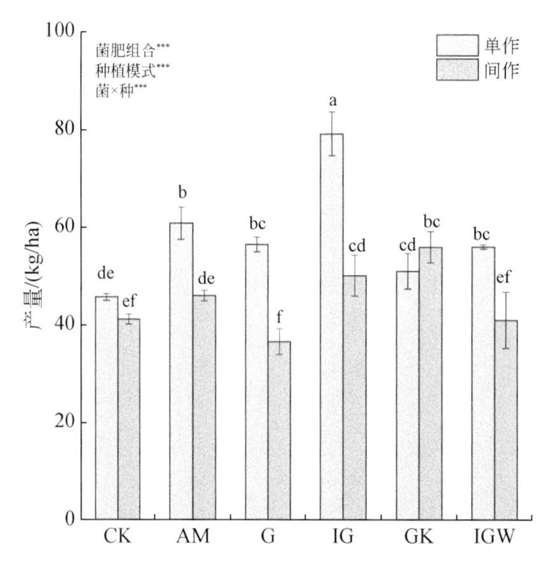

图 5.10　不同处理下的大豆产量

不同小写字母表明在不同处理间差异显著（$P<0.05$，***$P<0.001$）

范围为68.61～118.79kg/ha，最小值为对照处理，最大值为接菌＋绿肥处理，除风化煤＋绿肥处理外，各菌肥组合下大豆产量均显著高于对照处理（$P<0.05$）。在间作处理下，大豆产量均值变化范围为54.99～84.04kg/ha，最小值为绿肥处理，最大值为绿肥＋风化煤处理；接菌＋绿肥与绿肥＋风化煤处理下大豆产量显著高于对照处理（$P<0.05$）。由此可得，在间作模式下，大豆产量降低，可能与间作玉米对大豆的养分资源竞争有关，玉米生物量和体积较大豆更大，易于竞争光能与土壤营养。在不同种植模式下，菌肥组合对大豆的促进作用存在差异，但接菌＋绿肥的组合均能显著提高大豆产量，这可能与AMF和绿肥耦合下改善了大豆的营养状况有关。

由表5.4可得，间作提高了排土场的土地当量比（>1），使用间作能进一步提高土地利用率。各处理的土地当量比值均显著高于对照处理，其中接菌＋绿肥＋风化煤处理有最大值。同时，比较玉米的产量贡献率可得，接菌处理及有机培肥处理降低了玉米的产量贡献率，由此可得，菌肥组合对间作系统中的大豆较为友好，AMF与有机培肥处理能有效提高间作系统中大豆的产量。

表5.4 不同处理下玉米大豆间作的产量系数

种植方式	土地当量比	入侵系数（玉米）	入侵系数（大豆）	产量变化贡献率（玉米）
绿肥	1.22b	1.35b	-1.35c	1.10d
绿肥＋风化煤	1.32a	1.43a	-1.43d	1.12c
接菌＋绿肥	1.04d	1.31b	-1.31c	1.15b
接菌＋绿肥＋风化煤	1.33a	1.15c	-1.15b	1.08e
对照	1.04d	1.30b	-1.30c	1.25a
接菌	1.088c	0.91d	-0.91a	1.08e

注：小写字母表示单因素方差分析有显著差异（$P<0.05$）。

5.3.2 不同施肥及种植模式对作物营养品质影响

由表5.5可知，在玉米单作区，玉米脂肪、蛋白质、碳水化合物含量均表现为接菌处理显著高于对照处理（$P<0.05$），表明接菌处理可以提高单作模式下玉米的营养成分。在玉米大豆间作区，对照处理的玉米脂肪含量高于接菌处理，但蛋白质、碳水化合物含量均显著低于接菌处理（$P<0.05$），出现这种现象可能是由于玉米与豆科植物间作，在接菌区两种农作物在养分利用方面出现竞争，导致接菌处理中玉米脂肪含量略低于对照处理。在相同接菌处理不同种植模式下，间作提高了玉米的脂肪、蛋白质的含量。

由表5.6可知，在大豆单作区中，接菌处理提高了大豆脂肪、蛋白质、碳水化合物含量。在玉米大豆间作区，对照处理中的大豆脂肪含量高于接菌处理，但蛋白质、碳水化合物含量均低于接菌处理。在相同接菌处理不同种植模式下，间作提高了大豆碳水化合物含量，在接菌处理中，间作显著提高了大豆脂肪含量但降低了蛋白质含量（$P<0.05$）。

表 5.5　玉米营养品质指标

种植方式	脂肪	蛋白质	碳水化合物
接菌	2.76±0.15b	6.88±0.47a	77.67±0.55a
对照	2.40±0.10c	5.99±0.15b	75.87±0.35b
玉米×大豆间作接菌	2.90±0.10b	6.92±0.47a	75.80±1.32b
玉米×大豆间作对照	3.46±0.21a	6.18±0.32b	73.93±0.35c

注：小写字母表示单因素方差分析有显著差异（$P<0.05$）。

表 5.6　大豆营养品质指标

种植方式	脂肪	蛋白质	碳水化合物
接菌	13.07±0.47b	39.03±1.85a	39.40±0.75ab
对照	12.50±0.62b	39.73±0.40a	38.73±1.13ab
玉米×大豆间作接菌	12.93±0.32b	37.17±3.00b	40.77±1.61a
玉米×大豆间作对照	16.07±0.20a	35.47±0.49b	39.33±1.02ab

注：小写字母表示单因素方差分析有显著差异（$P<0.05$）。

5.4　排土场不同模式土地利用效率评价

5.4.1　玉米种植区域质量评价

将从不同植物类型进行分类，农作物生物性状指标有玉米株高（X1）、SPAD 值（X2）、产量（X3）、净光合速率（X4），土壤理化性质指标有 pH（X5）、电导率（X6）、有机质含量（X7）、速效磷含量（X8）、速效钾含量（X9）、磷酸酶含量（X10）、易提取球囊酶素含量（X11）、氨态氮（X12）、硝态氮（X13）。通过对玉米各因子进行分析（表 5.7），前 6 个主成分的累积贡献率为 85.44%，高于 85%，所以可选取前 6 个主成分代表原有 13 个成分进行分析。

表 5.7　玉米种植区域各主成分累积贡献率

参数	PC1	PC2	PC3	PC4	PC5	PC6
特征值	3.06	2.64	2.15	1.51	1.02	0.72
解释比例	0.24	0.20	0.17	0.12	0.08	0.06
积累解释比例	0.24	0.44	0.60	0.72	0.80	0.85

在玉米种植区域的第一主成分中，SPAD 值（X2）、pH（X5）、速效磷含量（X8）、速效钾含量（X9）载荷量较大；在第二主成分中，产量（X3）、易提取球囊酶素含量（X11）、氨态氮含量（X12）载荷量较大（表 5.8）；电导率（X6）、硝态氮（X13）在第三主成分中

载荷量最大。在第四主成分中，净光合速率（X4）载荷量较大；株高（X1）在第五、六主成分中载荷量最大（表 5.8）。主成分分析说明，在玉米种植区域中，株高（X1）、SPAD 值（X2）、产量（X3）、pH（X6）、速效磷含量（X11）、速效钾含量（X11）、氨态氮含量（X12）、硝态氮（X13）对该区域的生态有较大影响。

表 5.8 玉米种植区各指标因子载荷量

性状指标	PC1	PC2	PC3	PC4	PC5	PC6
X1	0.15	0.26	0.39	-0.64	0.97	-0.56
X2	0.84	0.30	0.19	-0.57	-0.28	0.56
X3	0.54	0.95	0.01	0.66	0.07	0.22
X4	0.24	-0.37	0.72	-0.88	0.03	0.35
X5	-0.91	-0.10	0.69	0.27	-0.55	-0.42
X6	-0.14	-0.73	1.03	0.33	0.19	0.35
X7	0.90	-0.82	0.13	0.43	0.24	-0.07
X8	1.10	0.61	0.15	0.12	-0.27	-0.24
X9	1.12	-0.17	0.15	0.55	0.27	-0.12
X10	0.83	-0.34	0.45	-0.41	-0.69	-0.51
X11	0.32	-1.22	-0.17	0.27	-0.04	0.00
X12	-0.15	-0.92	-0.62	-0.12	0.04	0.02
X13	0.41	-0.28	-1.18	-0.39	-0.11	-0.08

通过各指标的因子载荷量计算出权重，将各指标的权重和标准值加权，计算得到排土场土壤综合质量评价（表 5.9）。可知，玉米种植区域综合质量评价值排序为接菌＋绿肥＋风化煤（间作）＞接菌＋绿肥＞接菌＋绿肥＋风化煤＞对照＞绿肥＞对照（间作）＞绿肥（间作）＞接菌（间作）＞绿肥＋风化煤（间作）＞接菌＋绿肥（间作）处理（表 5.9）。表明间作与接菌＋绿肥＋风化煤结合的种植方式有利于提高大豆种植区域的生态综合质量，是适宜在该地种植的模式。

表 5.9 玉米种植区域综合质量评价及排序

种植方式	综合质量评价值	排序
对照	0.88	5
接菌	0.60	16
绿肥	0.87	6
接菌＋绿肥	0.94	2
绿肥＋风化煤	0.62	15
接菌＋绿肥＋风化煤	0.88	4
对照（间作）	0.83	8

续表

种植方式	综合排序值	排序
接菌（间作）	0.66	13
绿肥（间作）	0.75	11
接菌＋绿肥（间作）	0.56	18
绿肥＋风化煤（间作）	0.63	14
接菌＋绿肥＋风化煤（间作）	1.12	1

5.4.2 大豆种植区域质量评价

选择农作物生物性状指标有大豆株高（X1）、SPAD 值（X2）、产量（X3）和净光合速率（X4），土壤理化性质指标有 pH（X5）、电导率（X6）、有机质含量（X7）、速效磷含量（X8）、速效钾含量（X9）、磷酸酶含量（X10）、易提取球囊酶素含量（X11）、氨态氮（X12）和硝态氮（X13）。通过对玉米各因子进行分析（表 5.10），前 6 个主成分的累积贡献率为 85.44%，高于 85%，所以可选取前 6 个主成分代表原有 13 个成分进行分析。

表 5.10　大豆种植区域各主成分累积贡献率

参数	PC1	PC2	PC3	PC4	PC5	PC6
特征值	3.59	2.54	1.67	1.16	1.04	0.97
解释比例	0.28	0.20	0.13	0.09	0.08	0.08
积累解释比例	0.28	0.47	0.60	0.69	0.77	0.86

在大豆种植区域的第一主成分中，大豆株高（X1）、pH（X6）、有机质含量（X7）、硝态氮含量（X13）载荷量较大；在第二主成分中，速效磷含量（X8）、磷酸酶含量（X10）载荷量较大；产量（X3）在第一主成分中载荷量最大；在第四主成分中，易提取球囊酶素含量（X11）载荷量较大；净光合速率（X4）、SPAD 值（X2）在第五、六主成分中载荷量最大（表 5.11）。主成分分析说明，在大豆种植区域中，株高（X1）、SPAD 值（X2）、产量（X3）、pH 值（X6）、有机质含量（X7）、速效磷含量（X8）、易提取球囊酶素含量（X11）、硝态氮（X13）对该区域的生态有较大影响。

表 5.11　大豆种植区各指标因子载荷量

性状指标	PC1	PC2	PC3	PC4	PC5	PC6
X1	1.14	−0.38	0.22	−0.14	0.21	−0.43
X2	0.20	−0.49	0.45	0.63	0.24	−0.91
X3	0.78	−0.02	−0.77	0.50	−0.53	0.32
X4	0.10	−0.56	0.64	−0.34	−0.96	−0.26
X5	0.71	0.36	0.65	0.71	−0.38	0.31
X6	−1.28	0.04	0.28	0.12	−0.22	0.01

续表

性状指标	PC1	PC2	PC3	PC4	PC5	PC6
X7	−1.09	−0.37	−0.13	0.22	0.37	0.05
X8	0.31	−1.12	0.19	0.10	−0.03	0.49
X9	−0.54	−0.94	0.07	0.22	0.00	0.33
X10	0.19	−1.19	0.24	−0.31	0.29	0.28
X11	−0.25	−0.53	−0.70	0.79	−0.05	−0.24
X12	0.59	0.46	0.73	0.37	0.59	0.45
X13	1.06	−0.32	−0.69	−0.29	0.19	−0.06

通过各指标的因子载荷量计算出权重，将各指标的权重和标准值加权，计算得到排土场土壤综合质量评价值，见表 5.12。由表 5.12 可知，大豆种植区域综合质量评价值排序为接菌＋绿肥＋风化煤（间作）＞对照（间作）＞接菌＞对照＞接菌（间作）＞绿肥（间作）＞接菌＋绿肥＋风化煤＞绿肥＞接菌＋绿肥（间作）＞接菌＋绿肥＞绿肥＋风化煤（间作）处理。表明间作与接菌＋绿肥＋风化煤结合的种植方式有利于提高大豆种植区域的生态综合质量，是适宜在该地种植的模式。

表 5.12　大豆种植区域综合质量评价及排序

种植方式	综合质量评价值	排序
对照	0.83	8
接菌	0.90	4
绿肥	0.61	15
接菌＋绿肥	0.57	17
绿肥＋风化煤	0.88	6
接菌＋绿肥＋风化煤	0.73	13
对照（间作）	0.90	3
接菌（间作）	0.83	9
绿肥（间作）	0.75	12
接菌＋绿肥（间作）	0.60	16
绿肥＋风化煤（间作）	0.48	18
接菌＋绿肥＋风化煤（间作）	1.02	1

5.4.3　菌肥组合与种植模式下各因子间的相关性

间作、AMF、绿肥、风化煤均与土壤因子、玉米产量、光合生长指标密切相关（P＜0.05），间作处理能显著影响土壤电导率、pH、磷酸酶、有机碳、速效 N、P、K 和玉米生物量、SPAD 值及各项光合参数（图 5.11）。AMF 显著影响了土壤磷酸酶、有机碳和玉米蒸腾速率以及产量（$P<0.05$）。绿肥能显著影响土壤的电导率、铵氮、硝氮含量及玉米 SPAD 值和水分利用率（$P<0.05$）。风化煤显著影响了土壤的电导率、有机碳、铵氮、硝氮、球囊霉素、玉米 SPAD 值和各项光合参数及产量（$P<0.05$）。玉米产量与土壤球囊霉素、有机碳和磷酸酶呈显著正相关；单株净籽粒重与脲酶、速效钾呈显著正相关；生物量与有机碳、速效磷呈显著正相关；净光合速率与有机碳、速效磷、球囊霉素及 pH 呈显著正相关（$P<0.05$）。由此可得，间作处理与土壤养分含量、植物生长密切相关，绿肥提高了土壤速效氮含量，而 AMF 与风化煤提高了土壤有机碳含量和作物产量。各处理通过与土壤因子的相互作用直接或间接影响了作物的生长和产量。

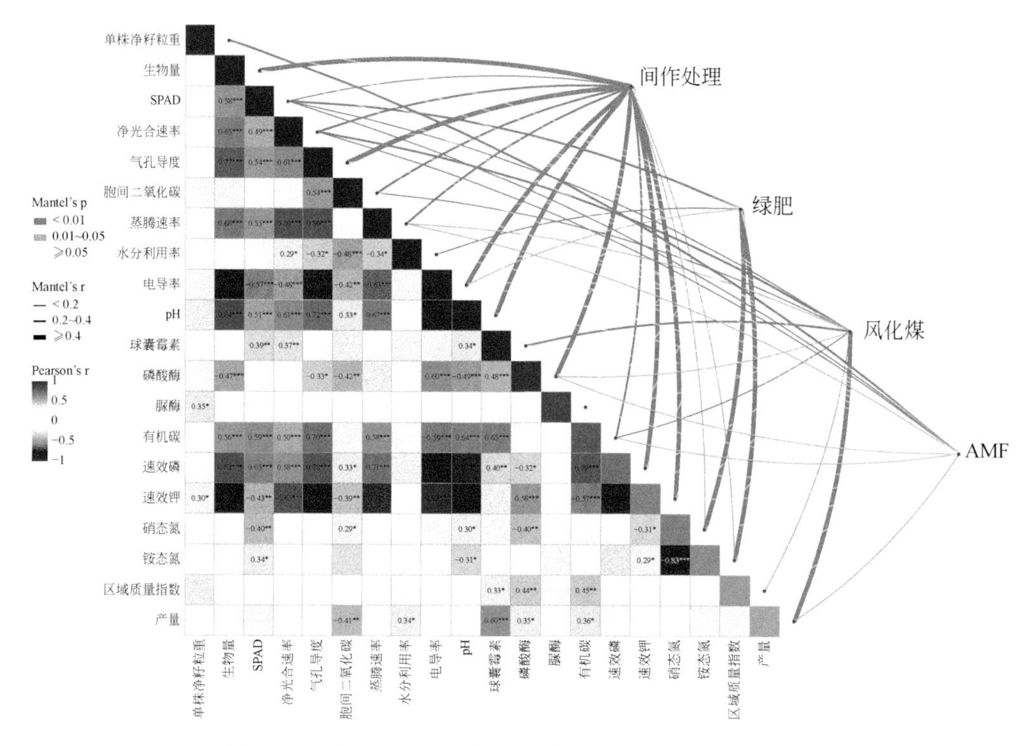

图 5.11　不同处理下玉米生理指标与土壤因子相关性分析

间作、AMF、绿肥、风化煤均与土壤因子、大豆产量、光合生长指标密切相关（$P<0.05$），间作处理能显著影响土壤球囊霉素、脲酶、磷酸酶、速效磷、铵态氮、大豆豆荚数、单株净籽粒重、生物量、SPAD 值、光合参数以及产量（$P<0.05$）（图 5.12）。AMF 显著影响了土壤脲酶、有机碳、球囊霉素、大豆豆荚数、单株净籽粒重、生物量、光合参数以及产量（$P<0.05$）。绿肥能显著影响土壤电导率、pH、速效氮、大豆光合参数及区域质量指数（$P<0.05$）。风化煤显著影响了土壤球囊霉素、磷酸酶、有机碳、速效磷、速效钾和大豆豆荚数及区域质量指数（$P<0.05$）。大豆产量与土壤球囊霉素、脲酶和铵氮呈显著正相关；单株净籽粒重与有机碳、球囊霉素呈显著正相关；生物量与球囊霉素呈显著正相关；净光合速率与硝态氮、pH、电导率呈显著正相关（$P<0.05$）。在大豆中，间作处理与 AMF 均显著影响了大豆产量，而风化煤和绿肥与土壤养分相关性较强，并且大豆单株净籽粒重

与产量均与球囊霉素呈显著正相关，也反映了AMF对大豆产量具有较强的促进作用。

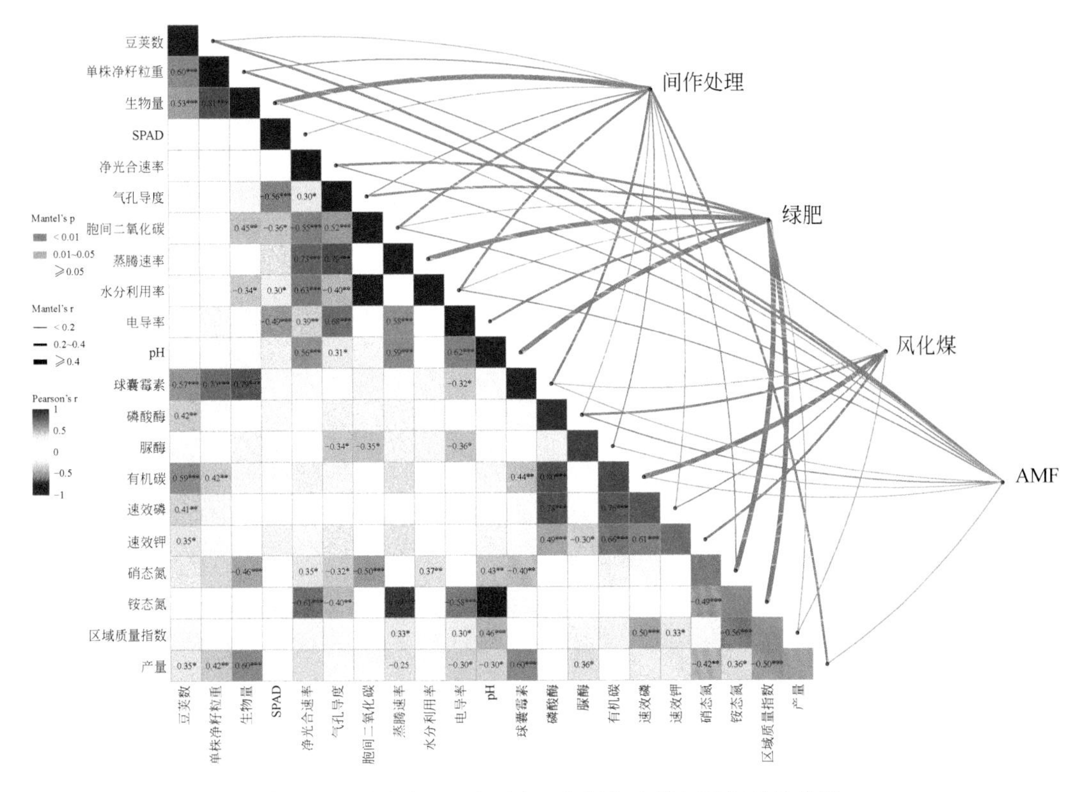

图5.12 不同处理下大豆生理指标与土壤因子相关性分析

相关性分析无法量化各因子对作物生长和产量的主导作用，因此对菌肥组合处理和间作处理与AMF、绿肥及风化煤对作物产量和生长的作用进行方差分解分析（variance partitioning aralysis，VPA）（图5.13），菌肥组合对玉米生长和产量的解释率分别为6%和18%，间作处理对玉米生长和产量的解释率分别为67%和2%。根据解释率数据可以看出，对于玉米生长的变化来说，间作处理的影响占主导作用；玉米产量的变化则是以菌肥组合的影响为主。

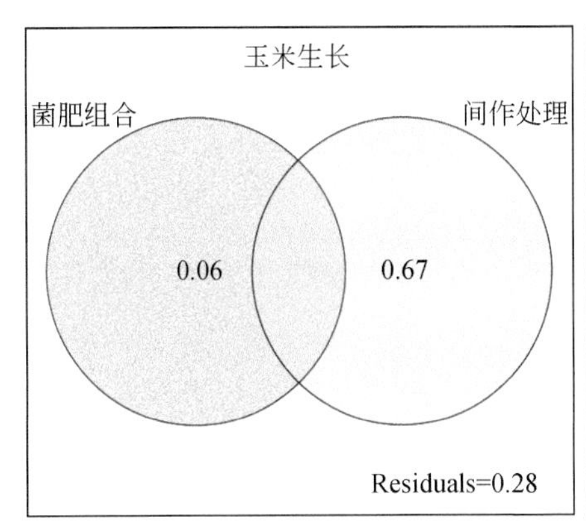

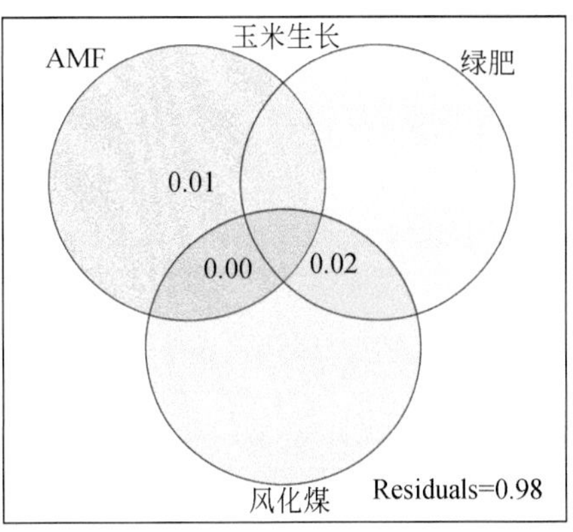

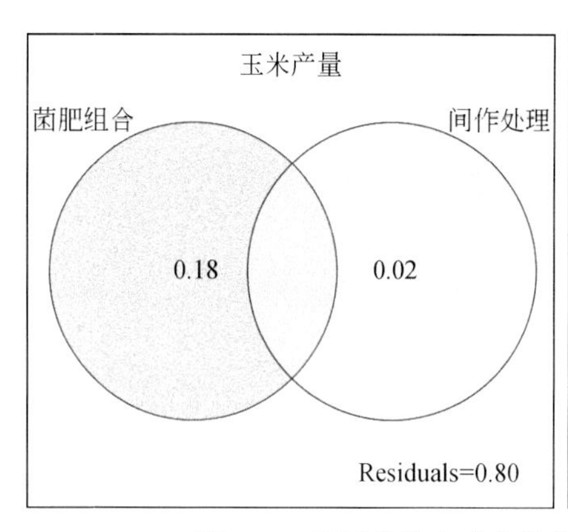

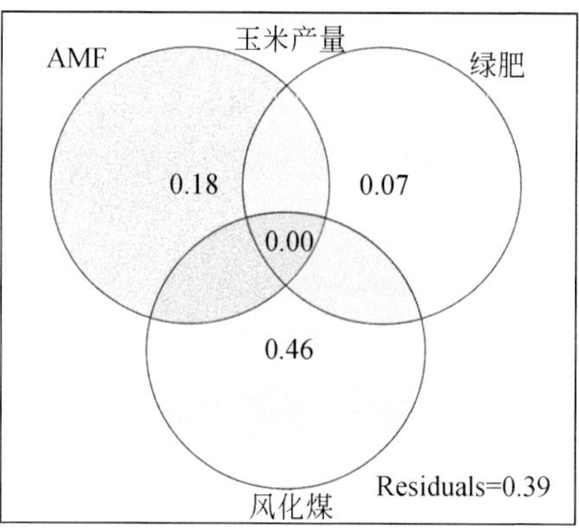

图 5.13　不同种植方式和接菌处理下玉米指标的分解分析

对三种肥料的影响进行方差分解可得，三种肥料对玉米生长的影响均较低，对玉米产量上三种肥料的解释率分别为 AMF18%、绿肥 7%及风化煤 46%，可知在玉米产量变化上风化煤占主导因素。因此，排土场生境下种植玉米时加入风化煤以及 AMF，可能会对玉米产量具有积极的提升作用。

菌肥组合对大豆生长和产量的解释率分别为 11%和 18%，间作处理对大豆生长和产量的解释率分别为 32%和 2%（图 5.14）。根据解释率数据可以看出，对于大豆生长的变化来

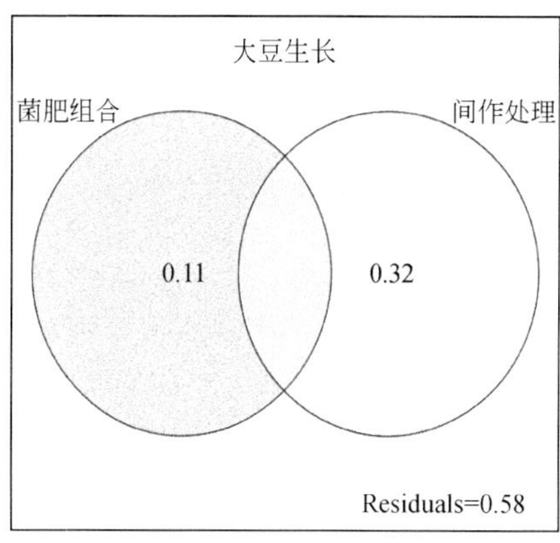

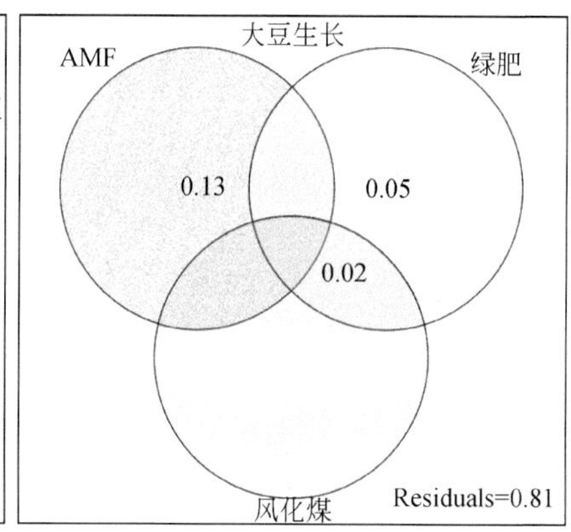

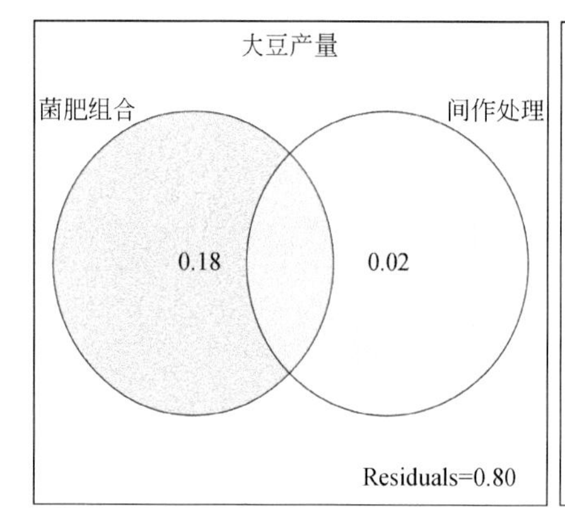

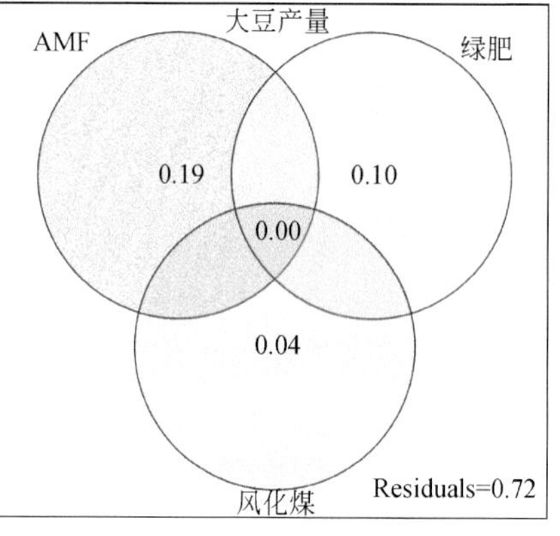

图 5.14　不同种植方式和接菌处理下大豆指标的分解分析

说，间作处理的影响占主导作用；大豆产量的变化则是以菌肥组合的影响为主。对三种肥料的影响进行方差分解可得，三种肥料对大豆生长的影响分别为 AMF13%、绿肥 5%、风化煤影响极低，对大豆产量上三种肥料的解释率分别为 AMF19%、绿肥 10%及风化煤 4%。因此，AMF 在大豆生长及产量上均呈现主导作用，施用 AMF 对大豆产量具有积极的提升作用。

5.4.4 排土场接菌与其他修复措施联合对农田土壤提质影响

接种 AMF 极大促进了农作物产量的提升，其中接菌＋绿肥＋风化煤处理的生态效果尤为显著。施用 AMF 菌剂的田间研究表明，AMF 能够将农作物的产量平均提高 16%[131]。AMF 能在减少化肥使用的同时，降低作物产量受损的风险[132, 133]。但田间接种 AMF 的生态效应也可能是非正向的，Faye 等[134]的研究表明，在大豆中接种 AMF 可增强大豆根系结瘤，但对籽粒产量无显著影响。Wang 等[135]研究表明，在 N 限制性土壤中，接种 AMF 减少了植物对 N 的吸收，影响了植物健康。不同生境条件下，接种 AMF 对作物生长的抑制作用可能与植物-AMF 之间的供求平衡有关，即植物的碳成本超过从 AMF 共生获取的营养效益，导致成本效益比增加[136-138]，这种现象也可以用贸易平衡模型进行解释。贸易平衡模型表明，土地管理制度，特别是施肥（土壤 N 和 P 的养分有效性），是决定植物从 AMF 定殖中受益程度的决定因素[139]。有研究发现，与对照植物相比，接种 AMF 能够促进植物在贫磷土壤中生长[140, 141]，与本研究结论一致。在高营养条件下，AMF 对宿主的净收益变低并使得植物的成本升高，AMF 接种对作物无显著促生作用[142, 143]。在本研究中，接种 AMF 对作物生长呈现显著的正向效应，但其与施肥量、种植模式之间如何达到最佳的供求平衡，使植物产量和品质改善效益最大化，仍需要进一步探究。

与单作模式相比，生态位互补和种间促进效应可以解释间作模式在高产方面的优势[144]；间作模式中的不同作物能对不同空间和时间的土壤资源充分利用，形成互补效应[145]；种间促进效应可能是由于间作系统中作物的养分转移或作物根系招募有益土壤微生物激发了土壤活力[146]。边界行效应同样是间作模式下产量优势的主要原因，一方面，边界行能够使不同作物获取更多光源；另一方面，不同类型的作物根系（如直根系与须根系）能够形成根区空间生态位的分化，减少作物的种间竞争[147]。对不同谷类和豆类作物的研究表明，玉米和大豆是间作条件下的最佳伙伴，两种作物具有生态互补的优势[148]。玉米和大豆分别是耗氮的 C4 作物和固氮的 C3 作物，其播种季节相同，适合机械化种植与收获[149]。玉米和大豆间作时，植株呈高矮交错，有利于提高光利用率[150]。农业系统的类型和管理模式能够影响 AMF 的接种效果[151]。本研究中，间作模式提高了土地当量比，同时，接种 AMF 增加了玉米在间作系统中的优势。

绿肥可以激活并增加土壤有效养分浓度[152]，改善土壤肥力，对作物产量的提高十分有益[153]。风化煤中含有大量的腐殖酸，可以显著提高土壤的有机质含量，以及土壤的持水能力，增加土壤作物对养分的吸收；风化煤疏松多孔的结构不仅能与土壤微量元素（Cu、Zn、Fe、Mn 等）结合并促进植物的营养吸收，而且能减少化肥和土壤中一些化学物质导致的负面影响。在本研究中，施用绿肥和风化煤能有效改善土壤养分，尤其是风化煤的加入显著提高了土壤酶活性，对植物生长和产量提升具有显著的促进作用。Li 等[154]研究表明，风化煤能显著提高露天煤矿复垦区土壤的阳离子交换量和土壤酶活性，与本研究结果一致。同时，接种 AMF 与绿肥和风化煤具有良好的契合度，AMF＋绿肥＋风化煤的菌肥组合促进了不同种植模式下植物生长和土壤养分累积，因此，AMF-绿肥-风化煤间的作用机制也值得深入研究。

5.5　本 章 小 结

露天排土场生态重建，优选 AMF 作为生物肥料，组合不同作物种植模式与菌肥，取得以下主要结论。

（1）接种 AMF 和有机培肥处理均显著提高了土壤酶活性，增加土壤养分累积，提高了作物在不同生长阶段的净光合速率和生物量。与单作模式相比，玉米和大豆的间作模式能够有效利用土壤资源、提高土壤肥力、显著提高土地当量比和土地利用效率、促进作物生长和产量的提升。

（2）在相同种植模式下，接菌能显著提高农作物的蛋白质、脂肪和碳水化合物品质；接菌处理不同种植模式下，间作能有效改善农作物的脂肪含量。与间作处理相比，菌肥组合对玉米、大豆产量的解释量均为 18%，并占主导作用。在菌肥组合中，接菌、风化煤分别对大豆、玉米产量有显著促进，接菌对大豆产量的解释量为 13%，风化煤对玉米产量的解释率为 46%。

（3）对综合产量、土壤、品质因素进行区域质量评价，接菌＋绿肥＋风化煤结合玉米-大豆间作的组合，是适宜该排土场生境农业复垦的最佳模式。

6 露天排土场接菌对生态经济林重建生态效应

在全球范围内，各国对矿区生态环境的恢复与治理越来越重视，大规模煤矿开采对生态环境造成了极大的破坏[155]。近年来，国家颁布相关法律法规，为我国很多废弃矿山的保护与生态治理提供了可靠依据[156]。随着土地复垦和生态重建工作的宣传与实施范围的扩大，以及科学技术的发展，新型的技术方法不断地被应用到实践中，逐渐形成了“采-运-排-复”一条龙作业的复垦工艺与方法，在很多露天矿区的土地复垦与生态重建中都得以应用[157]。我国露天煤矿大多处于西北干旱半干旱地区，生态环境较为脆弱，水土流失严重，生态环境恶劣[158]。近年来，菌根等微生物被应用到矿区土地复垦中的成效显著，主要是对重建植被接种菌根真菌，提高植物对水分和养分的利用效率，促进植物生长发育。有研究表明，接种丛枝菌根真菌的植被可以更好地对矿区重构土壤进行改良[109]。因此，微生物修复技术已被广泛应用到矿区生态修复中。在干旱半干旱地区，水分是制约植物生长的主要因素，在长期干旱的环境中，植物生存必须具备特定的水分利用模式，以适应这种长期的干旱胁迫[159]。因此许多学者对干旱半干旱地区植物的水分来源进行了研究，张细林通过对库布齐沙漠四种固沙植物的水分利用来源、比例、吸水深度及其对降水变化的响应进行研究，发现了固沙植物水分利用特征、不同类型固沙植物优化配置技术及固沙植物适应干旱环境的策略[160]。

排土场土壤结构经过露天开采剥离破坏-表土堆放重构以及表土严重压实后，其土壤孔隙度、土壤容重、土壤团聚体等物理性状均发生明显改变，会影响排土场上降水、地表水、土壤水和地下水相互转化的过程，进而影响地表径流及土壤侵蚀。在干旱半干旱地区，降水未被充分利用，想要矿区生态重建很难。微生物复垦技术在逆境下促进植被生长发育已取得了巨大的进展，植物根系形态也被丛枝菌根真菌改变。因此，利用微生物复垦技术，监测接菌对植物生长与水分利用，揭示丛枝菌根真菌对土壤优先流发育的积极影响，实现微生物对重建生态演变的可持续发展目标。

6.1 露天排土场接菌对重建生态经济林设计

排土场经过人工平整，种植沙棘、紫穗槐和柠条三种经济树，采用接菌和施肥处理，接菌处理包括对照和接菌等两种，施肥处理包括对照、绿肥和绿肥＋风化煤等三种。共设计 3×3×2=18 个完全正交组合小区（图 6.1）。

施工设计：每个小区面积为 44×34=1496m^2，为了便于区分小区，将小区边界与外围间隔 2m，实际有效种植面积为 40×30=1200m^2，沙棘行间距为 2m，株距为 2m，共 16 行，每行 21 株，每个小区种植 336 株，其他五个沙棘种植小区设置同样种植规格。因此，单作沙棘共 336×6=2016 株。为了区分各个小区，每个小区边界采用 1.5m 樟子松分割，樟子松株距为 2m，每个小区共 74 株樟子松，共需樟子松 1332 株（图 6.2）。

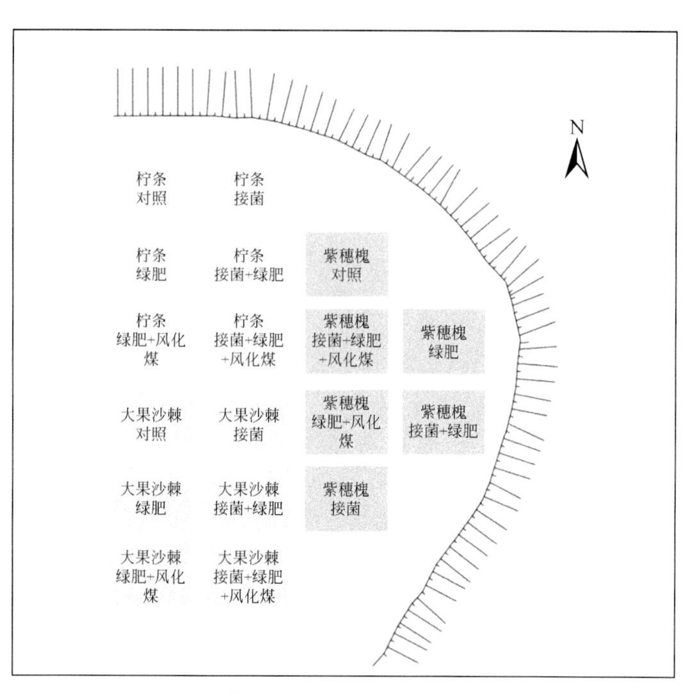

图 6.1　排土场生态经济林种植示意图

图 6.2　排土场生态经济林示范区

施肥方法：植物定植后按照处理穴施菌剂和风化煤，将绿肥均匀撒播到植物所在小区范围内土壤。接菌的菌剂为丛枝菌根真菌中的摩西管柄囊霉（*Funneliformis mosseae*，F.m），由中国矿业大学（北京）微生物复垦实验室进行培养扩繁，将接菌菌剂直接施加在植物根部，每株植物施加 50g；风化煤直接取自黑岱沟露天煤矿，经过粉碎之后施加在植物根部，每株施加 100g；绿肥选取紫花苜蓿，前期在植物周围撒播紫花苜蓿槽子，撒播量为 $6g/m^2$，待 45 天后进行翻压。

6.2 露天排土场接菌对植物生长影响

6.2.1 露天排土场接菌对植物生长促进作用

6 种不同复垦措施下的紫穗槐的株高、冠幅存在差异，接菌紫穗槐植物株高最大，相比对照、绿肥、接菌＋绿肥、绿肥＋风化煤、接菌＋绿肥＋风化煤样地，紫穗槐分别提高了 5.7%、20.2%、19.4%、14.5%、13.7%。分析紫穗槐的株高、冠幅，发现所有接菌处理均高于对应的不接菌处理（图 6.3）。其中，接菌处理下的紫穗槐株高、冠幅是最优的，说明菌根对植物生长具有积极的促进作用，可以提高植物的抗逆性，促进植物对养分和水分的吸收，以及促进植物生长。而排土场施加的绿肥是紫花苜蓿，生长旺盛，且与紫穗槐生长形成竞争关系，不利于紫穗槐的生长。而添加风化煤的处理对排土场紫穗槐生长也无显著促进作用，绿肥＋风化煤混合处理效果同样对紫穗槐促进作用不明显。

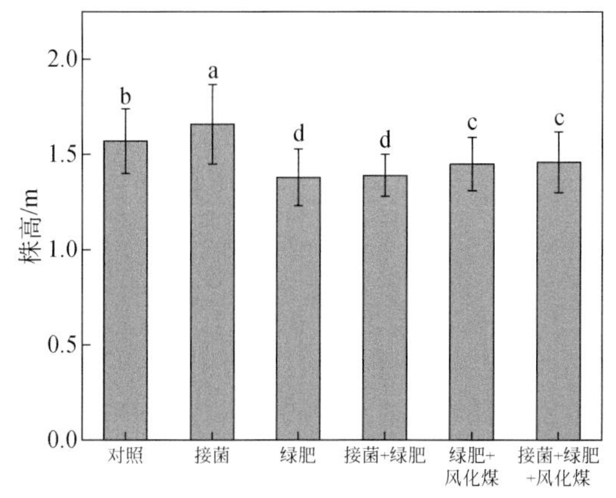

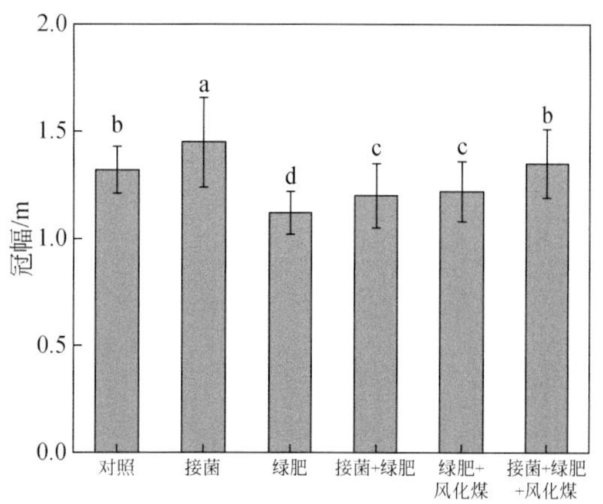

图 6.3 不同样地植物株高和冠幅

如表 6.1 所示，6 种不同复垦处理对紫穗槐全碳大小影响为：接菌＞对照＞接菌＋绿肥＋风化煤＞绿肥＋风化煤＞接菌＋绿肥＞绿肥；对紫穗槐全氮大小影响为：绿肥＞接菌＋绿肥＞接菌＞接菌＋绿肥＋风化煤＞绿肥＋风化煤＞对照。接菌区的紫穗槐侵染率最高，并高于接菌＋绿肥及接菌＋绿肥＋风化煤处理，添加绿肥和风化煤处理会降低紫穗槐侵染率。

表 6.1 示范区不同样地植物生化指标

样地	C/%	N/%	C/N	侵染率/%
对照	37.95	1.87	20.24	12.8
接菌	38.12	2.52	15.30	36.5
绿肥	36.77	2.68	13.72	15.4
接菌＋绿肥	36.84	2.62	14.04	29.7
绿肥＋风化煤	37.72	1.97	19.13	14.5
接菌＋绿肥＋风化煤	37.85	2.20	17.18	27.1

不同复垦措施紫穗槐光合指标差异显著（图 6.4），紫穗槐的光合速率、蒸腾速率、气孔导度和胞间 CO_2 浓度的范围分别是 3.42～11.48μmol $CO_2 \cdot m^{-2} \cdot s^{-1}$、0.09～1.9mmol $H_2O \cdot m^{-2} \cdot s^{-1}$、396.15～398.79mol $H_2O \cdot m^{-2} \cdot s^{-1}$ 和 170.94～361.41μmol $CO_2 \cdot mol^{-1}$。接菌及接菌＋绿肥＋风化煤样地的紫穗槐光合速率最大，对照样地最低。接菌样地的紫穗槐蒸腾速率最高，显著高于绿肥＋风化煤样地。6 种不同复垦措施下紫穗槐的气孔导度无明显差异。胞间 CO_2 浓度则是对照样地最高，显著高于其他样地，接菌＋绿肥样地最低。

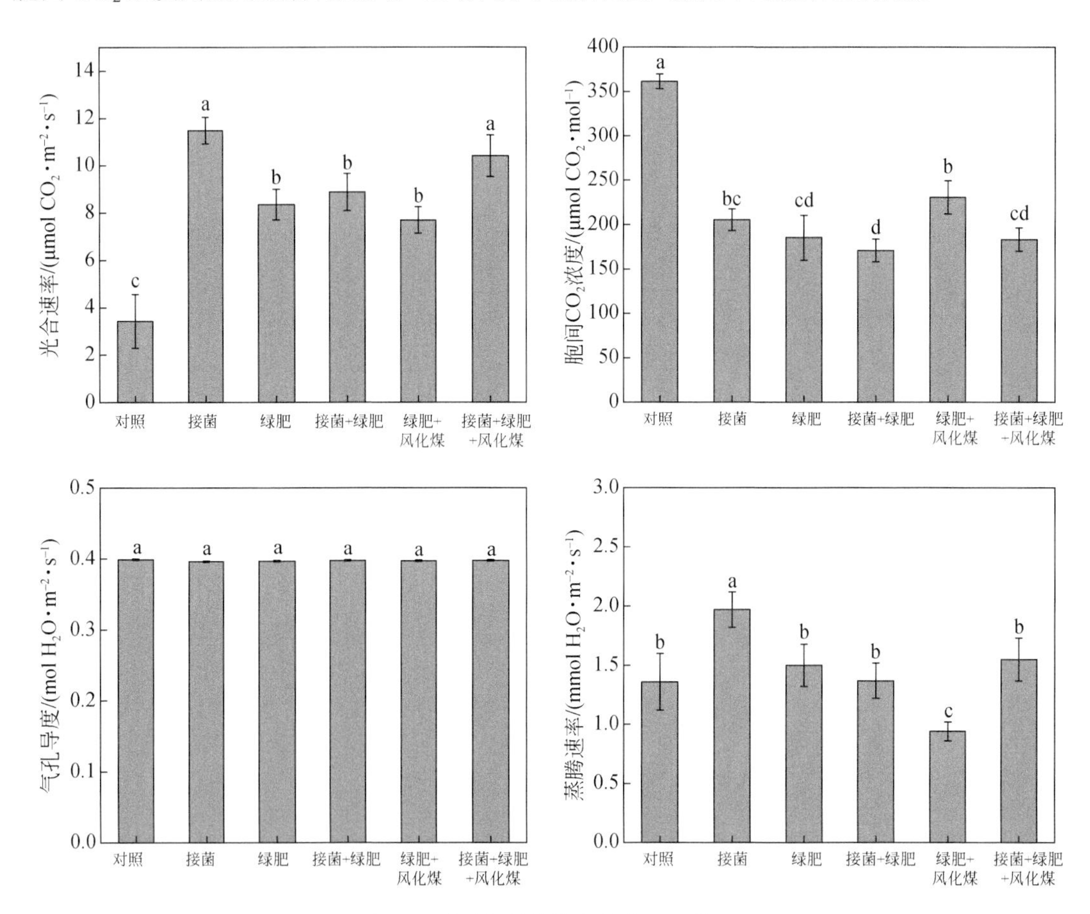

图 6.4　不同复垦措施紫穗槐光合特征

不同字母表示 0.05 水平上差异显著，下同

6.2.2　排土场接菌对重建植物根系发育影响

对排土场 6 种不同复垦措施下紫穗槐根系发育及分布规律进行分析，如表 6.2 所示，在 0～10cm 土层，6 种不同复垦措施根干重密度（root mass density，RMD）均较低且差异并不显著。在整个 0～100cm 土层深度内，接菌、绿肥＋风化煤措施在 0～10cm 土层 RMD 最高；在 10～30cm 土层，接菌、绿肥＋风化煤处理 RMD 逐渐降低，对照、绿肥、接菌＋绿肥、接菌＋绿肥＋风化煤 RMD 最高，对照和接菌＋绿肥措施 RMD 显著高于其他处理，10～30cm 深度内植物 RMD 大小为接菌＋绿肥＞对照＞接菌＋绿肥＋风化煤＞绿肥＞绿肥＋

风化煤>接菌；在 30～60cm 土层，接菌+绿肥和绿肥+风化煤处理 RMD 在 50cm 土层较高，显著高于其他处理；在 60～100cm 土层，6 种措施紫穗槐 RMD 均较低，且差异不显著，接菌措施在 70cm 土层深度 RMD 显著高于其他措施。

表 6.2 不同复垦措施下紫穗槐根干重密度

土层深度/cm	对照	接菌	绿肥	接菌+绿肥	绿肥+风化煤	接菌+绿肥+风化煤
10	545.22 e	1894.27 b	859.87 d	1477.71 c	2220.38 a	875.16 d
20	5635.67 a	1450.22 c	2160.51 b	5954.14 a	1206.37 c	2391.08 b
30	95.54 d	45.86 d	233.12 c	1471.34 a	966.88 b	82.80 d
40	318.47 b	68.79 c	518.47 a	45.86 c	30.57 c	19.11 c
50	150.32 c	44.59 c	76.43 c	1500.83 a	1171.97 b	26.75 c
60	20.55 d	42.04 bc	34.39 cd	20.38 d	71.34 a	52.23 b
70	7.64 c	717.20 a	108.28 b	22.29 c	10.19 c	67.52 b
80	35.67 b	112.10 a	35.67 b	3.82 c	6.37 c	40.76 b
90	6.37 d	133.76 a	25.48 c	92.99 b	3.82 d	34.39 c
100	25.48 c	57.32 a	10.19 d	57.32 a	24.20 c	35.67 b

注：同行不同字母表示 0.05 水平上差异显著，下同。

在 0～20cm 土层，6 种不同复垦措施紫穗槐根长密度（root length density，RLD）在整个土层深度内均是较高的（表 6.3），接菌+绿肥和接菌+绿肥+风化煤处理下的 RLD 呈增加趋势，接菌、对照、绿肥+风化煤、绿肥处理下的 RLD 呈降低趋势；在 0～10cm 土层，接菌、接菌+绿肥+风化煤、对照样地的 RLD 显著高于接菌+绿肥、绿肥+风化煤、绿肥；在 10～20cm 土层，6 种不同复垦措施下的 RLD 大小为接菌+绿肥+风化煤>接菌+绿肥>接菌>对照>绿肥+风化煤>绿肥。在 30～100cm 土层，所有处理下的 RLD 均随土层深度的增加不断减小，且差异不显著。

表 6.3 不同复垦措施下不同深度紫穗槐根长密度

土层深度/cm	对照	接菌	绿肥	接菌+绿肥	绿肥+风化煤	接菌+绿肥+风化煤
10	4.68 b	5.56 a	1.23 d	2.43 c	1.96 de	5.49 a
20	2.39 c	2.92 c	1.21 d	5.10 b	1.33 d	6.64 a
30	1.09 b	0.67 d	1.36 a	1.11 b	1.12 b	1.43 a
40	1.20 b	1.04 b	0.54 c	0.38 c	1.71 a	0.18 d
50	0.58 d	0.74 c	0.39 e	0.59 d	0.95 b	1.37 a
60	0.05 d	0.62 b	0.23 c	0.24 c	1.14 a	0.32 c
70	0.38 b	0.62 a	0.40 b	0.29 c	0.23 d	0.64 a
80	0.32 a	0.77 a	0.20 b	0.07 c	0.07 c	0.15 b
90	0.04 b	0.54 a	0.10 b	0.11 b	0.03 b	0.10 b
100	0.18 c	0.39 a	0.05 d	0.17 c	0.10 d	0.32 b

注：同行不同字母表示 0.05 水平上差异显著。

如表 6.4 所示，在 0～10cm 土层，所有处理紫穗槐平均根直径（average root diameter，ARD）较低，且差异不显著，均在 0.5～0.8mm 之间；在 10～20cm 土层，所有处理下的 ARD 均较大，且显著高于其他土层，此土层 ARD 大小为接菌＋绿肥＋风化煤＞接菌＞接菌＋绿肥＞对照＞绿肥＋风化煤＞绿肥；在 20～30cm 土层，所有处理下的 ARD 呈下降趋势，且变化幅度较大；在 30～100cm 土层，所有处理下的 ARD 随土层深度增加均无显著变化，且均小于 1mm。在整个土层深度，所有处理下的 ARD 呈先增大后减小的趋势，在 10～20cm 土层最大。

表 6.4　不同复垦措施下不同深度紫穗槐平均根直径

土层深度/cm	对照	接菌	绿肥	接菌＋绿肥	绿肥＋风化煤	接菌＋绿肥＋风化煤
10	0.53 c	0.71 ab	0.64 bc	0.71 ab	0.79 a	0.70 ab
20	1.96 b	2.23 b	1.05 c	2.21 b	1.15 c	2.80 a
30	0.78 b	0.61 c	0.70 bc	1.30 a	0.59 c	0.57 c
40	0.54 c	0.73 a	0.51c	0.67 ab	0.62 bc	0.58 bc
50	0.58 b	0.77 a	0.53 b	0.56 b	0.74 a	0.61 b
60	0.54 b	0.45 bc	0.51 b	0.52 b	0.41 c	0.68 a
70	0.47 cd	0.56 bc	0.59 b	0.55 bc	0.44 d	0.76 a
80	0.40 b	0.53 a	0.59 a	0.42 b	0.59 a	0.55 a
90	0.51 cd	0.72 a	0.61 b	0.50 cd	0.45 d	0.58 bc
100	0.46 c	0.90 a	0.49 c	0.52 bc	0.33 d	0.62 b

注：同行不同字母表示 0.05 水平上差异显著。

排土场种不同复垦措施紫穗槐的根质量密度、根长密度、平均根直径均是在 10～30cm 处最高，说明紫穗槐根系主要分布在这一层。而部分处理紫穗槐根系在深层有明显提高，可能是因为紫穗槐本身的差异及接菌提高了紫穗槐根系的生长，这与殷齐琪对接种 AMF 对矿区排土场压实土壤柠条根系发育与养分吸收的研究结果相似[72]。

6.2.3　露天排土场接菌植物水分利用效率

对排土场 6 种不同复垦措施样地进行分板，发现在 0～30cm 土层，通过直观对比法对不同复垦措施紫穗槐根系对水源利用分析（图 6.5），土壤 δ^{18}O 随深度的增加呈降低的趋势；在 30～100cm 土层，土壤 δ^{18}O 随深度的增加呈交替变化的趋势。对照样地土壤 δ^{18}O 与植物 δ^{18}O 相交点在 30cm 土层左右，且 60cm 与 90cm 土层相靠近，植物主要利用 30cm 土层水分，对 60cm 与 90cm 土层水分利用也较高。接菌样地土壤 δ^{18}O 与植物 δ^{18}O 相交点在 30cm 土层附近，且与 50～70cm 土层相靠近，植物主要利用 30cm 土层水分，对 50～70cm 土层水分利用也较高。绿肥样地土壤 δ^{18}O 与植物 δ^{18}O 相交点在 25cm 土层附近，且与 80cm 土层相接近，植物主要利用 25cm 和 80cm 土层水分。接菌＋绿肥样地土壤 δ^{18}O 与植物 δ^{18}O 相交点在 20cm 土层附近，与深层水分距离较远，植物主要利用表层水分。绿肥＋风化煤样地土壤 δ^{18}O 与植物 δ^{18}O 相交点在 35cm 土层附近，且与 50cm 土层相靠近，植物主要利用 35cm 土层水分，对 50cm 土层水分利用也较高。接菌+绿肥+风化煤样地土壤 $\delta^{18}O$ 与植物 $\delta^{18}O$ 相交点在 25cm 土层附近，且与 70～80cm 土层相靠近，植物主要利用 25cm 土层水分，对 70～80cm 土层的水分利用也较高。

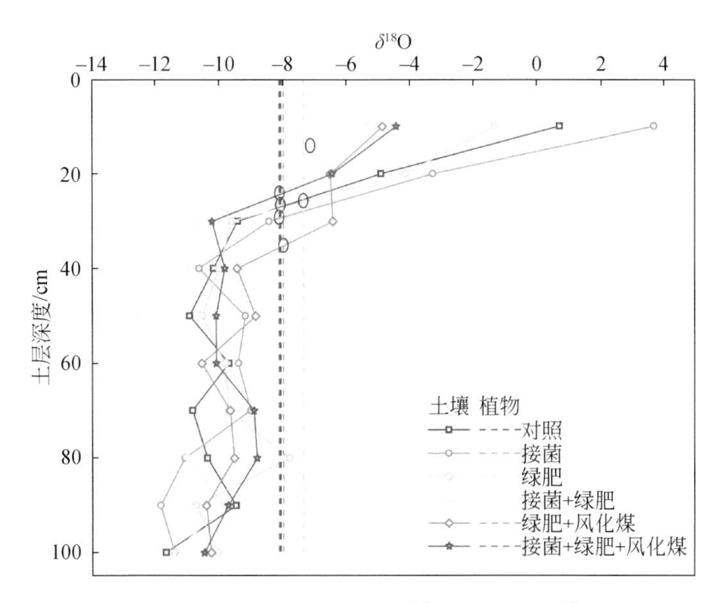

图 6.5 示范区不同样地土壤 $\delta^{18}O$ 值与植物 $\delta^{18}O$ 值

通过 MixSIAR 模型分析排土场 6 种不同复垦措施样地对各土层水分利用比例均有显著差异，如图 6.6 所示。对照样地紫穗槐对 0～40cm（表层）土层水分利用率为 37.5%，对 40～70cm（中间层）土层水分利用率为 32.7%，对 70～100cm（深层）土层水分利用率为 29.8%。接菌样地紫穗槐对土壤表层水分利用率为 35.6%，对中间层水分利用率为 33.1%，

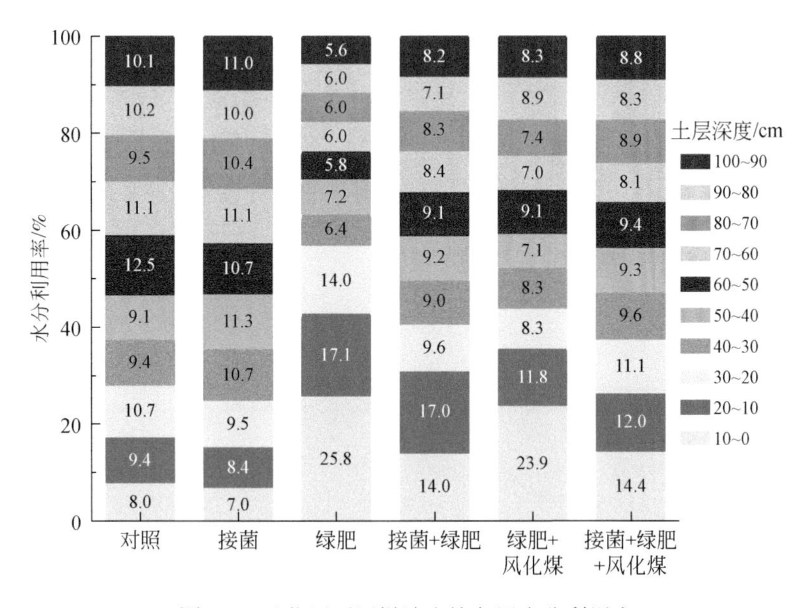

图 6.6 示范区不同样地土壤各层水分利用率

对深层水分利用率为 26%。接菌＋绿肥样地紫穗槐对土壤表层水分利用率为 49.6%，对中间层水分利用率为 26.7%，对深层水分利用率为 23.6%。绿肥样地紫穗槐对土壤表层水分利用率为 63.3%，对中间层水分利用率为 19.0%，对深层水分利用率为 17.6%。接菌＋绿肥＋风化煤样地紫穗槐对土壤表层水分利用率为 47.1%，对中间层水分利用率为 26.8%，对深层水分利用率为 26.0%。绿肥＋风化煤样地紫穗槐对土壤表层水分利用率为 52.3%，对中间层水分利用率为 23.2%，对深层水分利用率为 24.6%。

6.3　露天排土场接菌对复垦土壤性状影响

6.3.1　露天排土场接菌对复垦土壤物理性质影响

1. 接菌对复垦土壤含水性影响

通过对排土场 6 种不同复垦措施紫穗槐样地土壤理化性质进行分析，综合得出不同措施土壤恢复效益。如图 6.7 所示，在整个 0～100cm 土层深度范围内，所有样地的土壤含水率大致呈先增加后减小的趋势变化。整个排土场土壤含水率均值在 3%～9%之间，土壤含水率较低，植物生长在较干旱的土壤中。在整个土层深度内，接菌处理样地土壤在 60cm 处含水率最高，为 7.07%；对照处理样地土壤在 90cm 处含水率最高，为 7.54%；接菌＋绿肥＋风化煤处理样地在 80cm 处含水率最高，为 7.55%；绿肥＋风化煤处理样地在 40cm 处含水率最高，为 8.05%；接菌＋绿肥处理样地在 70cm 处含水率最高，为 7.24%，；绿肥处理样地在 70cm 处含水率最高，为 7.10%。所有复垦措施在土壤 0～20cm 土层含水率均较

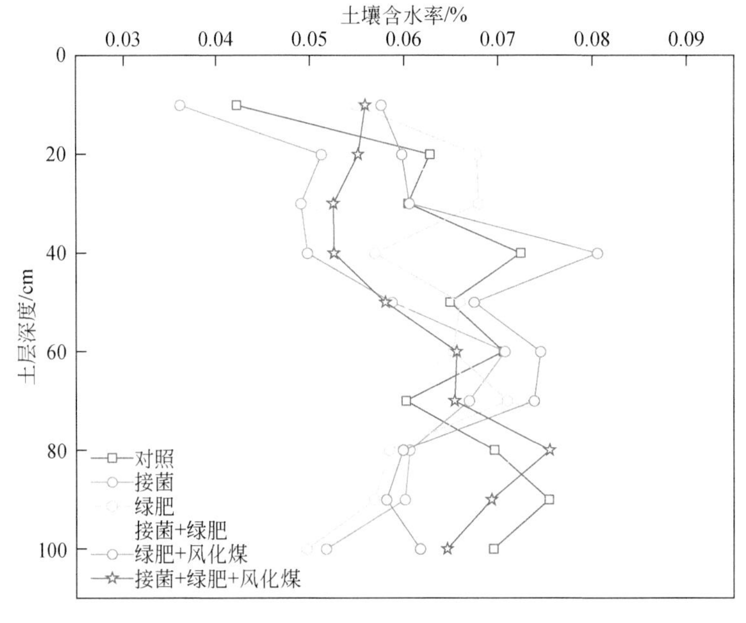

图 6.7　不同复垦措施下不同深度土壤含水率

低，在 40～70cm 土层含水率较高。排土场所有复垦措施样地的土壤表层含水率较低是因为降水较少，降水量低于蒸发量。而 30～50cm 土层土壤含水率较高是因为降水会通过表层入渗到此处，并且该土层蒸发量小，水分入渗在此处易被保存，为植物生长提供帮助。而深层含水率较低是因为排土场没有地下水的补充，同时降水也很难到达该区域，只能通过植物作用使其含有部分水分。

6 种不同复垦措施土壤饱和含水率存在显著差异（图 6.8），在 0～40cm 土层，土壤饱和含水率范围为 33.18%～61.00%。对照样地土壤饱和含水率最大，除绿肥样地外，其他 5 种复垦措施 0～20cm 土层土壤饱和含水率均高于 20～40cm 土层。

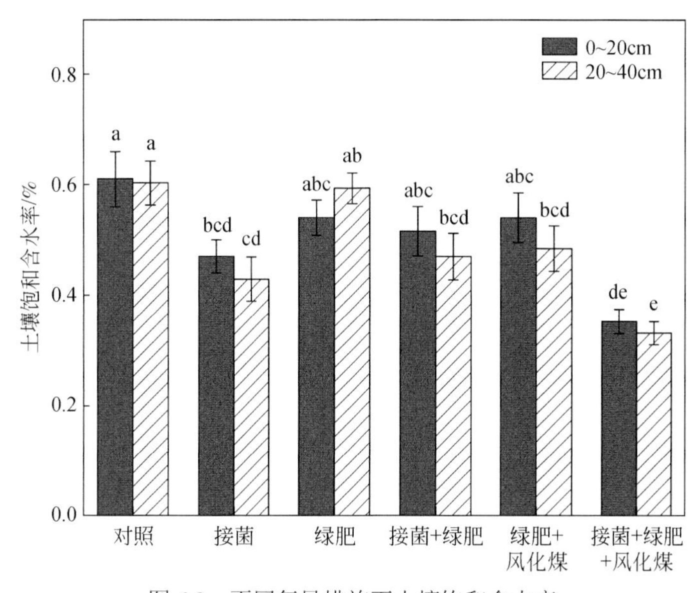

图 6.8　不同复垦措施下土壤饱和含水率

2. 接菌对复垦土壤容重和孔隙度影响

不同复垦措施下土壤容重和孔隙度产生了不同的变化（图 6.9），植被的恢复可以显著降低表层土壤容重，增加土壤孔隙度，改善土壤结构。各复垦措施表层土壤容重介于 1.01～1.41g/cm^3 之间，土壤孔隙度范围为 46%～61%。接菌＋绿肥＋风化煤样地土壤容重最大，比最小的对照样地增加了 35%，比接菌样地增加了 16%。接菌＋风化煤、接菌＋绿肥、绿肥三块样地土壤容重差异不大。不同复垦措施土壤孔隙度存在显著差异关系为接菌＋绿肥＋风化煤＜接菌＜接菌＋绿肥＜绿肥＜绿肥＋风化煤＜对照。接菌措施土壤表层容重均高于不接菌措施，说明接菌植物更有利于土壤的改良。

6.3.2　不同复垦措施土壤化学性质

1. 接菌对复垦土壤电导率影响

排土场 6 种不同复垦措施土壤电导率随土层深度的增加变化规律较复杂（图 6.10）。对照处理土壤电导率随土层深度的增加逐渐增大，且变化幅度较小，在 90cm 土层最大；接菌处理土壤电导率随土层深度的增加先增大后减小，在 50cm 土层最大；绿肥处理土壤电导率随土层深度的增加先增大后波动减小，在 40cm 土层最大；接菌＋绿肥处理土壤电导率随土层深度的增加变化幅度较小；绿肥＋风化煤处理土壤电导率随土层深度的增加呈先增大后减小又增大，在 50cm 土层最大；接菌＋绿肥＋风化煤处理土壤电导率随土层深度的增加呈先减小后增大的趋势，且变化幅度较小。

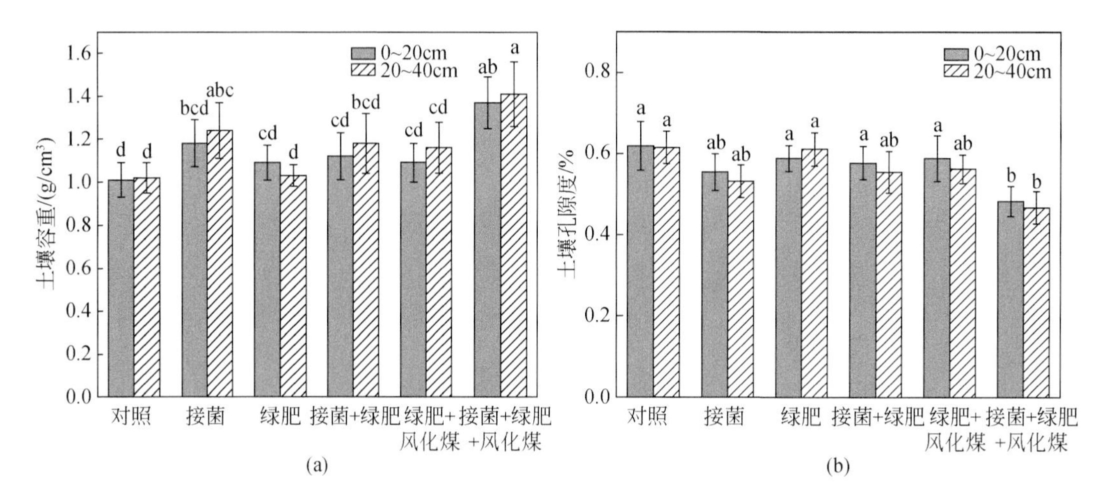

图 6.9　不同复垦措施下不同深度的土壤容重和孔隙度

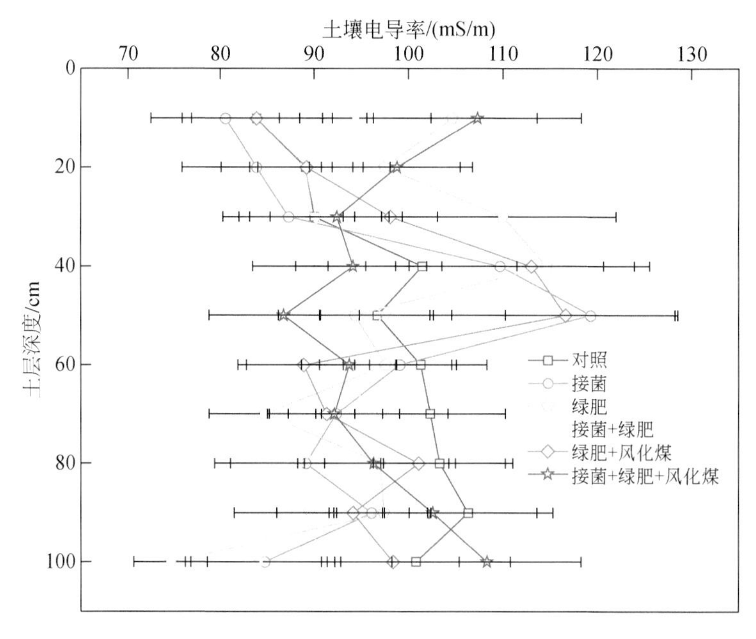

图 6.10　不同复垦措施下不同深度土壤电导率

2. 接菌对复垦土壤有机质影响

不同复垦样地土壤有机质随土层深度的变化如图 6.11 所示，在 0～40cm 土层土壤有机质较高，且随土层深度加深逐渐降低；在 40～100cm 土层土壤有机质变化幅度较小，且土壤有机质很低。在 0～40cm 土层接菌样地土壤有机质含量高于其他处理，接菌＋绿肥＋风化煤样地土壤有机质含量最低。0～20cm 土层所有复垦措施土壤有机质在 4.879～15.895g/kg 之间，接菌样地土壤有机质比对照样地提高 33%，比最低的接菌＋绿肥＋风化煤样地提高 128%。有风化煤的样地土壤表层有机质含量较低。

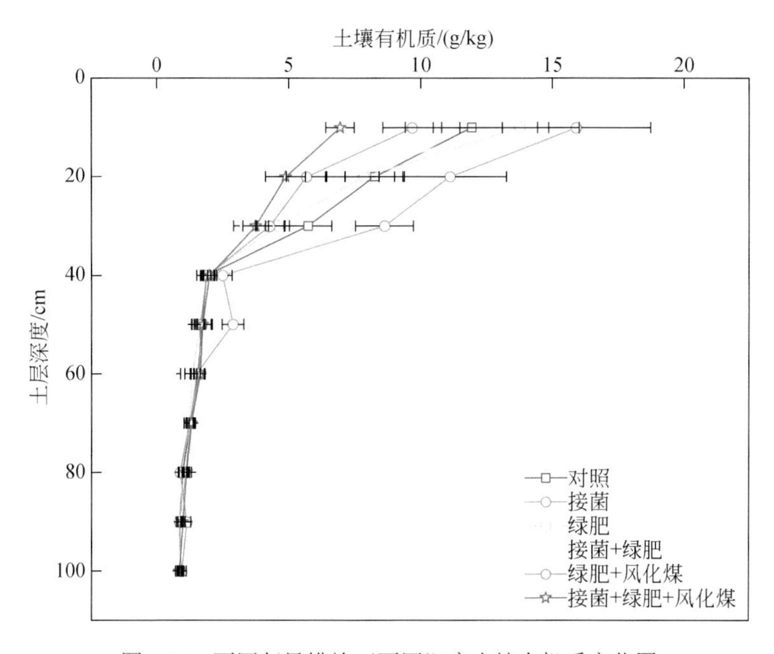

图 6.11　不同复垦措施下不同深度土壤有机质变化图

3. 接菌对复垦土壤碳氮含量影响

排土场 6 种不同复垦措施土壤全碳变化规律如图 6.12 所示，在 0～40cm 土层，对照、绿肥、接菌＋绿肥、接菌＋绿肥＋风化煤样地变化不明显，接菌呈先增大后减小的趋势，绿肥＋风化煤呈先减小后增大的趋势。在 60～100cm 土层，所有处理土壤全碳随土层深度增大逐渐降低，大小基本为绿肥＞对照＞接菌＋绿肥＋风化煤＞接菌＞接菌＋绿肥＞绿肥＋风化煤。

排土场 6 种不同复垦措施土壤全氮变化规律相似，在整个土层，随土层深度的增加逐渐下降。在 0～40cm 土层，对照、接菌、接菌＋绿肥＋风化煤呈先增大后减小的趋势，在 20cm 处分别为整个土层的最大值，接菌＋绿肥、绿肥、绿肥＋风化煤呈先减小后增大的趋势。在 60～70cm 土层，所有处理均有增大的趋势。在 80～100cm 土层对照、绿肥、绿肥＋风化土壤全氮不断减小，接菌、接菌＋绿肥、菌＋绿肥＋风化煤逐渐增大。

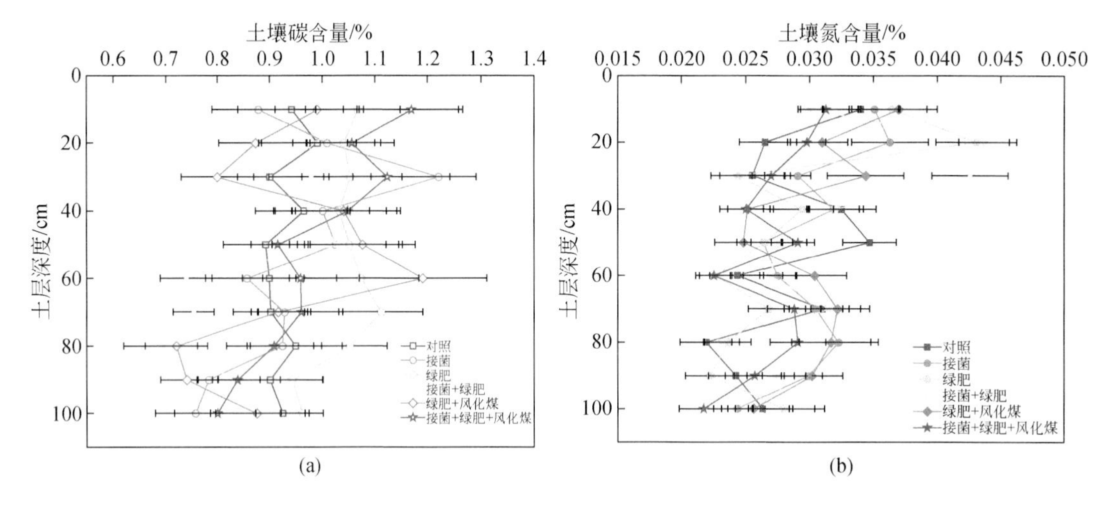

图 6.12　不同复垦措施下不同深度土壤全氮、全碳变化规律

通过综合分析，土壤全碳、全氮在表层累计较高，深层较低，排土场各指标含量与肥沃的土壤相比较含量较低，说明排土场土壤受采矿影响土壤贫瘠。土壤的有机质、全碳、全氮均在 0～40cm 土层含量较高，可能是因为在植物刚播种时对土壤表层进行施肥，由于植物根系主要分布在浅层，改善了土壤的质地和结构，增加了土壤黏粒的含量，增加了土壤的保水保肥性[161]，同时也与表层植被丰富且具有大量的枯落物有关。接菌＋绿肥处理优化了紫穗槐水分利用特征，增加对表层和深层水分的利用比例，可作为排土场的生态复垦措施，促进西部干旱矿区生态恢复速率和效应[162]。

6.3.3　露天排土场接菌对根际土壤优先流的影响

土壤优先流是土壤中非常普遍的一种水分运移形式，它是指土壤在整个入流边界上接受补给，水分和溶质绕过土壤基质，仅通过少部分土体的快速运移，又被称为优势流、优先路径流、短路流和管道流等。排土场土壤优先流现象的形成机制与路径分布有所不同，其影响因素更为复杂多变。

露天矿排土场紫穗槐接种 AMF 能够促进优先流的发育，如图 6.13 所示，染色面积一定程度上代表了水分的入渗范围，接菌和对照都表现出越接近植物染色面积越大的趋势，而外围随着距离植物越近染色并未表现出显著差异，说明相比于自然状态土壤，紫穗槐对露天矿排土场压实土壤水分入渗的影响更大。接菌 10cm 剖面染色面积显著高于其他距离，是其他距离的 1.74～5.70 倍；接菌 10cm 剖面染色面积是对照 10cm 剖面染色面积的 1.96 倍，说明紫穗槐接菌处理能够促进水分在土壤中入渗；排土场距离植物较远的 40～50cm 处受植物影响较小，接菌和对照样地染色面积都较小，仅为外围的 12.84%～21.10%，排土场单纯种植紫穗槐 10cm 剖面染色面积为外围的 30.97%，提高了 1.5 倍左右；接菌种植紫穗槐 10cm 剖面染色面积为外围的 60.56%，效果提高了 3 倍左右。

基质流定义为剖面染色面积比，随土层深度增加而变化降至 80%时，该土层以上土壤深度为基质流区（图 6.14）。接菌除 10cm 剖面外其他 4 个剖面基质流深度都小于或等于 2cm，对照所有剖面基质流都在 2cm 左右，而外围基质流最浅深度也达到了 10cm，是排土场的 5 倍，

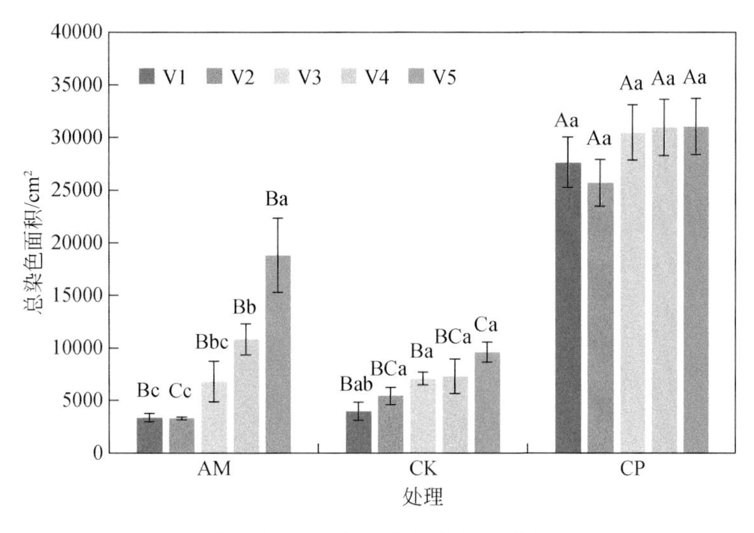

图 6.13 不同处理总染色面积特征

AM、CK、CP 分别代表紫穗槐接菌区、紫穗槐对照区、紫穗槐矿区外围采样区；V1～V5 分别代表剖面距离紫穗槐 50cm、40cm、30cm、20cm、10cm；大写字母表示同一距离剖面不同处理之间差异显著性（P<0.05），小写字母表示同一处理不同距离剖面之间差异显著性（P<0.05），下同

说明排土场土壤压实作用大大降低了土壤的均匀入渗；接菌 10cm 剖面基质流深度为 5cm，使排土场基质流深度提高了约 2.5 倍。单纯种植紫穗槐无法有效提高水分均匀入渗，在 40mm 降水条件下，土壤均匀入渗深度仅为 2cm 左右，远远小于外围土壤最小均匀入渗深度（10cm），容易在降水发生后短时间内快速蒸发，这可能是排土场水分无法有效利用的主要原因之一，而接菌处理可将靠近紫穗槐剖面均匀入渗深度提高 2.5 倍左右。排土场接菌和对照区都表现为距离植物越近优先流面积越大的趋势，接菌 10cm 剖面染色面积显著大于其他剖面，是其他剖面的 1.36～11.62 倍；与对照相比，接菌 10cm 剖面优先流面积提高了 78.08%。排土场接菌和对照都表现为距离植物越近染色深度越深，接菌 10cm 剖面染色深度最深为 28cm，是对照 10cm 剖面的 1.75 倍；外围染色最深的剖面为 20cm 剖面深度为 32cm，除此之外，其余剖面染色深度皆小于接菌区 10cm 剖面，说明排土场接菌区植物近处水分入渗深度已接近外围水平。

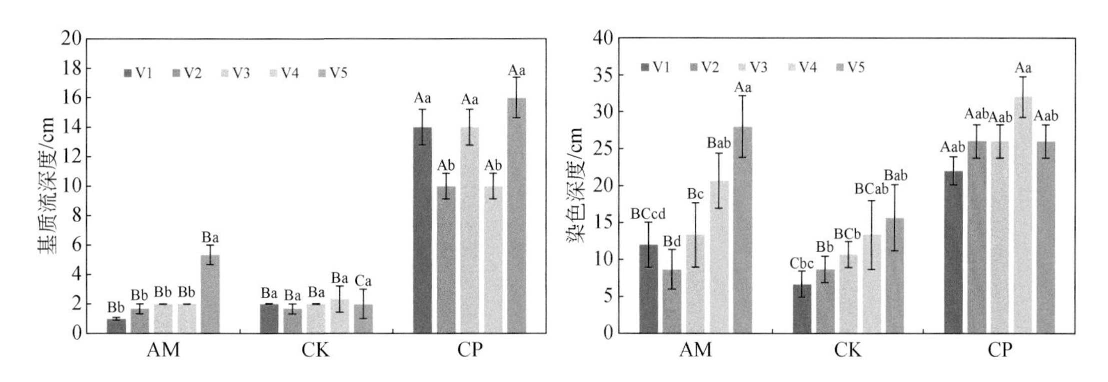

图 6.14 不同处理基质流深度与优先流面积特征

土壤剖面染色面积变异系数是衡量土壤垂直剖面中优先流引起的土壤染色区与未染色区之间差异大小的指标，其值越小，优先流发育程度越高。接菌和对照都表现为越靠近植物优先流的发育程度越高。

6.4　露天排土场接菌对重构生物种群演变规律

国内学者多集中于矿山废弃地、森林、退化湿地等植被恢复过程中植物多样性、生态位研究[163]。例如，马祥爱[163]研究山西平朔安太堡露天矿区复垦年限分别为10～15年和5～8年两大排土场，植被重建工艺为单纯种草、农作物试验、灌木林、草灌混交林、草灌乔优化配置。植被为沙打旺、苜蓿、沙棘、沙枣、柠条、刺槐、油松等，许多平台为过渡性林木用地，使最终土地利用方式达到耕地质量，可能需要至少30年，土地生态功能恢复时间很长。因为露天煤矿区植被恢复受水分、温度、土壤状况等限制性因素的影响，其中有机质是决定植被群落稳定性的重要因素。郭晗等[164]对排土场复垦植被与土壤因子进行二维排序，发现制约海州露天矿排土场植被生长的主要因素有全氮、有机质、速效磷等。因此，土壤肥力水平是决定植被重建的重要制约因素。

植物多样性是反映生态系统结构和功能的一大关键指标，多年来，学者广泛采用多种方法在不同尺度上对植物多样性及影响植物多样性的因素等方面开展大量调查研究。如贺金生等[165]发现，陆地植物物种多样性随着纬度的增加而降低。韩煜等[166]通过对沉陷区和对照区土壤理化性质和植物群落多样性的调查分析后发现，采煤沉陷不仅造成沉陷区的土壤含水率和土壤养分（总氮、有机质、速效磷等）显著降低，还导致沉陷区植物群落发生退化，其群落丰富度指数、物种多样性指数和物种优势度指数均显著低于对照区。毕银丽等[167]基于对矿区不同距离的植物群落调查发现，植物多样性指数、群落相似性随着离矿区的距离增加而显著增加，不同距离下植物群落物种的变化明显。土壤和植物是陆地生态系统中密不可分的两部分，当前，关于矿区生态修复方面的研究多集中在恢复过程中的某一特征，如植被多样性[168]、土壤性质沿空间或时间等梯度的动态变化方面[14]，而有关矿区生态恢复过程中土壤酶活性和养分与植物多样性之间相互关系的研究仍远远不够。

植被多样性调查，计算物种重要值和群落多样性指数计算，其中物种重要值（P_i）公式如下[169]：

$$P_i=（相对高度+相对密度+相对频度）/3 \tag{6.1}$$

植物群落多样性指数选取Shannon-Wiener指数、Pielou均匀度指数、Simpson优势度指数及物种丰富度指数进行统计和分析，计算公式分别如下所示[26]。

Shannon-Wiener指数：

$$H' = -\sum P_i \ln P_i \tag{6.2}$$

Simpson优势度指数：

$$E = H' / \ln S \tag{6.3}$$

式中，S为植物种数；H'为群落中物种总数量之和。

6.4.1　紫穗槐微生物修复样地生物种群

Shannon-Wiener 指数主要基于物种数量反映群落种类多样性；Simpson 优势度指数反映植物种的优势度，优势度指数越大，表明植物群落内不同种类生物数量分布越不均匀；Pielou 均匀度指数反映的是各物种个体数目在群落中的分配均匀度。对不同处理、不同时间序列的紫穗槐样地植物群落多样性指数进行比较发现（图 6.15），紫穗槐接菌样地的 Shannon-Wiener 指数在第二年时显著高于对照处理。两种处理在初始阶段并无显著差异，经过一年的植被演替后，Shannon-Wiener 指数显著增加。经过一年的演变，群落种类多样性有明显提升，经过两年演变的种群多样性更加丰富，说明紫穗槐样地生物群落会随着时间增加更加丰富，紫穗槐的生长有利于提高当地群落多样性的丰富度。

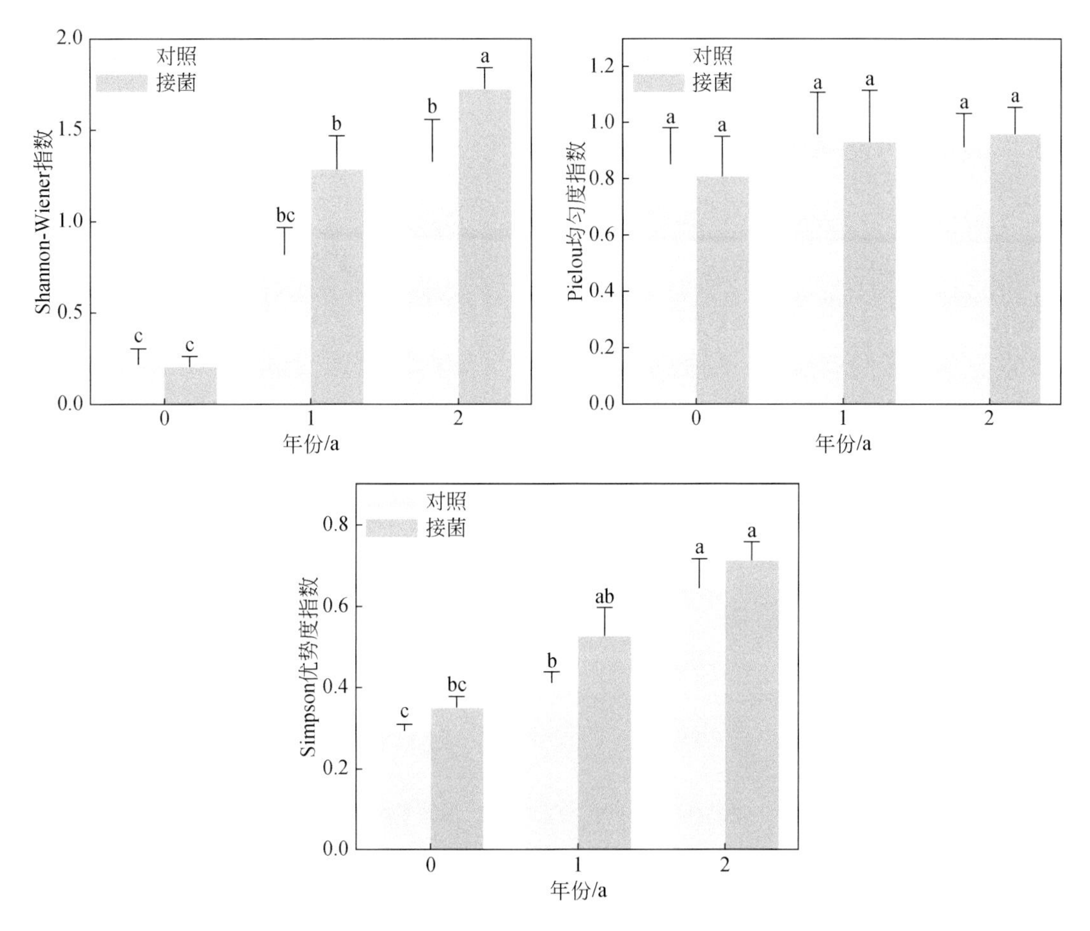

图 6.15　紫穗槐样地生物种群演变

通过对紫穗槐样地 Pielou 均匀度指数分析可以看出，三年的 Pielou 均匀度指数无显著差异，同时接菌处理也无显著差异，植物在生长两年后，生物群落的 Pielou 均匀度指数有提高的趋势，但差异不显著，说明紫穗槐样地群落各物种分配较均匀（图 6.15）。

通过对紫穗槐样地进行 Simpson 优势度指数分析得出，Simpson 优势度指数接菌与对照间有差异，但差异并不显著，且接菌处理均高于对照处理，说明接菌有利于提高植物的 Simpson 优势度指数。不同时间植物的 Simpson 优势度指数有显著差异，随着时间的增加，Simpson 指数逐渐增大，说明紫穗槐样地内不同种类生物量会随着演替时间的增加越来越不均匀，时间越长，紫穗槐样地的各物种分布越不均匀（图 6.15）。综合分析，紫穗槐样地生物群落演替随着随时间的变化，物种会更加丰富，分布会更加广泛，分布的不均匀程度也会随之增加，接菌有利于提高群落的丰富度，改善紫穗槐样地的物种种类及分布状况，加快了排土场生态修复的进程。

6.4.2 柠条微生物修复样地生物种群

对不同处理、不同时间序列的柠条样地植物群落多样性指数比较发现，柠条接菌样地的 Shannon-Wiener 指数在第二年时的接菌处理显著高于对照处理（图 6.16）。两种处理在初始阶段并无显著差异，经过一年的植被演替后，Shannon-Wiener 指数显著增加。说明经过一年的演变，群落种类多样性有明显的提升；经过两年的演变，种群多样性更加丰富，说明柠条样地生物群落会随着时间的增加更加丰富，柠条的生长有利于提高当地群落多样

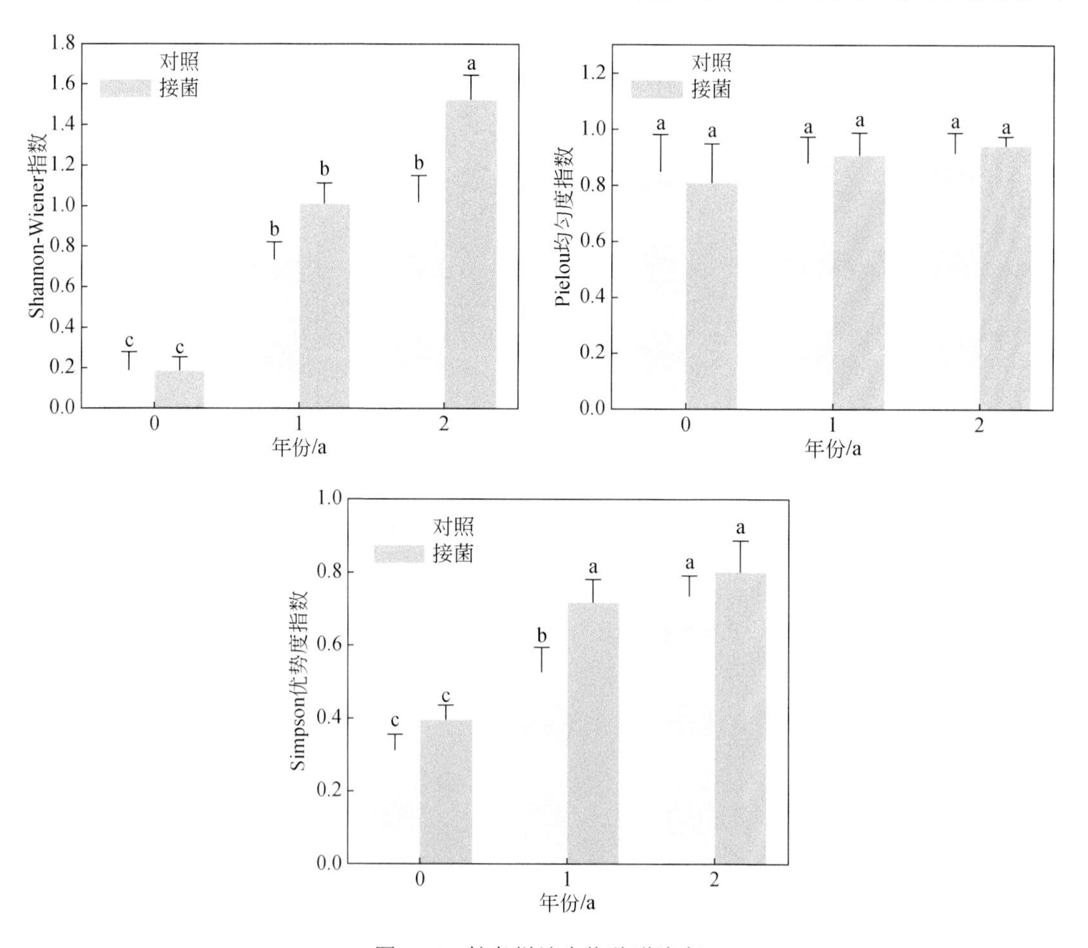

图 6.16　柠条样地生物种群演变

性的丰富度。通过对柠条样地的 Pielou 均匀度指数分析可以看出，与紫穗槐样地相似三年的 Pielou 均匀度指数无显著差异，同时接菌处理也无显著差异，说明柠条样地群落各物种群落数分配较均匀。通过对柠条样地 Simpson 优势度指数分析得出，Simpson 优势度指数接菌与对照间有差异，其中经过一年的接菌处理显著大于对照处理，2 年内的接菌处理均高于对照处理，说明接菌有利于提高植物的 Simpson 优势度指数且在第二年效果最为明显。不同时间柠条样地的林下植被 Simpson 优势度指数有显著差异，随着时间的增加 Simpson 优势度指数逐渐增大，说明柠条样地内不同种类生物量会随着演替时间的增加越来越不均匀，时间越长柠条样地的各物种分布越不均匀。综合分析，柠条样地生物群落演替会随着随时间的变化物种会更加丰富，分布会更加广泛，分布的不均匀程度也会随之增加，接菌有利于提高群落的丰富度，改善柠条样地的物种种类及分布状况，加快了排土场生态修复的进程。

6.4.3　沙棘微生物修复样地生物种群

对不同处理、不同时间序列的沙棘样地植物群落多样性指数比较发现，沙棘接菌样地的 Shannon-Wiener 指数在第二年时显著高于对照处理。两种处理在初始阶段并无显著差异，但经过一年的植被演替后，Shannon-Wiener 指数显著增加（图 6.17）。说明经过一年的演变，群落种类多样性有明显的提升；经过两年的演变，种群多样性更加丰富，说明沙棘样地生

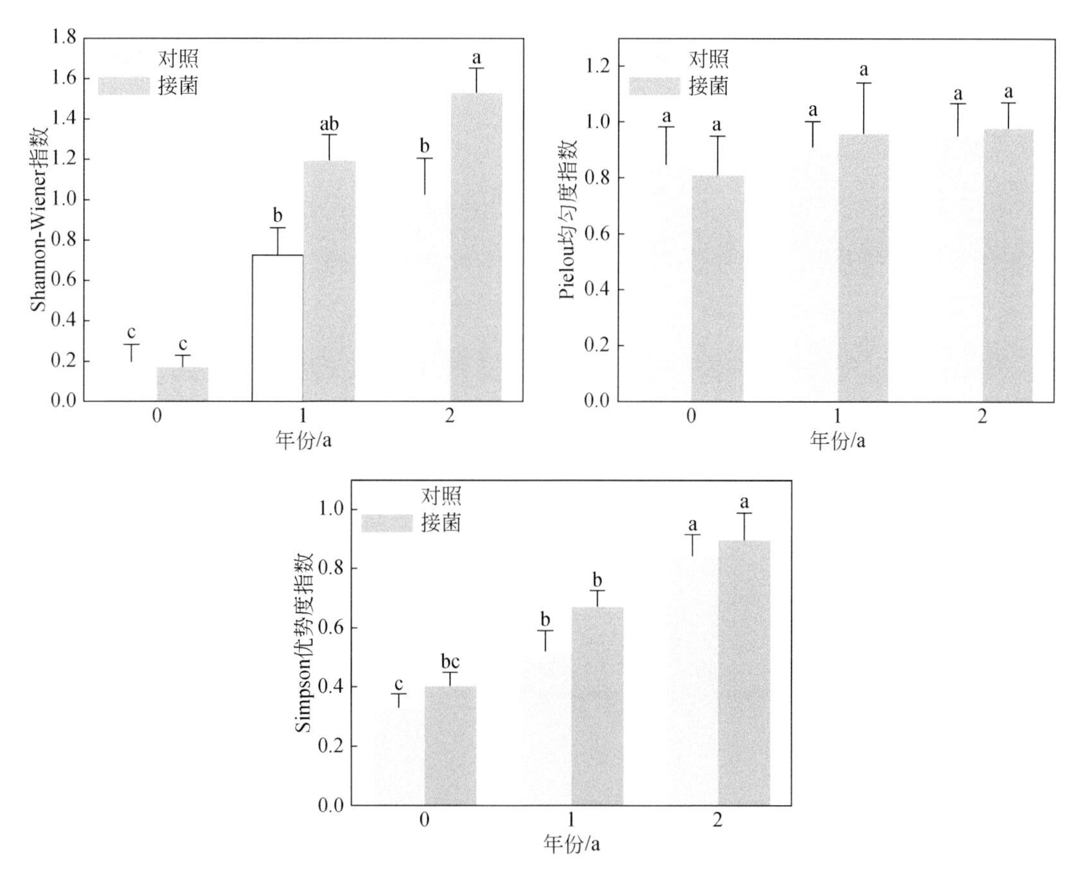

图 6.17　沙棘样地生物种群演变

物群落会随着时间的增加更加丰富，沙棘的生长有利于提高当地群落多样性的丰富度。通过对沙棘样地 Piclou 均匀度指数分析可以看出，三年的 Piclou 均匀度指数无显著差异，同时接菌处理也无显著差异，植物在生长两年后，生物群落的 Pielou 均匀度指数有提高的趋势，但差异不显著，说明沙棘样地群落各物种分配较均匀。通过对沙棘样地 Simpson 优势度指数分析得出，Simpson 优势度指数接菌与对照间有差异，但差异并不显著，且接菌处理均高于对照处理，说明接菌有利于提高植物的 Simpson 优势度指数。不同时间植物的 Simpson 优势度指数有显著差异，随着时间的增加 Simpson 优势度指数逐渐增大，说明沙棘样地内不同种类生物量会随着演替时间的增加越来越不均匀，时间越长，沙棘样地的各物种分布越不均匀。综合分析，沙棘样地生物群落演替会随着随时间的变化，物种会更加丰富，分布会更加广泛，分布的不均匀程度也会随之增加，接菌有利于提高群落的丰富度，改善沙棘样地的物种种类及分布状况，加快了排土场生态修复的进程。

综合分析，露天煤矿排土场三种植物在微生物修复下生物群落演替规律一致，三种不同植物群落的 Simpson 优势度指数、Shannon-Wiener 指数均随着时间的增加不断增大，且接菌有利于提高植物群落的 Simpson 优势度指数、Shannon-Wiener 指数，Pielou 均匀度指数在三年内无显著变化，接菌与对照差异不显著。不同植物措施下的物种丰富度差异不大，说明该地区物种的丰富度主要受时间的影响，随着时间越久，物种会越丰富。同时也说明排土场植被修复有利于提高当地物种丰富度，以及提高物种的分布范围，对当地生态的恢复有积极作用。微生物修复可以提高当地植被修复的效率，加快当地生态恢复的速率，因此在露天矿区排土场应用微生物修复技术对土壤及植被进行改良与修复是矿区生态修复的未来发展方向。

6.5 本 章 小 结

排土场植被重建有利于提高当地物种丰富度，维持生态系统的稳定，微生物修复可以提高生态重建效率，加快生态系统的可持续发展，取得以下主要结论。

（1）露天排土场人工接菌对植被生长具有促进作用，可提高植物的抗逆性，促进植物对养分水分的吸收利用，接菌样地光合速率最高，接菌促进了植物根系发育，根干重密度、根长密度、根平均直径增加。

（2）接菌增加了植物对深层水分的利用效率。紫穗槐能对排土场优先流发育产生显著影响，而外围不同剖面优先流发育系数无显著差异，优先流发育程度都较高。其中排土场紫穗槐接菌区优先流发育程度最高。

（3）排土场不同复垦措施土壤的含水率在 0～40cm 土层及 80～100cm 土层较低，40～80cm 土层较高，表层接菌＋绿肥＋风化煤土壤饱和含水率最低。植被生长对表层土壤容重具有改良作用，土壤孔隙度与容重呈相反的变化趋势。土壤有机质主要在 0～40cm 土层较高，土壤的全碳、全氮含量在 0～50cm 土层较高。

（4）露天煤矿排土场接菌对重建植物的生物群落多样性演替规律一致，随着复垦时间的增加，植物群落的 Simpson 优势度指数、Shannon-Wiener 指数均不断增大，且接菌有利于提高植物群落的种群多样性。

7　露天排土场生态重建对周边生态协同演变影响

长期以来，黄河中游土地荒漠化严重，生态环境脆弱，煤炭资源的大力开发与矿区生态安全的矛盾日益突出[170]。2019 年 9 月 12 日，习近平总书记在全面推动黄河流域生态保护和高质量发展座谈会上强调，要持续完善黄河流域生态大保护大协同格局，筑牢国家生态安全屏障。更加突出黄河治理的系统性、整体性、协同性，推动构建上下游贯通一体的生态环境治理体系，深入实施重要生态系统保护和修复重大工程，提升流域生态系统稳定性。强化“三北”工程联防联治，提升整体效果。加强采煤沉陷区综合治理，积极探索资源型地区转型发展新路径。而露天煤矿排土场扰动剧烈，对排土场植被群落演替的影响远大于其他因素。随着时间推移，不同种类的野生植物在排土场上会相继出现，人工生态重建会形成不同的生态环境，带动林下植被群落次生演替。随着复垦时间推移，人工重建植物和野生植被共同构成了排土场新的生态系统。从土壤性状、植物多样性等方面综合研究排土场生态演变过程对周边环境的影响，揭示排土场长期生态重建对区域生态环境演变的正向协调影响规律，为科学评判煤炭开采及生态重建对区域生态环境的长效影响机制奠定基础。

7.1　生态重建对排土场土地质量空间异质性影响

露天排土场土地复垦与生态修复的目的是提高土壤质量，重建当地可持续健康的生态系统，实现矿区废弃土地再利用。在排土场复垦过程中，受人为与自然因素的共同影响，导致排土场植物群落与土壤性质在不同范围内都存在空间变异性[171]。研究矿区排土场内的植物特征与土壤性状的时空分布及其影响因素，并评价矿区土地复垦过程中的生态恢复质量，衡量生态重建效应，这对排土场复垦管理工作、提高复垦效果具有重要作用。

了解区域生态系统与土壤状况的常规方法是实地调查采样，但较大区域的调查监测单纯依靠人工采样监测费时费力。随着 3S 技术的发展，通过利用有限的样点数据结合其他协同变量实现土壤属性的空间预测在数字化土壤制图中应用越来越广泛。GIS 技术为实现数据的空间可视化提供了技术支持。目前，空间插值法广泛用于植被分布和土壤属性的空间分布预测及制图[172-175]，这使得描述植物与土壤状况不单依赖数值指标的统计，对其数字化制图更能直观地反映出区域空间上的植被与土壤状况。本章以西部露天矿区准能黑岱沟排土场为例，剖析生态重建多年后其生态演变规律

7.1.1　数据获取与空间异质性分析方法

1. 数据获取样点采集方法

在排土场按不同植被类型，呈 S 形随机选取 5 个采样点，用土钻采取 0～20cm 的土层土壤，将各样点所取样品混合均匀，共计 115 份土样（图 7.1）。同时每个样地用环刀采取

土壤样品测定土壤容重，并采集矿区周边自然植被区土壤样品 87 份作为对照。土壤样品去除杂质后被分为两部分：一部分带回实验室风干后过筛进行理化性质的测定；另外一部分保存在-4℃环境中带回实验室进行土壤酶活性的测定。

图 7.1　样地与采样点分布图

采用 Shannon-Wiener 指数（SW）、Pielou 均匀度指数（P）、Simpson 优势度指数（SP）与 Margalef 丰富度指数（DMG），其计算方式如下。

Shannon-Wienner 指数（SW）：

$$\mathrm{SW} = -\sum P_i \ln P_i$$

Pielou 均匀度指数（P）：

$$P = (-\sum P_i \ln P_i) / \ln S$$

Simpson 优势度指数（SP）：

$$\mathrm{SP} = \sum [N_i(N_i - 1) / N(N - 1)]$$

Margalef 丰富度指数（DMG）：

$$\mathrm{DMG} = S - 1 / \ln N$$

式中，P_i为第 i 种的个体数占总个体数的比例；S 为区域内所有物种的数量；N_i为第 i 个种群的个体数量；N 为所有类群的个体数量[176]。

土壤含水量采用烘干法（温度 105°）测定；容重采用环刀法（环刀体积为 100cm³）测定[177]；pH 采用 pH 酸碱测试仪测定[178]；全氮采用半微量凯氏定氮法使用凯氏定氮仪进行测定；有机质采用重铬酸钾外加热法测定[179]；土壤速效磷、速效钾通过 2%的碳酸铵溶液浸提得到过滤液后使用电感耦合等离子体发射光谱仪测定[179]；碱性磷酸酶采用磷酸苯二钠比色法测定；脲酶采用苯酚钠-次氯酸钠比色法测定；蔗糖酶采用 3-氨基-5-硝基水杨酸比色法测定。

2. 空间插值方法

克里格法是基于地统计学的一种插值方法，现广泛应用到各领域。克里格法是根据原始数据相关性和变异性，对未知的区域化变量进行无偏、最优线性估值的一种方法。该方法的能够计算出每个估值的误差，从而了解估值的可靠性，其公式[180]如下：

$$Z(s_0)=\sum_{i=1}^{n}W_iZ(s_i) \tag{7.1}$$

式中，$Z(s_i)$ 为已测得的第 i 个位置的属性值；W_i 为在第 i 个位置上值的权重；s_0 为未知待插值位置；n 为样点数量。

7.1.2 林下植被指数空间异质性分析

1. 林下植被指数经典统计描述

复垦地林下植被各指数特征描述性统计结果如表 7.1 所示。变异系数反映数据间的离散程度，同时反映出样本的空间变异性大小，植被各指数的变异系数为 18.99%～61.75%，呈中等强度变异。偏度和峰度用以衡量数据分配的集中程度和不对称程度，通过对偏度和峰度的观测，可知植被各指数均呈现明显偏态，分布比较对称。*S* 和 *P* 峰态较低。经柯尔莫哥洛夫-斯米尔诺夫（K-S）检验，*P*、SP、DWG 服从正态分布，SW 经对数变换服从正态分布，*S* 与植被盖度未符合正态分布。

表 7.1 植被指数特征描述性统计结果

植被指数	最小值	最大值	均值	标准偏差	偏度	峰度	变异系数/%
物种数量（*S*）/种	5.00	13.0	8.91	1.97	0.02	−0.09	22.16
植被盖度/%	0.01	0.77	0.40	0.24	−0.08	−1.37	61.75
SW	0.80	2.20	1.49	0.30	0.29	1.03	20.41
P	0.35	0.91	0.69	0.13	−0.54	0.87	18.99
SP	0.14	0.64	0.31	0.11	1.04	2.21	36.70
DMG	1.00	2.50	1.56	0.34	0.58	1.59	22.09

2. 林下植被指数空间分布格局

本研究选择平均值（ME）、标准平均值（MSE）、均方根（RMSE）、平均标准误差（ASE）以及标准均方根（RMSSE）作为检验方程精度的评价指标。植被指数的变异函数模型选择及评价参数结果如表 7.2 所示。根据 ME 和 MSE 越接近于 0、RMSE 越接近 ASE、RM 越接近于 SSE，精度越好的原则，SW 和 SP 指数选择球面函数，物种数量（*S*）选择高斯函数，植被盖度、*P*、DMG 指数和蔗糖酶选择稳态模型。利用上述植被指数的最优变异函数模型在 ArcGIS10.5 中进行克里格插值，得到排土场植被各指标空间分布图（图 7.2）。

表 7.2　植被指数变异函数模型及参数

植被指数	变换类型	函数模型	ME	MSE	RMSE	ASE	RMSSE
S/种	对数变换	高斯函数	−0.0437	−0.0081	1.066	1.326	0.814
植被盖度/%	对数变换	稳态函数	−0.4165	−0.0194	8.301	14.312	0.646
SW	对数变换	球面函数	0.0036	0.0302	0.130	0.187	0.704
P	无	稳态函数	0.0036	0.0278	0.055	0.077	0.950
SP	无	球面函数	−0.0024	−0.0123	0.052	0.066	0.730
DMG	无	稳态函数	−0.0054	−0.0171	0.121	0.163	0.745

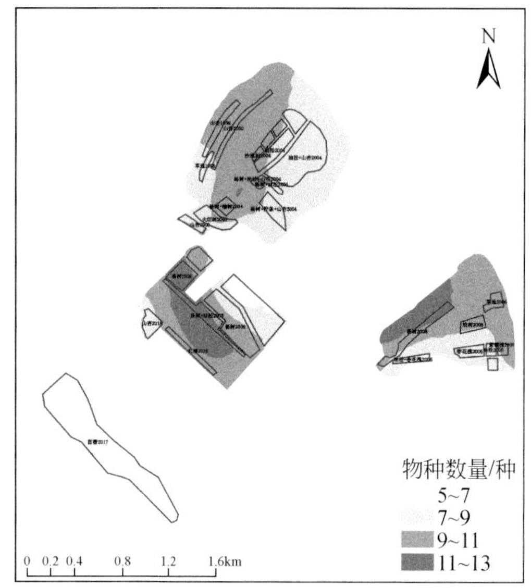

(a)林下植被种数空间分布图

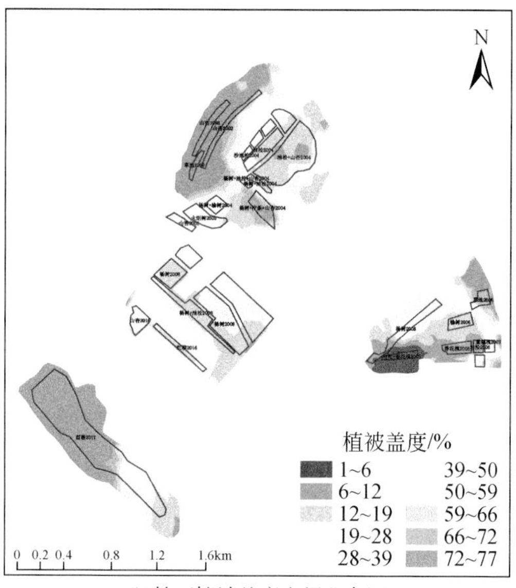

(b)林下植被盖度空间分布图

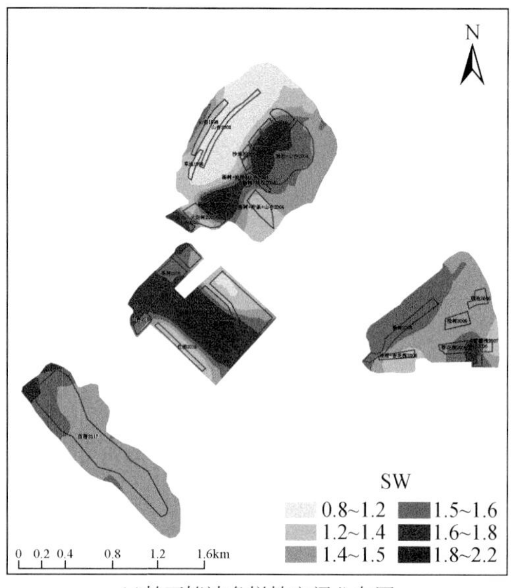

(c)林下植被多样性空间分布图

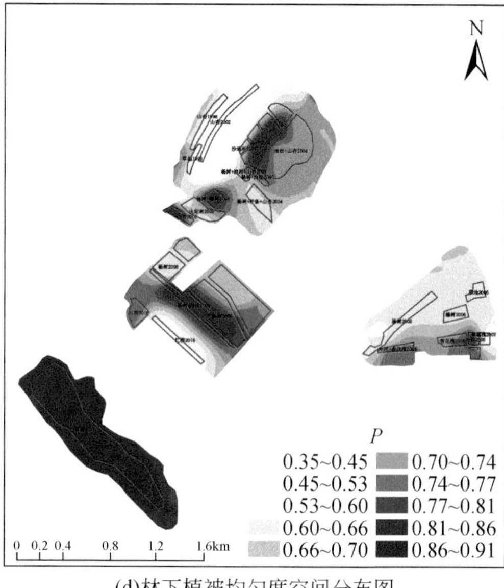

(d)林下植被均匀度空间分布图

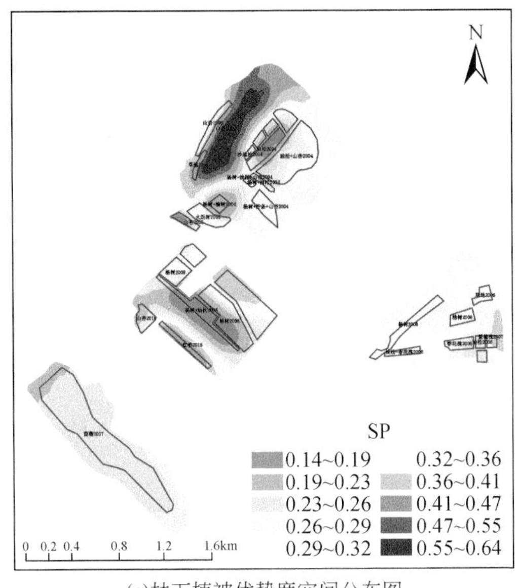

(e)林下植被优势度空间分布图

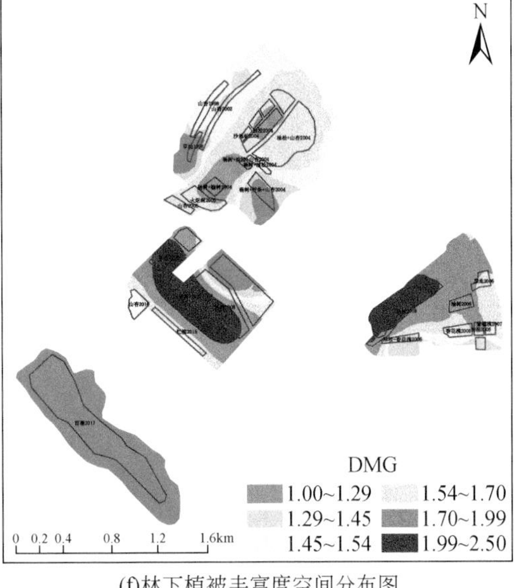

(f)林下植被丰富度空间分布图

图 7.2 林下植被指数空间分布图

排土场复垦地大部分区域林下植被物种数量在 7～11 种之间，林下植被丰富度则与林下植物种数量呈显著正相关，整体分布规律相同。其中，北排土场西北部相比东部植被种类较多。内排土场Ⅰ中部和东排土场西北部这两个区域主要复垦植物均为杨树，说明杨树复垦林的林下植被种类较为丰富。内排土场Ⅱ为苜蓿样地（2017 年），复垦时间短，植物种类最少。排土场林下植被盖度存在显著差异，北排土场西北部主要复垦植物为山杏，林下植被盖度明显高于其他区域。内排土场Ⅰ苜蓿生长状况较好，盖度较高。其他区域大多为乔木林或乔灌混林，草本植被盖度低。林下植物多样性和均匀度分布呈现相同规律，两种指数显著较高的区域为北排土场和内排土场中部，北排土场西北部显著较低。复垦区林下植物优势度则与植物多样性和均匀度整体呈相反分布规律。

7.1.3 土壤性质空间异质性分析

1. 土壤性质指标经典统计描述

土壤各指标特征描述性统计结果如表 7.3 所示。土壤容重和 pH 的变异系数分别为 7.88%和 1.07%，呈现出弱等强度变异，其他土壤指标的变异系数为 40.07%～88.86%，呈中等强度变异。通过对偏度和峰度的观测，可知全氮、速效磷、速效钾和蔗糖酶均呈现明显右偏态，同时呈现一定的峰态。容重、含水率和有机质分布对称且峰态低，其他呈不明显右偏态。经 K-S 检验，容重、含水率、全氮、速效磷、磷酸酶和蔗糖酶服从正态分布，pH、有机质、速效钾和脲酶经对数变换服从正态分布。

2. 土壤性质指标空间分布格局

土壤指标的变异函数模型选择及评价参数结果如表 7.4 所示。根据 ME 和 MSE 越接近于 0、RMSE 越接近 ASE、RM 越接近于 SSE、精度越好的原则，容重、含水率、pH 和全氮指标选择球面函数，有机质选择指数函数，速效磷、速效钾和磷酸酶选择高斯函数，脲酶和蔗糖酶选择稳态模型。利用上述土壤指标的最优变异函数模型在 ArcGIS 10.5 中进行克里格插值，得到排土场土壤各指标空间分布图。

表 7.3　土壤指标特征描述性统计结果

土壤指标	最小值	最大值	均值	标准偏差	偏度	峰度	变异系数/%
容重/(g/cm^3)	1.09	1.66	1.35	0.11	−0.17	0.05	7.88
含水率/%	0.17	10.74	4.85	1.94	0.37	−0.01	40.07
pH	7.86	8.32	8.12	0.09	−0.90	1.33	1.07
有机质/(mg/g)	2.15	24.83	10.45	6.23	0.80	−0.64	59.66
全氮/(mg/g)	0.11	0.51	0.22	0.08	1.79	3.44	35.97
速效磷/(mg/kg)	0.53	6.81	2.20	1.16	1.87	4.12	52.86
速效钾/(mg/kg)	53.64	426.37	139.91	68.90	2.83	9.13	49.25
磷酸酶/［(μmol/kg)·(FW/min)］	0.07	2.84	0.85	0.53	1.06	1.40	61.74
脲酶/［μmol/(kg·L·h)］	0.03	0.39	0.12	0.07	1.31	1.98	55.74
蔗糖酶/［mg/(kg·24h)］	0.21	31.32	6.90	6.13	1.76	3.02	88.86

注：单位仅为最小值、最大值、均值的。

表 7.4　土壤指标变异函数模型选择及评价参数结果

土壤指标	变换类型	函数模型	ME	MSE	RMSE	ASE	RMSSE
容重/(g/cm^3)	对数变换	球面函数	0.0009	0.0013	0.094	0.103	0.929
含水率/%	无	球面函数	0.0002	0.0076	0.013	0.013	1.003
pH	对数变换	球面函数	0.001	0.0118	0.085	0.09	0.961
有机质/(mg/g)	对数变换	指数函数	0.0972	0.0083	3.061	3.637	0.994
全氮/(mg/g)	无	球面函数	0.00002	−0.0009	0.056	0.057	0.993
速效磷/(mg/kg)	无	高斯函数	−0.0006	−0.0012	1.146	1.002	1.135
速效钾/(mg/kg)	对数变换	高斯函数	−0.5834	−0.0032	44.73	40.313	1.056
磷酸酶/［(μmol/kg)·(FW/min)］	无	高斯函数	−0.0021	0.001	0.469	0.461	1.001
脲酶/［μmol/(kg·L·h)］	对数变换	稳态函数	0.003	0.007	0.055	0.062	0.941
蔗糖酶/［mg/(kg·24h)］	无	稳态函数	0.0211	0.0006	4.287	4.001	1.057

由排土场容重空间分布图可知，排土场整体土壤容重高的区域为内排土场Ⅱ和东排土场中部、北部、南部及东南部［图 7.3（a)］，这些区域主要植被类型为草地与灌木及油松＋灌木混林。北排土场复垦时间最长，土壤容重相对较低，其西北部＜中部＜东南部，这是因为西北部平台细长，边坡面积较低，且种植植物主要为山杏与杨树，种植年限较长，使得该区域容重值较低。而北排土场草地（1998 年）样地的容重明显高于北排土场和其他样地，因为草地对土壤容重改良效果小于乔灌植物。东排土场西北部与内排土场Ⅰ的容重

值相对较低，主要种植植物为杨树，其作为乔木可改善排土场紧实度情况。总体而言，乔木及其混林根系更为发达，林下枯落物较多，对土壤改良效果好于灌草。

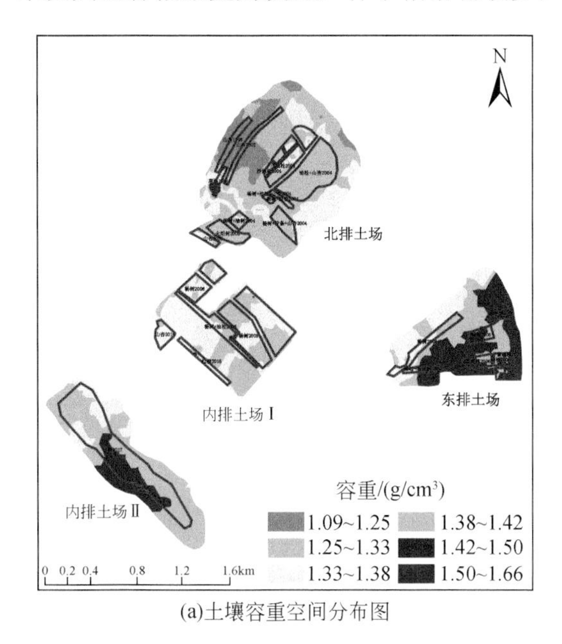

(a)土壤容重空间分布图

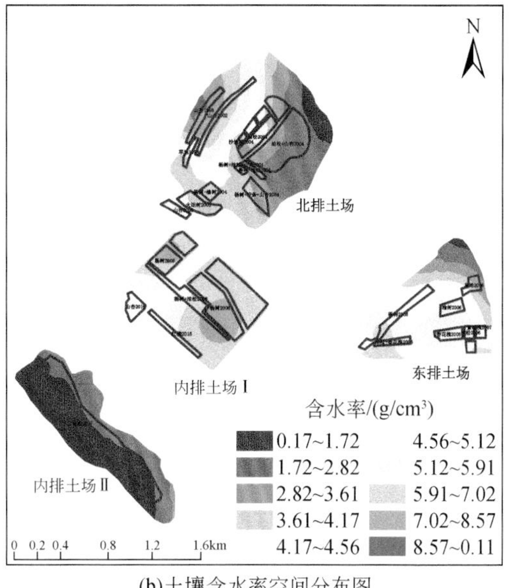

(b)土壤含水率空间分布图

图 7.3 土壤物理性质空间分布图

由排土场含水率空间分布图可知，排土场含水率表现为北排土场西北部、内排土场Ⅰ、东排土场西南部高［图 7.3（b）］，北排土场东北部、内排土场Ⅱ、东排土场北部低。原因是北排土场西北部大部分为边坡台阶交错地形，土质较为疏松，且为阴坡。内排土场Ⅰ地势较低，植被主要为杨树，保水能力较强。东排土场西南部主要为油松灌木混林，郁闭度高及油松枯落物保水性较好。北排土场东北部为阳坡，保水力差。内排土场Ⅱ为新成排土场，容重较高，种植植物为苜蓿，难以留住水分。

排土场 pH 变化范围小、变异系数低、空间异质性低。总体来看，北排土场北部 pH 较低，内排土场 pH 较高［图 7.4（a）］。

排土场有机质含量则呈现北排土场显著高于其他区域，原因是北排土场复垦时间最长，主要种植植物为杨树、油松、山杏，其样地林下凋落物高，可显著促进土壤有机质含量增长［图 7.4（b）］。东排土场与内排土场Ⅱ普遍有机质含量低下，东排土场主要种植植物为香花槐、紫穗槐、杨树和油松，实地调查发现东排土场样地枯落物显著低于北排土场，可能是其种植年限相对较短，容重较高，植物生长受到限制。而内排土场Ⅱ为近年新成排土场，种植植物为苜蓿（2017 年），土壤改良效果暂时较差。

排土场土壤全氮含量与有机质、含水率呈相似的规律。北排土场全氮含量呈现东南部向西北部递增的趋势，且北排土场全氮含量显著高于北排土场与东排土场［图 7.4（c）］。东排土场全氮含量表现为北部较低、西南部较高。内排土场Ⅱ显著低于其他区域。土壤氮素含量取决于土壤有机质的生物积累和水解，其与有机质和含水率呈显著正相关。

由排土场速效磷与速效钾的空间分布图可知［图 7.4（d）］，二者空间分布呈相反的规律。速效磷含量表现出北排土场西北部与内排土场Ⅱ东南角显著低于其他区域，且北排土场速效磷含量由西北部向东部递增。内排土场Ⅱ速效磷含量由东南角向中部与西北部递增；内排土场Ⅰ速效磷含量表现为杨树（2008 年）与杨树＋油松（2008 年）样地高于其他区域；东排土场速效磷含量整体较高，表现为由北向南递减。

速效钾含量表现为北排土场西北部显著高于其他区域，且北排土场速效钾含量由西北部向东南部递减［图 7.4（e）］。内排土场Ⅱ速效磷含量由东南角向中部与西北部递减；内排土场Ⅰ速效磷含量表现为杨树（2008 年）与杨树＋油松（2008 年）样地低于其他区域；

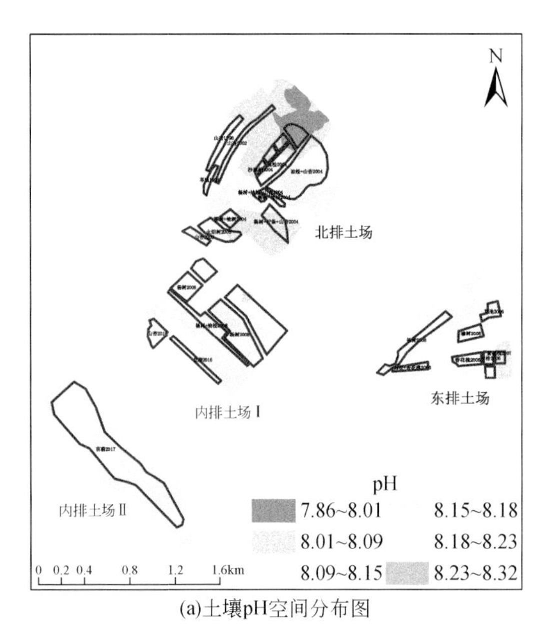

(a)土壤pH空间分布图

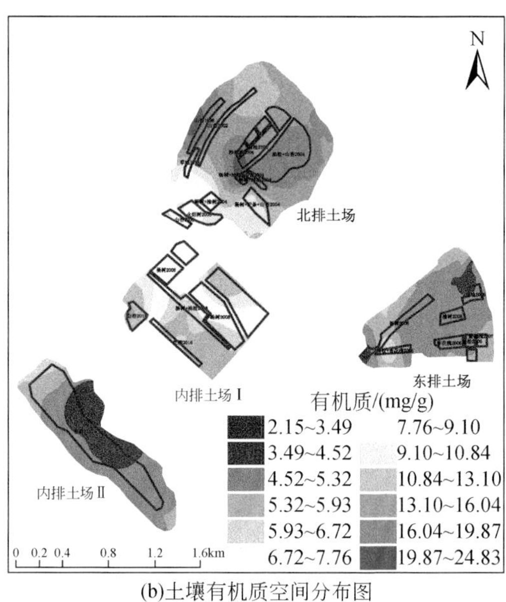

(b)土壤有机质空间分布图

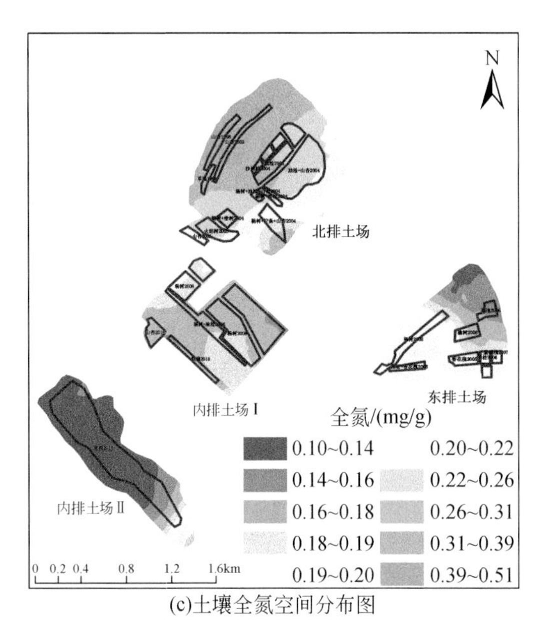

(c)土壤全氮空间分布图

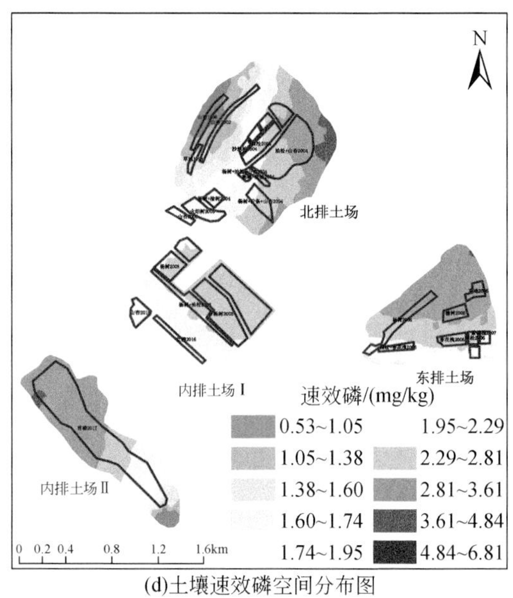

(d)土壤速效磷空间分布图

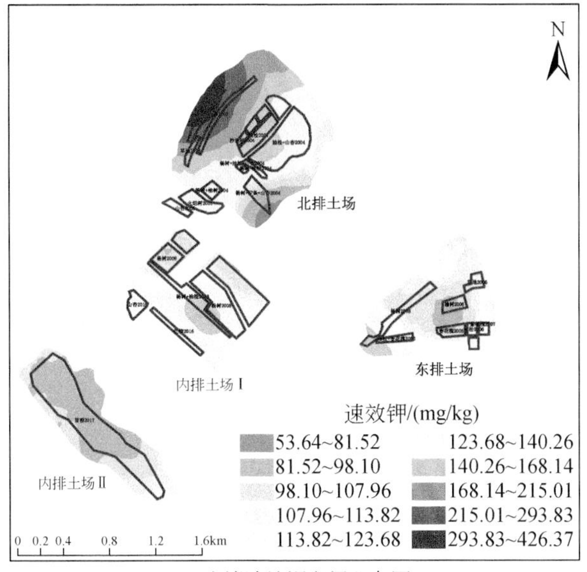

(e)土壤速效钾空间分布图

图 7.4　土壤化学性质空间分布图

东排土场速效钾含量整体较低，表现为由四周向中心递减。排土场速效磷与速效钾呈明显负相关。

北排土场与东排土场磷酸酶活性显著高于内排土场［图 7.5（a）］。北排土场磷酸酶活性分布呈不规则斑块，空间不连续，异质性程度较高。东排土场磷酸酶活性分布较为均匀，但西南部与东南角相对较高。内排土场 I 磷酸酶活性表现为杨树（2008 年）与杨树＋油松（2008 年）样地相对高于该地其他区域。内排土场 II 磷酸酶活性整体显著低于其他区域。

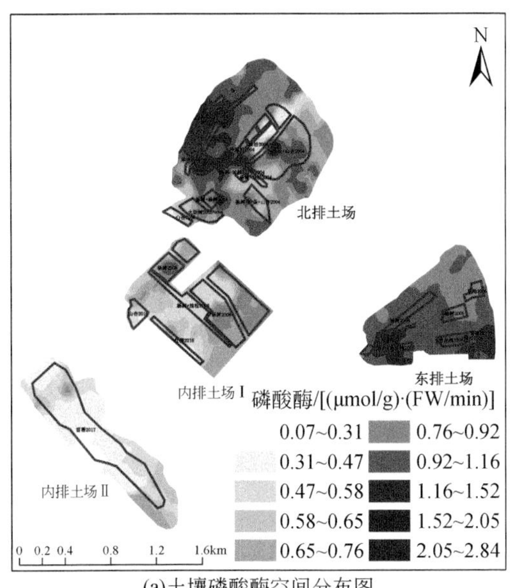

(a)土壤磷酸酶空间分布图

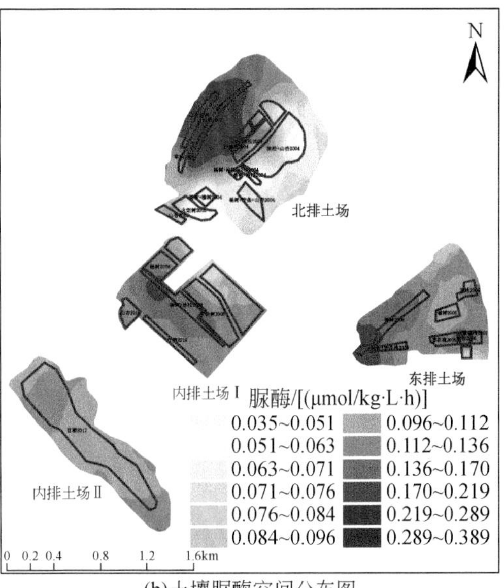

(b)土壤脲酶空间分布图

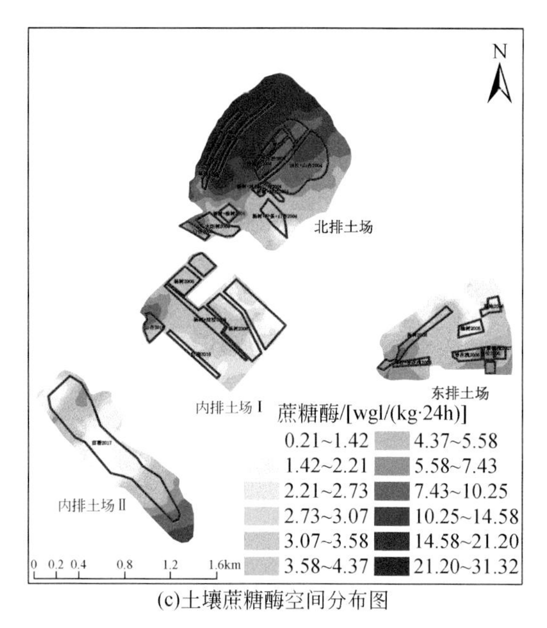

(c)土壤蔗糖酶空间分布图

图 7.5　土壤酶活性空间分布图

排土场脲酶和蔗糖酶活性呈相似规律［图 7.5（b）、（c）］。北排土场脲酶与蔗糖酶活性呈现出由西北部向东南部递减的趋势，且北排土场西北部脲酶与蔗糖酶活性显著高于其他地区。东排土场脲酶与蔗糖酶活性由北向南递增，西南部与东南部内排土场 I 西侧角脲酶与蔗糖酶活性较高，其他区域分布较均匀。内排土场 II 脲酶与蔗糖酶活性表现出西北与东南侧较高、中部较低的趋势。

土壤性质空间分布主要与植被类型、复垦时间、地形地势、土壤不同性质间关联作用和人类活动等因素有关，表现出复杂的变异性。

7.2　重建生态对矿区生态因子演变的分析

在露天煤矿开采进程中，土地损毁与人工干预下的生态修复同时进行，而遥感技术可对历史时期的生态环境状况进行追溯，能够对地物进行长时序持续监测，是揭示区域生态环境与微气候变化的重要手段之一[181-184]。植被覆盖是反映生态状况的最直观指标，多年来被研究者作为主体对象进行回顾及动态分析。吴立新等[185]利用 SPOT-NDVI 时间序列数据对神东矿区植被进行动态分析，指出自建矿初期至评价期为止，矿区植被状况变化存在先降低后升高的趋势，表明在矿区建设生产期间辅以大规模的土地复垦与生态修复对整体环境质量的改善具有较强的作用，在区域尺度上可以利用遥感时序植被数据对生态环境的变化做出定量分析；胡振琪等[186]根据 1986～2006 年四景同期 TM 影像数据，利用像元二分法对陕西省神府矿区采煤沉陷地的植被覆盖度进行计算，定量分析了神府矿区在 20 年间的植被覆盖变化情况，结果表明神府矿区植被覆盖度整体提高，在局部矿区则有所降低。

7.2.1 生态因子获取及计算方法

1. 气象数据

本书研究所用气象数据为1988年1月1日～2019年12月31日中国地面气候资料日值数据集，来自国家气象科学数据中心（https://data.cma.cn/［2024-09-13］）。准格尔矿区未设立气象监测台站，因此利用周边内蒙古自治区鄂尔多斯市东胜区、伊金霍洛旗以及山西省忻州市河曲县的气象台站的气象监测数据进行插值，得到准格尔矿区的降水量、日平均气温、日最高气温、日最低气温、日平均相对湿度、日最小相对湿度数据。利用 Excel 软件对气象台站数据进行统计，生成东胜、伊金霍洛旗、河曲县三个台站的多年气象数据表，在 ArcGIS 软件中运用克里金插值法进行空间插值，之后使用 Zonal 工具，以准格尔矿区为范围进行区域统计。

2. 地表温度数据

地表温度（land surface temperature，LST）是土地退化、盐化、沙化和侵蚀以及气候变化的一个重要指示器，可被用于大面积的植被干旱监测和评估由于缺水所造成的植被所受胁迫程度[187, 188]。而温度植被干旱指数（temperature-vegetation dryness index，TVDI）与土壤湿度显著相关，可以用来反演地表的土壤湿度[189, 190]。从美国宇航局的 EARTH DATA 网站（https://ladsweb.modaps.eosdis.nasa.gov/［2024-09-13］）可以下载 Terra MODIS 传感器的 MOD11A2 LST_8day_1km 地表温度产品。MODIS 卫星于1999年12月正式向地面发送观测数据，因此，地表温度数据时间设定为2000年1月1日～2019年12月31日，条带号为h26/v4和h26/v5。该数据是8天合成产品，下载时间范围内每个年份的所有影像，对下载影像进行最大化合成后代表研究区每年的地表温度。并将 LST 数据重采样成30m空间分辨率，用于后续与 Landsat-NDVI 数据进行干旱指数的计算。

利用 MRT 软件对 MOD11A2 数据进行批处理，包括波段提取、投影转换与重采样，提取 MOD11A2 数据中的第一波段 LST 作为目标文件，将投影转换为 Albers 投影，将图像重采样成250m分辨率。利用 ENVI5.3 软件中的 layer stacking 工具进行波段合成，将每年内的各景图像合成为一个多波段文件，再使用 Maximum Value Composites 工具进行最大化合成，获得每年的地表温度空间图像。由于 MOD11A2 数据单位为开尔文温度，所以需要将单位转换为摄氏温度，对所有图像进行批量的计算，公式如下：

$$\text{NEW\_DN}=\text{OLD\_DN}\times 0.02-273.15 \tag{7.2}$$

式中，NEW_DN 为计算后单位为摄氏温度的地表温度；OLD_DN 表示最大化合成后的像元原始值，然后运用 ArcGIS 中 Zonal 工具进行区域统计。

3. 干旱指数

用处理过后的 NDVI 图像与重采样成30m分辨率的地表温度 LST 图像计算干旱指数 TVDI，公式如下：

$$\text{TVDI}=(T_s-T_{s\min})/(T_{s\max}-T_{s\min}) \tag{7.3}$$

式中，T_{smin} 为最小地表温度，对应的是湿边；T_s 为任意像元的地表温度，$T_{smax}=a+b\,\mathrm{NDVI}$，为某一归一化植被指数（NDVI）对应的最高温度，即干边；a、b 为干边拟合方程的系数[24]。

利用 ENVI5.3 软件中进行像元统计，拟合得到干湿边方程，最终生成 TVDI 结果，运用 ArcGIS 平台下的 Zonal 工具进行区域统计，并以 TVDI 值作为不同土壤湿度分级指标，将土壤湿度划分为 5 级，分别为：极湿润（0<TVDI<0.2）、湿润（0.2<TVDI<0.4）、正常（0.4<TVDI<0.6）、干旱（0.6<TVDI<0.8）和极干旱（0.8<TVDI<1）。

7.2.2　生态因子年际变化分析

1. 区域气象变化

自 1988 年以来，准格尔矿区的年降水量和年平均温度均存在多次波动[图 7.6（a）、（b）]，就年均降水量而言，该区域历年年均降水量维持 379～420mm 之间，而在对气象台站获取的年均降水量统计发现，多数时间内，该区域的降水量处在较低水平。近年来，在全球气

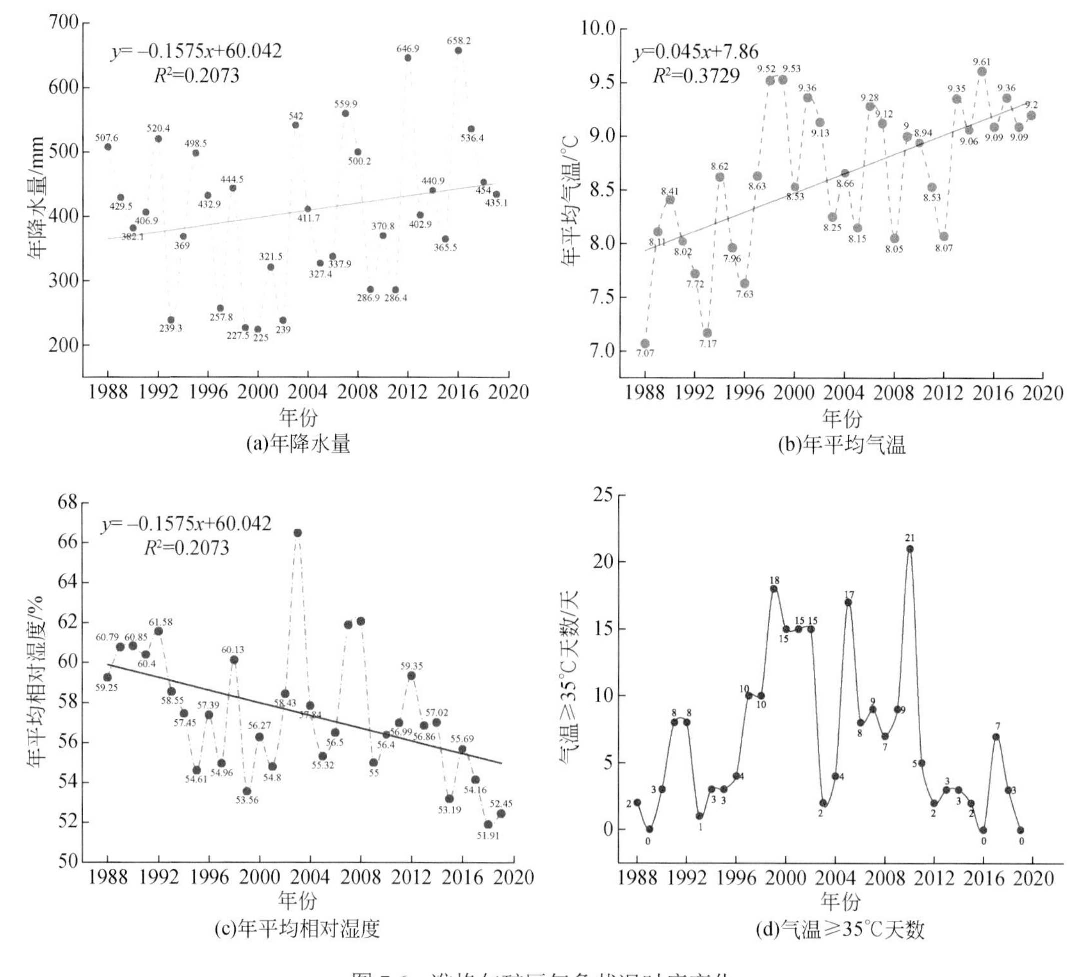

图 7.6　准格尔矿区气象状况时序变化

候变暖的背景下，准格尔旗年平均气温连续七年高于历年平均气温（年平均气温 7.8℃）。33 年间平均相对湿度呈明显的逐渐降低趋势［图 7.6（c）］。另外，在对极端天气情况进行统计时［图 7.6（d）］，发现自 1988 年以来，年内气温高于 35℃的天数在进入 2005 年之后明显增多，但是在 2011 年之后明显开始减少。

2. 地表温度时序变化

在对准格尔矿区 2000～2020 年地表温度进行统计后，得到该区域 21 年间地表温度的时序变化图（图 7.7）。由图 7.7 可知，自 2000 年以来地表温度的波动较大，2013 年该区域的地表温度达到了极低值，这与当年的降水较高（646.9mm）和年平均气温较低（8.07℃）有关。图 7.7 表明准格尔矿区地表温度整体存在着下降趋势，说明在人工修复的高密度种植后，植被覆盖度增长，植被的郁闭度也明显增加，避免了太阳对地表直接辐射，地表温度降低，土壤水分蒸发减少，而在人工植被区的地表温度降低之后，对区域整体的地表温度也有降低作用，从而对区域生态环境的改善起到正效应。

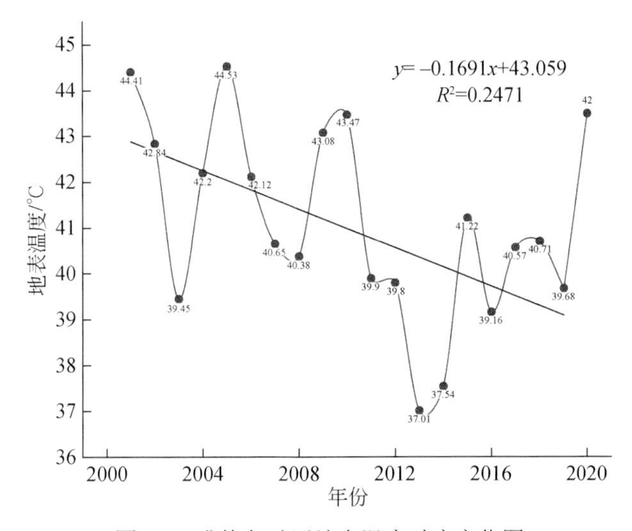

图 7.7　准格尔矿区地表温度时序变化图

3. 干旱指数动态特征

该准格尔矿区的干旱指数从最初 2001 年的 0.77 降至 2019 年的 0.57（图 7.8），干旱级别从干旱降低为正常。研究表明，在上述地表温度降低的前提下，土壤水分蒸发减少，从而使该区域的干旱得到极大程度的改善，原因可能是矿区人工修复的大面积、高密度种植，缓解了区域的干旱，表明矿区人工修复对当地的区域生态环境具有明显促进作用，促进了原始生态协同改善。

本研究区域排土场人工植被的高密度种植在改善区域生态环境中起到了重要的作用，由于准能矿区排土场面积较大，高密度的人工植被面积增长速率较快，增加了植被郁闭度，降低了地表温度，减少了土壤水分蒸发，构建出与周边区域相异的小气候，综合表现出该区域干旱指数降低，级别由干旱降低为正常，一系列的生态因子变化综合表现出准格尔矿区的生态环境质量提升。

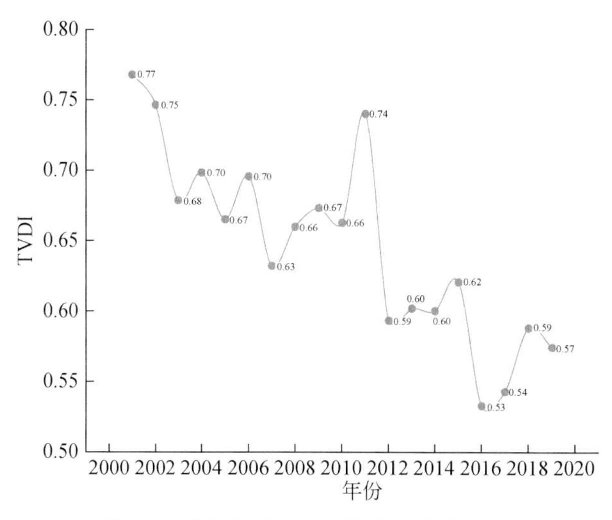

图 7.8　准格尔矿区干旱指数时序变化图

7.3　人工生态重建对周边生态的协同演变影响

露天煤矿在我国煤炭生产中的地位越来越重要，但多数露天煤矿地处干旱、半干旱地区，生态环境相较脆弱，因此在露天煤矿开发的同时也出现了不可避免的一系列的生态环境问题。张耀等[191]利用 1987～2013 年的 Landsat 数据对平朔露天矿区内部排土场植被改善和退化面积进行提取，指出 27 年来平朔露天煤矿生长季 NDVI 均值整体上呈增加趋势，植被质量以改善为主，且长期复垦的人工植被生长状态优于自然植被。露天煤矿区作为对环境损伤最为强烈的一个区域，由于土地损毁造成裸土地的出现，矿区内部地表温度与周边环境有着极大的差异，而地表温度的升高反映出该区域的土壤水分蒸发较高，因此矿区地表温度的变化能够间接体现出生态环境质量的波动[192]。郑海峰等[193]通过测定黑岱沟露天矿不同复垦模式下的地表温度及土壤水分，证实了不同复垦模式下地表温度均低于裸地，且不同复垦模式间地表温度与土壤水分也存在差异。

综合分析国内外相关研究，大多以井工矿采煤沉陷地与露天矿排土场的植被及土壤水分为研究对象，并未对矿区外围的未扰动植被状况、矿区人工修复植被对未扰动植被的影响进行综合分析，以准格尔矿区建矿及投产时间为研究序列，利用 1988～2020 年 Landsat TM/OLI 影像对植被覆盖度、NDVI 年际间变化对准格尔矿区人工修复区及其外围未扰动原始植被进行时序变化动态分析，揭示其生态协同演变规律，以期为矿区生态修复提供理论支撑。

7.3.1　植被空间的动态演变规律

1. 空间数据的提取方法

以 Landsat 遥感数据为基础，利用 eCognition Developer 9.0 软件中 Multiresolution

Segmentation 工具对遥感影像进行多尺度分割，将栅格数据分割为矢量数据。利用分割后的矢量数据进行目视解译，获得多个时间点的矿区边界，并以其为基础，进行缓冲分析，距离分别为500m、1000m、3000m、5000m。

2. 人工植被盖度空间动态演变规律

准格尔矿区的遥感图像如图7.9所示。1988年准格尔矿区遥感图显示矿区未开始建设，周边植被状况整体较差，盖度低；矿区建设初期，即1990年，开始出现大面积的裸土地，植被整体状况仍处于较低水平；而到1994年矿区投产初期，矿区开展了排土场复垦，排土

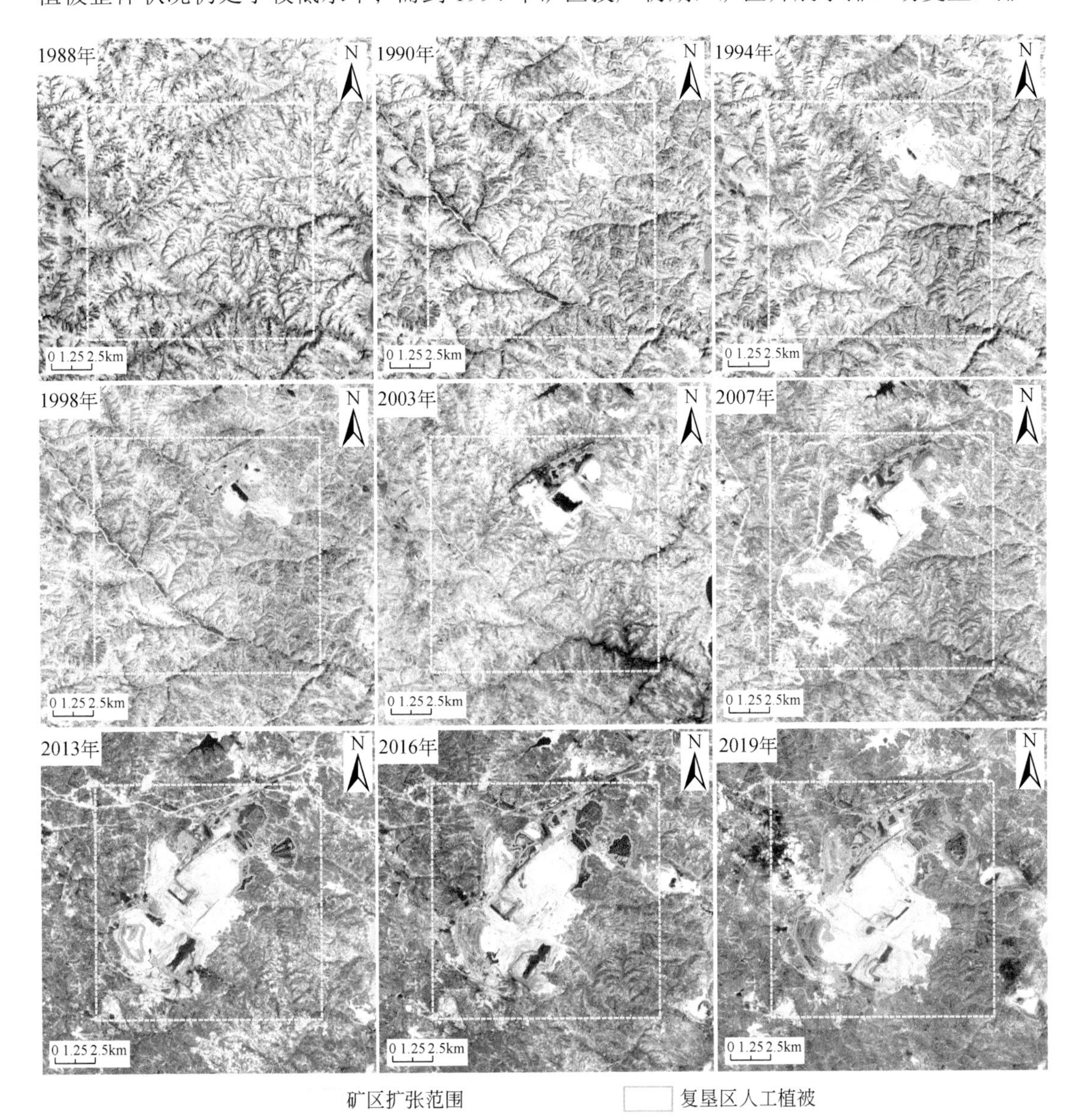

图7.9　准格尔矿区遥感图像（1988～2019年）对植被盖度解析

场首次出现人工植被；1998 年左右，矿区排土场复垦力度不断加大，矿区周边的未扰动植被状况也得到明显改善；进入 21 世纪后，在 2003 年矿区向西南方向推进，产能不断扩大，矿区东北部排土场人工植被的面积明显增加，矿区外围未扰动植被盖度不断增加；2007 年矿区范围持续向西南方推进，东北部人工植被面积不断增长，矿区裸土地大面积增加，而在这一时期，矿区外围未扰动植被的状况得到明显提升，包括周边沟壑内的植被也保持着良好的生长态势；2013 年矿区西南部排土场开始复垦，部分裸土地上出现植被覆盖，矿区外围未扰动植被盖度大幅提升；到 2016 年和 2019 年，随着矿区复垦面积不断增加，矿区外围未扰动植被仍保持着良好的生长状况。

图 7.9 显示矿区内部排土场复垦区的人工植被在 1994 年首次出现，面积仅为 15.49ha；而在 1998 年，这一面积已达到了 156.81ha；进入 21 世纪后，2003 年的植被盖度也出现了显著上升，人工植被面积达到 240.69ha；而 2007 年的面积超过 2003 年的两倍，达到了 333.68ha；在复垦技术和生态修复工程的大力开展与实施下，2013 年矿区东北部的复垦区植被盖度接近饱和，东北部和西南部两个区域的人工植被面积达到 715.14ha；2016 年人工植被面积达到 957.20ha；2019 年达到 1694.86ha。

7.3.2 植被覆盖度空间演变规律

1. 覆被数据获取与处理

植被覆盖度（fractional vegetation cover，FVC）作为反映地表植被群落生长态势的重要指标，可以直接指示植被的茂密程度以及植物进行光合作用面积的大小，因此选择植被覆盖度这一指标作为描述区域生态系统的重要基础数据[194]。植被覆盖度需要通过 NDVI 计算得到，故从美国地质勘探局网站（https://earthexplorer.usgs.gov/［2024-09-13］）下载 Landsat5 TM 和 Landsat8 OLI/TIRS 影像，成像时间选择 1988～2019 年每年生物量高峰期，即 6～9 月中质量最佳的影像，条带号为 126/32，其中 1988～2011 年期间的数据属于 TM 传感器，2013～2019 年期间的数据属于 OLI/TIRS 传感器，2012 年由于传感器故障造成数据缺失。此外，2018 年由于设定时间范围内卫星过境时云量较大，影像质量较差且无替代产品造成数据缺失。使用 ENVI5.3 对 Landsat 影像进行预处理，包括辐射定标、大气校正及正射校正，之后进行 NDVI 计算［式（7.4）］以及像元统计，利用像元灰度值的分布情况设定公式，计算每年的植被覆盖度，具体公式见式（7.5）：

$$\mathrm{NDVI}=(\mathrm{IR}-R)/(\mathrm{IR}+R) \tag{7.4}$$

式中，IR 为红外波段的像素值；R 为红光波段的像素值。

将 NDVI 值处于［-1，-0.1］之间的值赋值为-0.1，再通过公式 DN=（NDVI＋0.1）/0.004 转换到 0～250 区间用较大的值表示遥感影像像元亮度值（digital number，DN）值。为了便于计算和参考，本研究对 NDVI 值和 DN 值同时进行比较，以不同年际间的 NDVI 和 DN 栅格数据为基础，利用 band math 工具进行一元线性回归，分析 33 年来准格尔矿区年度植被的变化趋势。

$$\mathrm{FVC}=(\mathrm{NDVI}-\mathrm{NDVI}_{min})/(\mathrm{NDVI}_{max}-\mathrm{NDVI}_{min}) \tag{7.5}$$

式中，NDVI_{max} 和 NDVI_{min} 分别为区域内最大和最小 NDVI 值。

由于不可避免存在噪声，$NDVI_{max}$ 和 $NDVI_{min}$ 一般取一定置信度范围内的最大值与最小值，置信度的取值主要根据图像实际情况来定。

在得到准格尔矿区范围的植被覆盖度图像之后，利用 ArcGIS 中 Zonal 工具对植被覆盖度进行不同区域统计（包括未扰动植被区、人工植被区）。

2. 植被覆盖度时序动态演变

对准格尔矿区植被覆盖度的空间分布数据进行像元统计，得到 1988～2020 年的植被覆盖度时序变化图（图 7.10），从图中可以看出，该区域在 33 年内未扰动植被的状况具有明显

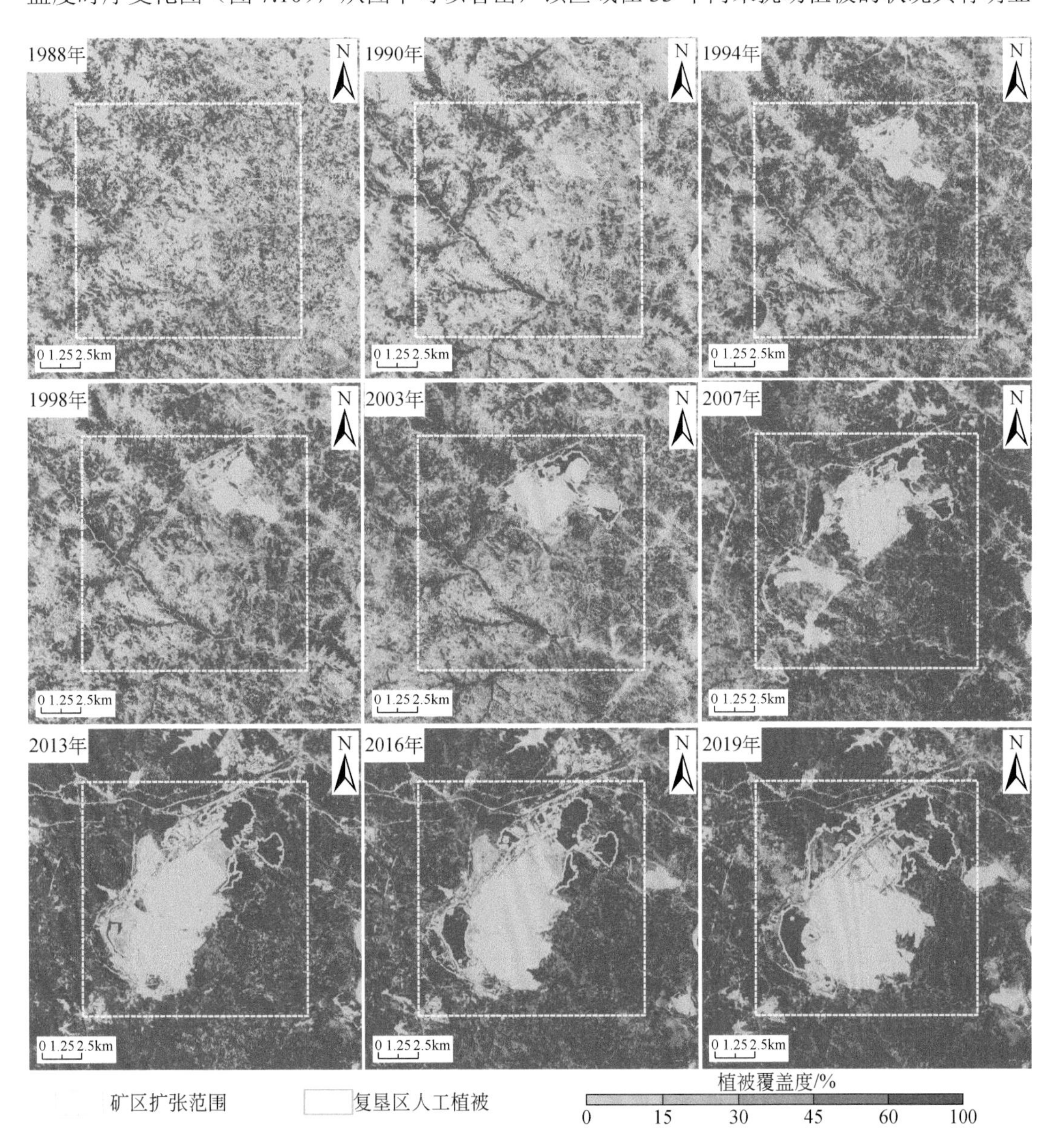

图 7.10 准格尔矿区植被覆盖度空间分布

的改善，从最初未建设准能矿区的 1988 年左右开始，未扰动植被的覆盖度水平较差，仅有 37.32%，而随着区域气候的改善，尤其是在年降水量缓慢上升过程中，该区域植被覆盖度也得到提升，2020 年已经达到 63.38%，直接反映出准格尔矿区的生态状况得到明显提升。

利用 Zonal 工具对植被覆盖度的图像进行像元提取可以得到固定区域的像元灰度值年际变化，对提取值进行统计即获得准格尔矿区人工植被与未扰动植被的覆盖度时序变化（图 7.11）。1988～1990 年人工植被覆盖度出现骤降，而 1990 年之后又开始出现明显上升，造成这一现象的原因主要是矿区建设初期露天开采地表剥离造成未扰动植被（天然植被）的破坏，而在逐渐投产后，开始进行排土场复垦，人工植被的覆盖度逐渐上升，随着产能的不断扩大及矿区人工生态修复工程强度增加，人工植被的覆盖度在 2012 年左右已经达到饱和。根据对两条曲线的对比分析发现，人工植被和未扰动植被的覆盖度在 33 年中均呈上升趋势。表明随着人工植被盖度增加可以带动周边未扰动的未扰动植被协同生长发育。

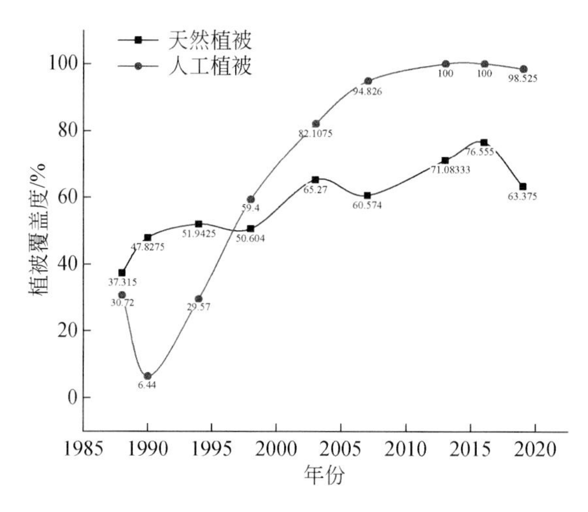

图 7.11　准格尔矿区植被覆盖度时序变化

7.3.3　人工植被对周边未扰动植被的影响

根据矿区扩张方向及扩张速度，以目视解译得到的矿区边界向外缓冲 5km 为边界（图 7.12），对 NDVI 图像和 DN 图像进行掩膜提取，并利用一元线性回归斜率得到准格尔矿区 33 年内各像元 NDVI 值变化趋势，该斜率可表示区域内植被状况在时间尺度上的变化及程度，根据斜率分布，将植被退化程度分为 5 个等级（表 7.5）。可知 1988～2020 年准格尔矿区植被严重退化与中度退化区域的面积均未达到 1%，而植被中度改善区面积占比达到 74.74%。从空间分布上看，严重退化和中度退化的区域主要分布在矿区采坑的位置，露天开采对于土地损毁较为彻底，人工修复面积小于损毁面积，因此 33 年来矿区植被总体呈下降趋势。由图 7.12 可知，33 年来矿区外围未扰动植被生长不断得到改善，该区域植被变化趋势大多属于中度改善；生态明显改善区域主要分布在矿区排土场，该区域主要是高密度种植的人工植被。

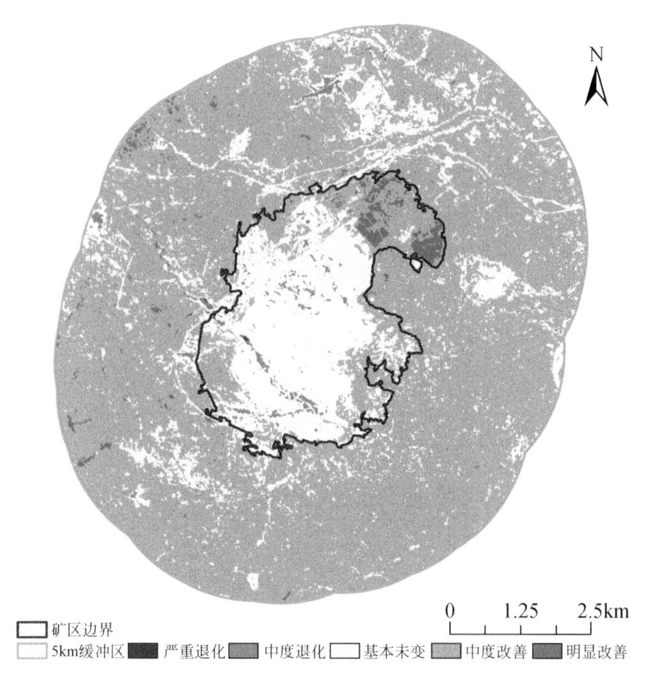

图 7.12　NDVI 变化趋势分布图

表 7.5　植被变化趋势分级标准与面积统计

NDVI 值一元线性回归斜率	DN 值一元线性回归斜率	变化程度	面积/ha	占总面积百分比/%
≤-0.00118	≤-3.0273	严重退化	2.79	0.009
-0.00118～-0.0001	-3.0273～-1.1065	中度退化	286.29	0.98
-0.0001～0.00283	-1.1065～0.8142	基本未变	6677.01	22.93
0.00283～0.00718	0.8142～2.7350	中度改善	21764.34	74.74
0.00718～0.01862	2.7350～4.6558	明显改善	392.58	1.35

准格尔矿区为黄河中游流域的典型区域，1988 年建矿投产后保持高强度煤炭开采，土地损毁较为严重，后期在矿区内部大力开展人工生态修复与土地复垦工程。本研究表明该区域的生态环境质量并未因露天煤炭开采而降低，反而通过一系列生态指标的计算反映出其向好的发展趋势。矿区内部的人工植被与矿区外围的未扰动植被盖度均得到提高，除露天矿采坑区域表现为严重退化外，矿区排土场及矿区外 5km 缓冲区范围内的植被状况均得到中度改善。对多年降水与气温数据进行统计后发现，研究区域降水在近年来虽高于历年平均降水，但是在整个研究时间内，多数时间处于较低水平，同时在近 7 年年均气温高于历年年均气温的情况下，水热条件不利于植被生长，但是根据植被覆盖度的数值及空间表征该区域的植被状况并未受到区域气候的明显影响，反而在一定程度上呈现逐渐向好的趋势。露天开采剥离表土造成裸地使地表温度较高，后期矿区内部人工修复使用大面积、高密度的种植明显降低了地表温度，减少了土壤水分蒸发，进而形成了区域小气候，干旱指数在该区域的变化也同样说明上述指标对区域生态环境质量的改善起着至关重要的作用。

叶宝莹等[195]以人机交互方式对遥感影像进行解译，得到了安太堡煤矿 30 年的土地利用变化数据，分析表明在长的时间序列上矿区土地利用类型由简单到复杂，开采导致的土地损毁面积随着大面积的复垦工作而逐渐减少，矿区整体植被状况呈现变好趋势，与本研究结果相似，表明矿区人工生态修复，可促使区域整体生态环境协同改善。就人工修复植被与原始植被对气候波动的响应的差异而言，由于人工修复植被多属于灌木及乔木层片，未经历草本层面的植被生长阶段，但在实地调查后发现，人工修复植被区的草本层片植物长势较好，且 α 多样性较高，在矿区内部种植成功并养护 2～3 年后，人工修复植被已达到稳定并达到演替后期，因此人工修复植被对其后波动的相应较低；而矿区外围原始植被异质化较强，有部分草地以及演替初期的植被群系，且容易受到人类活动的干扰，在与人工修复植被处于同一气候条件时，原始植被更容易产生对气候波动的响应。

从以自然为本的解决方案（Nature-based Solutions，NbS）[196]的全球标准来看，该标准定位于总领所有基于生态系统的方法。针对矿区生态修复的原则与需求，来恢复矿区生态系统的完整性和功能性，以生态工程促进资源循环利用，如采用高密度的灌木或乔木植物种植使受损土地或露天矿排土场等得到利用。在人工修复后可形成区域小气候，从而起到降低地表温度、减少土壤水分蒸发量与增强水源涵养的作用，该作用对矿区外围的未扰动植被的生长状况改善具有协同促进作用。在长时间序列下，人工植被逐渐演替发育为与矿区外围的未扰动植被一致或相近的植被类型，并加速了未扰动植被向更高群落等级的演替，从而达到人工修复与未扰动植被的协同演变。

研究区生态环境质量不断提升的原因主要是矿区长期以来坚持绿色发展理念，截至 2019 年底，公司累计投入复垦绿化资金 15 亿元，复垦绿化面积达三千多公顷，加之对排土场复垦工艺的不断提升，配合开展微生物复垦等工程，使排土场土壤得到改良，植被恢复速率加快[197-199]。随着遥感数据的海量增多，以及遥感技术的不断发展与更新，矿区植被演变规律及主要生态因子的研究将会变得更加精准[200, 201]。采用实测与遥感技术相结合的方式，以矿区排土场为研究对象，对植被生长状况进行精密监测，利用遥感数据对实测数据进行反演实现指标时空变化，将会更好地揭示生态演变的时序规律，为矿区生态修复提供一种新的手段和方法。

7.4　重建生态对煤矿区生态环境的影响评价

生态质量评价是衡量当地生态系统状况变化的重要工具。矿区排土场的生态环境具有复杂性、变异性，因此需要综合考虑评价地的植被特征、土壤功能等，选择一种合适的方法来评估特定地区的生态质量。目前应用主成分分析法（principal component analysis，PCA）构建最小数据集（minimum data set，MDS），后结合综合指数法。该方法是研究中较常用的方法，特点为灵活性高、应用广泛，可减少变量指标，适用于可持续管理。

使用克里金插值法预测排土场上述 6 个不同植被特征指标与 10 个不同土壤性质指标空间分布，以这些指标为立足点，基于主成分分析法构建的最小数据集，再结合两种评分模型计算综合质量指数构建黑岱沟露天煤矿排土场生态评价体系。揭示研究区域生态状况变化情况，为评价该区域生态质量提供适合的评价方法，以及为黄土高原西北部矿区复垦管理工作与评价复垦质量提供科学依据。

7.4.1 生态效应评价方法

本文生态评价方法包括三个步骤[202]：一是应用主成分分析法筛选合适的指标从而构建最小数据集；二是对最小数据集指标进行评分和计算权重值；三是通过指标得分和权重计算综合质量指数。具体方法如下所示。

1. 基于主成分分析的评价指标最小数据集的构建

提取特征值≥1 的主成分解释大部分原始数据的变异性，以指标载荷 0.5 为分界进行分组。计算各组指标的 Norm 值，选取每组中 Norm 值在该组中最大 Norm 值的 10%范围内的指标。Norm 值的计算公式如下：

$$N_{ik} = \sqrt{\sum_{j=1}^{k} u_{ik}^2 e_k} \tag{7.6}$$

式中，N_{ik} 为第 i 个指标在第 k 个主成分的 Norm 值；u_{ik} 为第 i 个指标在第 k 个主成分的载荷；e_k 为第 k 个主成分的特征值。

2. 评分模型

利用线性（linear）与非线性（non-linear）评分模型对土壤质量进行双重评价。

1）线性评分模型

选取“越多越好”型［式（7.7）］和“越少越好”型模型［式（7.8）］。“越多越好”型函数适用于对土壤质量有正向作用的指标，如有机质、全氮等；“越少越好”型函数适用于对生态质量有反向作用的指标，如土壤容重。排土场 pH 呈碱性，同样适用于“越少越好”型函数。模型函数[203]如下：

$$s_l = \frac{x - L}{H - L} \tag{7.7}$$

$$s_l = 1 - \frac{x - L}{H - L} \tag{7.8}$$

式中，s_l 为各指标线性评分；x 为相应指标值；L 为指标最低值；H 为指标最高值。

2）非线性评分模型

生态指标通过非线性评价模型进行评分，得到介于 0～1 之间适当的分值，评价模型[204]如下：

$$s_{nl} = \frac{a}{1 + (x / x_0)^b} \tag{7.9}$$

式中，s_{nl} 为指标非线性得分；a 为指标最大得分；x 为相应指标值；x_0 为相应指标平均值；b 为方程斜率，“越多越好”型取值−2.5，“越少越好”型取值 2.5。

3. 生态指标的权重

通过主成分分析法得到的各指标公因子方差计算指标权重。指标权重值为其公因子方差与总指标公因子方差和之比[205]。

4. 生态效应综合质量指数的计算

根据得到的各指标的评分和权重，计算生态综合质量指数（environmental quality index，EQI），计算方程如下：

$$\mathrm{EQI}=\sum_{i=1}^{n}W_iS_i \tag{7.10}$$

式中，S_i为各指标得分，W_i为指标权重值；n为指标数量。

EQI 值越高表示其生态质量越好。

7.4.2 排土场不同重建植被类型林下植被与土壤性状分析

林下植被种类数量与土壤含水率呈显著正相关关系（$P<0.05$）（表 7.6）；物种均匀度与土壤磷酸酶、脲酶和蔗糖酶活性均呈显著负相关性；物种优势度与磷酸酶呈显著正相关性。由此可知，土壤性质与林下植被之间存在协同反馈效应，植被均匀度与优势度对土壤酶活性有显著影响。

表 7.6 林下植被指数与土壤性质相关性分析

指标	*S*	植被盖度	SW	*P*	SP	DMG
容重/(g/cm³)	−0.193	−0.081	0.111	0.246	−0.148	−0.11
含水率/%	0.445*	−0.076	−0.077	−0.351	0.179	0.294
pH	0.226	0.046	0.396	0.296	−0.336	0.339
有机质/(mg/g)	0.058	−0.029	−0.019	−0.091	0.026	−0.015
全氮/(mg/g)	0.167	0.21	−0.176	−0.321	0.205	0.001
速效磷/(mg/kg)	−0.181	−0.329	0.037	0.161	−0.098	−0.019
速效钾/(mg/kg)	0.172	0.284	−0.158	−0.278	0.17	0.004
磷酸酶/[(μmol/kg)·(FW/min)]	0.104	0.117	−0.422	−0.520*	0.441*	−0.073
脲酶/[μmol/(kg·L·h)]	0.293	0.318	−0.289	−0.443*	0.392	0.097
蔗糖酶/[mg/(kg·24h)]	0.109	0.363	−0.345	−0.444*	0.406	−0.11

注：*为达到显著性水平 $P<0.05$。

7.4.3 排土场不同植被类型复垦地生态质量综合评价

1. 最小数据集的建立

选取不同植被类型复垦地下的林下植物物种数量（*S*）、植被盖度、Shannon-Wienner 指数（SW）、Simpson 优势度指数（SP）、Pielou 均匀度指数（*P*）和 Margalef 丰富度指数（DMG）6 个指标，以及土壤容重、体积含水率、pH、有机质、全氮、速效磷、速效钾、磷酸酶、脲酶、蔗糖酶 10 个指标，共 16 个指标作为自变量建立全数据集（total data set，

TDS），进行主成分分析并计算 Norm 值筛选指标建立最小数据集。

主成分分析结果与 Norm 值如表 7.7 所示，根据特征值≥1 的选取原则，提取了 5 个主成分，其特征值分别为 5.599、3.298、1.940、1.395、1.051。五个主成分方差累积贡献率为 83.020%，说明这五个主成分可较大程度包含原数据信息。分别对各主成分中指标载荷绝对值>0.5 原则进行分组，根据计算得到的各指标 Norm 值，按每组中指标最高 Norm 值的 10% 以内范围选取指标，最终确定生态综合质量评价最小数据集指标为有机质、全氮、速效钾、蔗糖酶、林下植被盖度和 Shannon-Wienner 指数。

表 7.7 各指标主成分分析结果与 Norm 值

指标	PCA1	PCA2	PCA3	PCA4	PCA5	分组	Norm 值
容重/(g/cm^3)	−0.593	−0.32	0.324	0.306	−0.061	1	1.32
含水率/%	0.512	0.397	0.47	0.031	−0.172	1	1.22
pH	−0.223	0.473	−0.046	0.627	0.376	4	0.86
有机质/(mg/g)	0.37	0.301	−0.657	−0.195	0.409	3	1.07
全氮/(mg/g)	0.768	0.323	−0.413	−0.111	0.048	1	2.00
速效磷/(mg/kg)	−0.516	−0.295	0.006	−0.413	0.282	1	1.05
速效钾/(mg/kg)	0.82	0.374	−0.272	0.072	−0.15	1	2.20
磷酸酶/[(μmol/kg)·(FW/min)]	0.681	−0.105	0.239	−0.318	−0.394	1	1.52
脲酶/[μmol/(kg·L·h)]	0.687	0.168	0.38	0.32	−0.124	1	1.59
蔗糖酶/[mg/(kg·24h)]	0.885	0.153	−0.199	0.038	−0.097	1	2.28
S/种	0.156	0.694	0.517	−0.093	0.311	2	1.18
植被盖度/%	0.441	−0.351	−0.11	0.635	0.093	4	1.05
SW	−0.59	0.753	−0.093	0.034	−0.177	2	1.94
P	−0.727	0.366	−0.389	0.127	−0.386	1	1.94
SP	0.653	−0.596	0.279	−0.054	0.325	1	1.91
DMG	−0.17	0.817	0.423	−0.212	0.184	2	1.40
特征值	5.599	3.298	1.940	1.395	1.051		
贡献率/%	34.995	20.61	12.124	8.72	6.57		
累计贡献率/%	34.995	55.605	67.729	76.449	83.020		

2. 基于两种评分模型的生态综合质量指数（EQI）

根据主成分分析结果得到各指标公因子方差，进而计算各指标权重（表 7.8），最小数据集（MDS）中有机质、全氮、速效钾、蔗糖酶、林下植被盖度和植被多样性指数权重分别为 1.166、0.169、0.175、0.165、0.142 和 0.183。6 个指标均适用于“越多越好”型函数，分别对 6 个指标进行线性评分，得到关于 6 个指标 0～1 的得分，再通过公式计算得出不同植被复垦样地的生态综合质量指数（EQI）。

表 7.8 生态质量评价指标公因子方差与权重

指标	公因子方差	TDS 权重	MDS 权重
容重/(g/cm^3)	0.656	0.049	
含水率/%	0.672	0.051	
pH	0.81	0.061	
有机质/(mg/g)	0.864	0.065	0.166
全氮/(mg/g)	0.88	0.066	0.169
速效磷/(mg/kg)	0.602	0.045	
速效钾/(mg/kg)	0.914	0.069	0.175
磷酸酶/[(μmol/kg)·(FW/min)]	0.787	0.059	
脲酶/[μmol/(kg·L·h)]	0.762	0.057	
蔗糖酶/[mg/(kg·24h)]	0.858	0.065	0.165
S/种	0.879	0.066	
植被盖度/%	0.741	0.056	0.142
SW	0.956	0.072	0.183
P	0.979	0.074	
SP	0.968	0.073	
DMG	0.955	0.072	

基于线性与非线性评分模型计算得到的生态综合质量指数（EQI）（表 7.9），根据类平均法对不同植被类型复垦样地的生态综合质量指数（EQI）进行系统聚类，将其生态质量等级划分为六类：优良、良好、中上、中等、低等、劣等，如表 7.10 所示。

表 7.9 基于线性与非线性评分模型的不同植被类型样地 EQI

样地编号	植被类型	种植年份	EQI-L	排序	EQI-NL	排序
A1	油松＋山杏	2004	0.393	4	0.553	3
A2	杨树＋油松	2004	0.393	5	0.515	7
A3	杨树＋柠条＋山杏	2004	0.269	14	0.397	14
A4	杨树＋油松＋山杏	2004	0.439	3	0.530	6
A5	油松	2004	0.352	9	0.493	9
A7	杨树＋榆树	2004	0.358	8	0.482	10
A8	火炬树	2005	0.337	10	0.514	8
A9	草地	1998	0.377	6	0.548	4
A10	山杏	1998	0.864	1	0.809	1
A11	山杏	2002	0.482	2	0.626	2
A12	山杏	2005	0.328	11	0.457	12
B1	山杏	2016	0.362	7	0.534	5
B2	杨树	2008	0.197	20	0.304	21

续表

样地编号	植被类型	种植年份	EQI-L	排序	EQI-NL	排序
B3	杨树＋柠条	2008	0.202	19	0.332	18
B4	杨树＋油松	2009	0.291	13	0.370	15
B5	红柳	2016	0.209	18	0.337	17
B6	苜蓿	2017	0.121	17	0.215	19
C1	油松＋香花槐	2006	0.162	21	0.313	20
C2	香花槐	2006	0.309	12	0.463	11
C3	紫穗槐	2007	0.253	15	0.417	13
C4	榆树	2006	0.124	22	0.225	22
C5	荒草地	2006	0.238	16	0.353	16

注：EQI-L 代表基于线性评分的生态综合质量指数；EQI-NL 代表基于非线性评分的生态综合质量指数，下同。

表 7.10 样地聚类分析结果

分类	生态质量等级	EQI-L	EQI-NL
Ⅰ	优良	EQI≥0.864	EQI≥0.809
Ⅱ	良好	0.393≤EQI≤0.482	0.553≤EQI≤0.626
Ⅲ	中上	0.328≤EQI≤0.377	0.457≤EQI≤0.548
Ⅳ	中等	0.291≤EQI≤0.309	0.397≤EQI≤0.417
Ⅴ	低等	0.197≤EQI≤0.269	0.304≤EQI≤0.370
Ⅵ	劣等	EQI≤0.162	EQI≤0.225

由表 7.9 可知，基于线性评分的排土场 EQI 范围在 0.121～0.864 之间。有一个复垦样地生态综合质量到达优良等级（A10），EQI 为 0.864。达到第二等级良好的有四个区域，分别为 A11、A4、A1、A2，其 EQI 分别为 0.482、0.439、0.393、0.393。而劣等（EQI≤0.162）范围内，样地生态效应较差，有三个区域，分别为 B6、C4、C1，其 EQI 分别为 0.121、0.124、0.162。

基于非线性评分的排土场 EQI 范围在 0.215～0.809 之间。该评分下生态质量达到优良的同样只有样地 A10，EQI 为 0.809。生态质量达到第二等级良好的样地为 A1、A11，其 EQI 分别为 0.553、0.626。而生态质量为劣等的样地为 B6、C4，其 EQI 分别为 0.215、0.225。

综上所述，排土场不同植被类型复垦地基于两种评分模型下的 EQI 整体分布规律一致，但存在一定差异。同等条件下植被类型复垦样地的生态质量表现山杏＋油松、杨树＋油松＋山杏等生态改良效果较好，灌木为香花槐改良效果较好。

3. 生态效应综合质量评价方法验证

基于最小数据集的生态综合质量评价方法简化了评价指标，消除评价指标之间的相关影响，保留了绝大部分信息，减少了工作量，使得评价工作更加简单灵活。但其带有些模糊性，不像原数据一样确切，这会导致生态综合质量评估准确度下降。因此通过总数据集计算得到生态综合质量指数（TDS-EQI），并将其与基于最小数据集得到的生态综合质量指数（MDS-EQI）进行一元线性回归分析，进而得到 TDS-EQI 与 MDS-EQI 之间的关系（图 7.13）。

基于线性评分模型的回归方程为：$y=0.5027x+0.1164$，基于非线性评分模型的回归方程为：$y=0.4148x+0.1438$。其中 y 表示基于总数据集的生态综合质量指数（TDS-EQI），x 表示基于最小总数据集的生态综合质量指数（MDS-EQI）。

从线性拟合效果来看，基于线性与非线性两种评价方法下，TDS-EQI 与 MDS-EQI 均呈显著正相关，二者决定系数 R^2 分别为 0.7676 和 0.8184，说明基于非线性评分方法得到的拟合效果更好，具有较高的准确性。因此可使用基于非线性评分法的最小数据集代替总数据集进行生态综合质量评价，更好地揭示生态演变的时序规律，为矿区生态修复提供一种新的手段和方法。

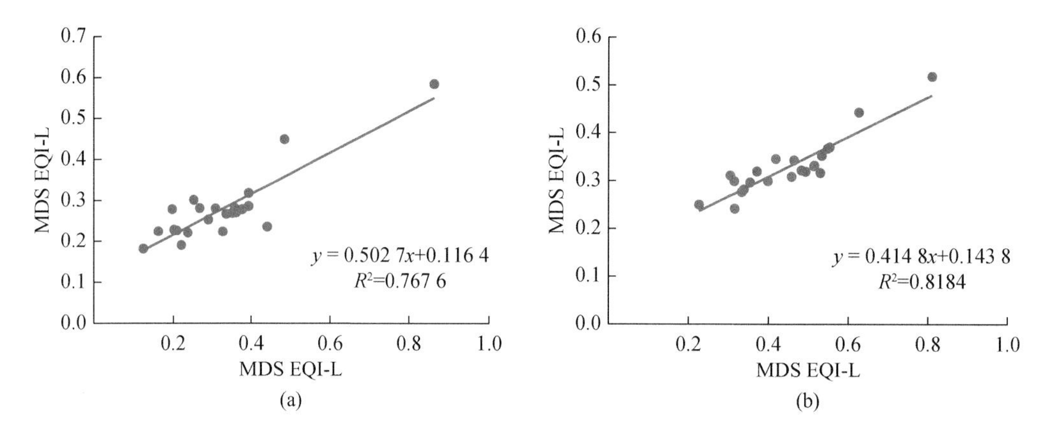

图 7.13　基于两种评价模型下最小数据集与总数据集之间的关系

7.5　本 章 小 结

对排土场重建生态对周边生态的协同演变规律及其影响因子进行分析，取得以下主要结论。

（1）露天矿区土壤性状空间分布主要与植被类型、复垦时间、地形地势、土壤不同性质间关联作用和人类活动等因素有关，表现出复杂的变异性。

（2）排土场人工植被的高密度种植在改善区域生态环境中起到了重要的作用，构建出与周边区域相异的小气候，矿区生态因子演变综合表现为生态环境质量逐步提升。

（3）以生态工程促进资源循环利用，如采用高密度的灌木或乔木植物种植使受损土地质量提升。在长时间序列下，人工植被逐渐演替发育为与矿区外围的未扰动植被一致或相近的植被类型，并加速了未扰动植被向更高群落等级的演替，从而达到人工生态重建与未扰动区域生态的协同正向演变。

（4）采用实测与遥感技术相结合的方式，使用非线性评分方法对于矿区环境数据拟合后进行生态综合质量评价，拟合效果更好，具有较高的准确性，可使用基于非线性评分法的最小数据集代替总数据集。

8 露天排土场生态重建固碳效应

土壤是最大的陆地碳库[206]，土壤碳库的微小变化会导致大气中二氧化碳浓度的剧烈改变[207]。以煤炭资源开发为目的露天采矿严重破坏了原有覆盖植被以及土壤结构[208]，导致土壤中大量有机碳被土壤微生物分解矿化，加速了矿区土壤碳氮损失[209]。近些年，我国露天矿采取采排复一体化策略极大提高了矿区受扰动土壤的恢复效率，在排土场新复垦的土地上种植杨树、油松、山杏等，极大地促进了退化土壤质量改善，取得了较好的生态效益[210, 211]。在目前"双碳"背景下，露天排土场重构植被对土壤碳库恢复具有重要的现实生态意义。以我国最大露天矿——黑岱沟露天矿植被恢复时间最长（约 1998 年）的北排土场为例，经过 20 年的植被恢复，该排土场生态环境得到明显改善，地表植被盖度及生物多样性显著提高[206]。因此，评价黑岱沟露天矿北排土场不同植被类型重建后的土壤碳库，获得对排土场土壤碳库累积最有利的植被恢复模式，对于实现我国露天矿植被重建过程中碳汇最大化效益有重要的指导意义[212]。

8.1 露天排土场不同植被类型重建对土壤碳库影响

选取了相同复垦年限下的三类植被恢复样地进行研究，具体而言，包括纯林样地（杨树、油松、山杏）、灌木样地（沙地柏）以及荒草样地。

8.1.1 露天排土场单一生态经济林重建对土壤碳库累积的影响

黑岱沟露天矿排土场单一生态林重建主要包括：单一杨树、山杏和油松林重建，三者均为乔木，但杨树和山杏的叶片相较于油松更大，更易凋落及分解[213]。杨树的适应性极强，具有喜光、抗大气干旱、抗风、抗烟尘的特征，广泛分布于我国黄河流域沿线等地区，如新疆、陕北、山东、辽宁、吉林等地区，是矿区植被恢复的主要树种之一。山杏是黄河流域西部地区重要的乡土树种，主要分布于我国陇东、陇南、内蒙古西部、陕西、陕北等地，其用途广泛、经济价值高，在绿化荒山、保持水土及防护沙化等方面有重要作用。油松是我国的特有树种，在我国广泛分布，特征为喜光、具有深根性，喜干冷气候，在土层深厚、排水良好的酸性、中性或钙质黄土上均能生长良好。黑岱沟露天矿北排土场乔木林作为生态恢复的主要植被，经过近 20 年的生长，对矿区露天排土场的生态环境已经起到了明显的改善作用，对北排土场乔木林下植被多样性、凋落物和根系生物量、土壤团聚体分布与稳定性以及土壤有机质含量有了较清晰的认识。

1. 乔木林下植被多样性

三种乔木林下样地植被具有多样性（表 8.1），山杏纯林的物种丰富度最高（3.4±0.49），而油松纯林的物种丰富度最低（1.4±0.45），油松的主要凋落物为松针，相较于杨树及山杏的叶片，松针含有更多木质素，不易被分解转化，厚厚的松针积攒在地表对油松林中其他草本的生长造成阻碍。此外，相较于杨树和山杏纯林，油松林的种植密度更高，导致林下光照强度及时间明显降低，不利于草本的生长。

表 8.1 乔木林植被多样性

树种	物种丰富度	SW	*P*
杨树	2.8±0.4b	0.61±0.11a	0.55±0.10b
油松	1.4±0.45c	1.07±0.06a	0.96±0.04a
山杏	3.4±0.49ab	1.03±0.03a	0.93±0.03a

2. 乔木林凋落物及地上地下生物量密度

土壤有机质的主要来源是植物地上凋落物及根系，土壤动物在其中也起到重要的作用，但受制于露天矿干旱的气候环境，土壤动物活动对土壤有机质贡献的作用明显小于凋落物及根系。

野外对于凋落物及根系的调查一般采样固定样方取样法，区域内尽可能选取代表样方进行凋落物及根系收集，并采用单位样方面积内的凋落物质量以及单位土壤体积中的根系生物量表示指定样地中的凋落物及根系生物量密度（表 8.2）。

表 8.2 乔木林凋落物及根系生物量密度

树种	地上生物量密度/(g/m^2)	凋落物质量密度/(g/m^2)	根系生物量密度/(g/m^3)	
			0～15cm	15～30cm
杨树	38.81±7.28b	36.95±4.14b	3277.33±288.40a	2628.00±245.29a
油松	1.00±0.39c	49.65±3.13b	1665.33±114.81b	2741.33±268.64a
山杏	61.93±9.43a	68.44±11.44a	2949.33±307.61a	2132.00±138.07b

在三种乔木林样地中，山杏纯林的地上生物量及凋落物质量密度最高（61.93±9.43g/m^2、68.44±11.44g/m^2），而油松纯林的地上生物量密度最低（1.00±0.39g/m^2）。在表层（0～15cm）土壤中，杨树纯林的根系生物量密度（3277.33±288.40g/m^3）高于山杏及油松样地；而在亚表层（15～30cm）土壤中，杨树及油松林的根系生物量密度显著高于山杏林。三种乔木林只有油松林的根系生物量密度随深度增加表现出增加的趋势，而山杏林的根系生物量密度随深度增加的减少幅度最大。这些结果表明山杏及杨树林中的植物根系较浅，生物量集中在地上及表层土壤部分，而油松林的植被生物量更有可能分布在表层土壤以下。

3. 乔木林土壤团聚体分布及稳定性

团聚体是评价土壤结构的重要特征[214-216]。在水热条件好的地区，土壤团聚体的形成以生物成因和中间成因为主，具有较高有机质含量及抗侵蚀能力[217-219]；而在采煤等人类活动导致的退化复垦土壤中，早期土壤团聚体的形成以物理成因（压实）为主，稳定性差，有机质含量及抗侵蚀能力弱[210, 211]。随着植被恢复年限的增加，植物根系及微生物活性增强，大块植物残体分解破碎，早期的压实土壤破碎成粉，大块有机颗粒附加聚集，稳定性及有机质含量提高[220]。

根系在露天排土场土壤稳定性团聚体发育中起到了主导作用[221-223]。概括来讲，露天排土场的根系网络通过以下三个过程促进了团聚体的发育：①根系生长破坏了露天排土场的压实土壤及大块残体[224]；②分泌的黏液物质，如多糖，将细土壤与有机颗粒结合，促进微团聚体的形成[225]；③根系缠绕使微团聚体聚集在一起，促进大团聚体的形成[226]。

土壤团聚体的评价指标常见有团聚体分级、团聚体稳定性［平均重量直径、几何平均直径（geometric mean diameter，GMD）、破碎系数、侵蚀强度等］[227]，具体到黑岱沟露天排土场的乔木恢复区，主要评价了杨树、油松、山杏林表层及亚表层土壤中团聚体的分布及其稳定性。

在表层及亚表层土壤中，油松林的水稳性大团聚体占比（26.402%、17.824%）最高；杨树林水稳性小团聚体占比（36.9%、33.452%）最高；山杏林的水稳性微团聚体占比（48.818%、54.984%）最高，三种乔木林的“黏＋粉”占比相近（20%）。此外，随着深度增加，乔木林样地的水稳性宏观团聚体（大团聚体＋小团聚体）比均出现明显下降（图 8.1）。

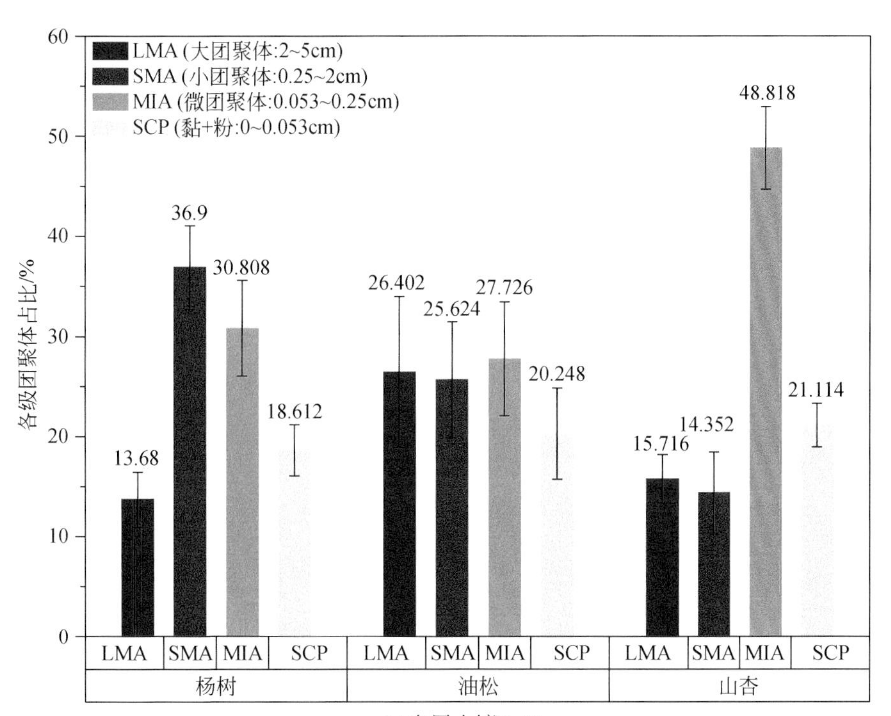

(a)表层土壤0~15cm

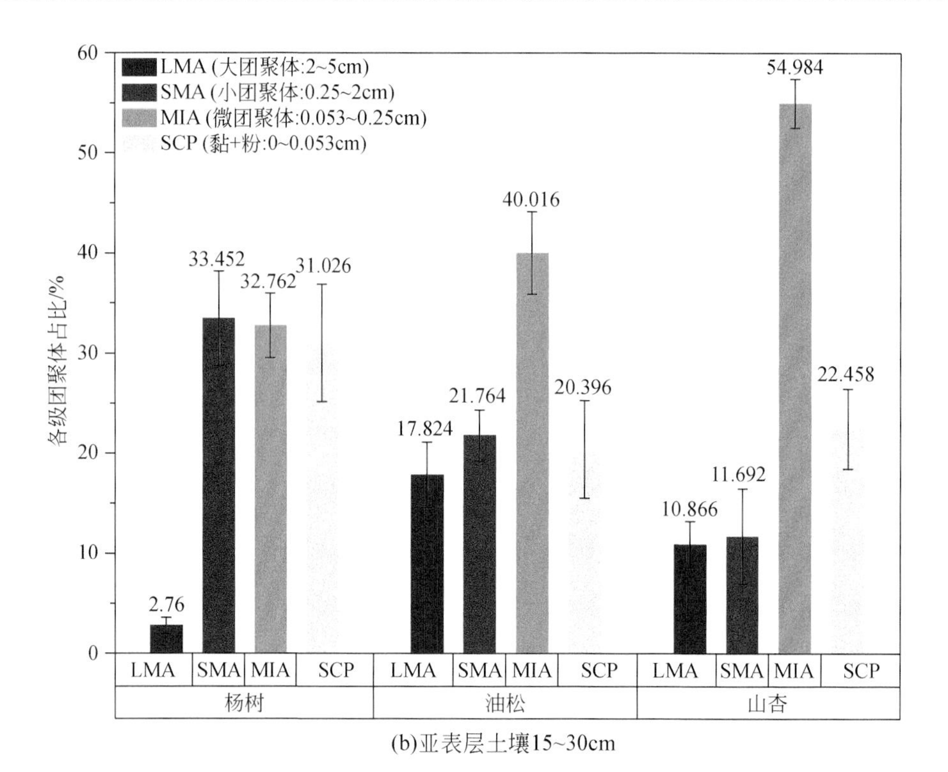

(b)亚表层土壤15~30cm

图 8.1　黑岱沟露天矿北排土场乔木纯林水稳性团聚体占比

在三种乔木林中，山杏林表层及亚表层土壤的团聚体破碎率（40.02±7.43%、63.24±6.73%）均高于杨树和油松林，而几何平均直径（0.51±0.02mm）与平均重量直径（1.21±0.03mm）均低于杨树和油松林。三种乔木林土壤团聚体的几何平均直径、平均重量直径及破碎率均表现出随深度增加而增加的趋势。总的来说，在三种乔木重建模式下，山杏林土壤团聚体稳定性最差，杨树和油松林差异较小，杨林树表层土壤稳定性更好，而油松林表现出在亚表层土壤中更高的稳定性（表 8.3）。

表 8.3　乔木林团聚体稳定性

树种	深度/cm	几何平均直径/mm	平均重量直径/mm	破碎率/%
杨树	0～15	0.65±0.04a	1.43±0.05a	16.22±6.50b
	15～30	0.83±0.13a	1.69±0.16a	45.14±9.12b
油松	0～15	0.63±0.07a	1.41±0.11a	9.24±4.84b
	15～30	1.11±0.26a	1.96±0.26a	45.99±6.22b
山杏	0～15	0.51±0.02b	1.21±0.03b	40.02±7.43a
	15～30	0.77±0.09a	1.70±0.13a	63.24±6.73a

4. 乔木林土壤有机碳含量

为了进一步评价植被重建对改善土壤结构及有机碳库的作用，测定了散装土样以及湿筛后不同粒度区间团聚体的有机碳含量（表 8.4）。

表 8.4 乔木林土壤有机碳含量

树种	深度/cm	有机碳含量/(g/kg)				
		散装土样	大团聚体	小团聚体	微团聚体	黏＋粉
杨树	0～15	3.22±0.52a	4.40±0.80a	4.91±0.52b	4.33±0.38b	3.95±0.46b
	15～30	1.32±0.34a	1.29±0.14a	1.85±0.20b	1.48±0.12b	1.78±0.07c
油松	0～15	1.94±0.64b	2.50±0.33b	4.25±0.73b	2.08±0.20c	4.21±0.78b
	15～30	1.10±0.18a	1.33±0.22a	2.22±0.67b	1.70±0.50ab	2.12±0.25b
山杏	0～15	1.88±0.40b	3.15±0.51b	6.58±1.29a	7.18±1.24a	6.95±1.11a
	15～30	0.90±0.13b	1.60±0.20a	4.37±0.65a	2.33±0.45a	3.68±0.40a

三种乔木样地散装土壤有机碳（SOC）含量排序为：杨树林（3.22±0.52g/kg、1.32±0.34g/kg）＞油松林（1.94±0.64g/kg、1.10±0.18g/kg）＞山杏林（1.88±0.40g/kg、0.90±0.13g/kg）。而从团聚体尺度来看，杨树林大团聚体 SOC 含量最高（4.40±0.80g/kg），山杏林小团聚体、微团聚体及“黏＋粉”的 SOC 含量最高(6.58±1.29g/kg、7.18±1.24g/kg、6.95±1.11g/kg）。从散装土及大团聚体尺度的土壤碳库结果看，种植杨树对提高土壤 SOC 含量效果最佳；而从小微团聚体尺度的土壤碳库结果看，种植山杏对提高土壤 SOC 含量效果最佳。这种不同尺度下土壤碳库的变化受到土壤改良效果、生物多样性、水热条件等多因素的影响，未来需要展开更加细致的研究。

8.1.2 露天排土场灌木种植对土壤碳库恢复的影响

黑岱沟露天矿排土场采用的灌木植被主要是沙地柏和紫穗槐，二者均为灌木，但紫穗槐的叶片相较于沙地柏更大，也更容易凋落及分解。沙地柏主要分布于我国西北天山、祁连山等干旱贫瘠环境中，具有适应性强，是一种常用的生态恢复植被（图 8.2）。紫穗槐作

图 8.2 黑岱沟露天矿北排土场沙地柏（*Juniperus sabina* L）

为一种适应性较强的豆科植物，在中国东北、华北、西北及等省区均有栽培。其可作为多年生的优良绿肥，具体耐贫瘠，耐水湿和轻度盐碱土，固定氮素的特征（图 8.3）。

图 8.3　黑岱沟露天矿排土场紫穗槐（*Amorpha fruticose* Linn）

北排土场的沙地柏和紫穗槐作为黑岱沟露天矿生态恢复的优势灌木植被，经过近 20 年的生长对矿区露天排土场的生态环境已经起到了明显的改善作用。通过野外调查采样及室内分析试验等措施，对于北排土场灌木林的植被多样性、凋落物及根系生物量、土壤团聚体分布及稳定性以及土壤有机质含量有了较清晰的认识。

1. 灌木林植被多样性

在两种灌木林中（表 8.5），紫穗槐的物种丰富度以及 SW 更高（3.2±0.75、1.01±0.14），而沙地柏的 Pielou 均匀度指数更高（0.97±0.04）。相较于沙地柏样地，紫穗槐样地的地表植物群落更复杂，多样性更高。两者灌木林的差异主要受到光照及土壤水分状况的影响。

表 8.5　灌木林植被多样性

树种	物种丰富度	SW	P
紫穗槐	3.2±0.75a	1.01±0.14a	0.73±0.10b
沙地柏	1.2±0.4b	0.67±0.03b	0.97±0.04a

2. 灌木林凋落物及根系生物量密度

在两种灌木林中（表 8.6），紫穗槐地上生物量密度（23.07±4.89g/m^2）显著高于沙地柏样地。两种灌木样地凋落物的质量密度不存在明显差异，但均明显低于乔木林。在表层（0～15cm）土壤中，紫穗槐及沙地柏的根系生物量密度没有明显差异；而在亚表层（15～30cm）土壤中，沙地柏的根系生物量密度（2368.00±229.84g/m^3）显著高于紫穗槐

（1686.67±106.00g/m^3）。两种灌木林中只有沙地柏的根系生物量密度随深度增加表现出增加的趋势，而紫穗槐的根系生物量密度随深度增加的减少幅度最大。这些结果表明紫穗槐林的植物根系集中在较浅层土壤，而沙地柏的植被生物量更有可能分布在表层土壤以下。

表 8.6　灌木林凋落物及根系生物量密度

树种	地上生物量密度/(g/m^2)	凋落物质量密度/(g/m^2)	根系生物量密度/(g/m^3)	
			0～15cm	15～30cm
紫穗槐	23.07±4.89a	45.24±1.90a	2849.33±312.66a	1686.67±106.00b
沙地柏	2.07±0.41b	43.57±4.09a	2410±99.30a	2368.00±229.84a

3. 灌木林团聚体分布及稳定性

在表层及亚表层土壤中，紫穗槐林的水稳性宏观团聚体占比略高于沙地柏样地，但差异不明显；在表层土壤中，紫穗槐林的水稳性微团聚体占比（46.1%）显著高于沙地柏林（28.73%），而“黏＋粉”含量（14.308%）显著低于沙地柏林（35.592%）。此外，随着深度增加，灌木林样地的水稳性宏观团聚体（大团聚体＋小团聚体）比均出现明显下降。有趣的是，沙地柏林亚表层土壤水稳性微团聚体比例较表层土壤提高了69.69%，这与沙地柏林亚表层根系质量密度的增强有密切的关系（图 8.4）。

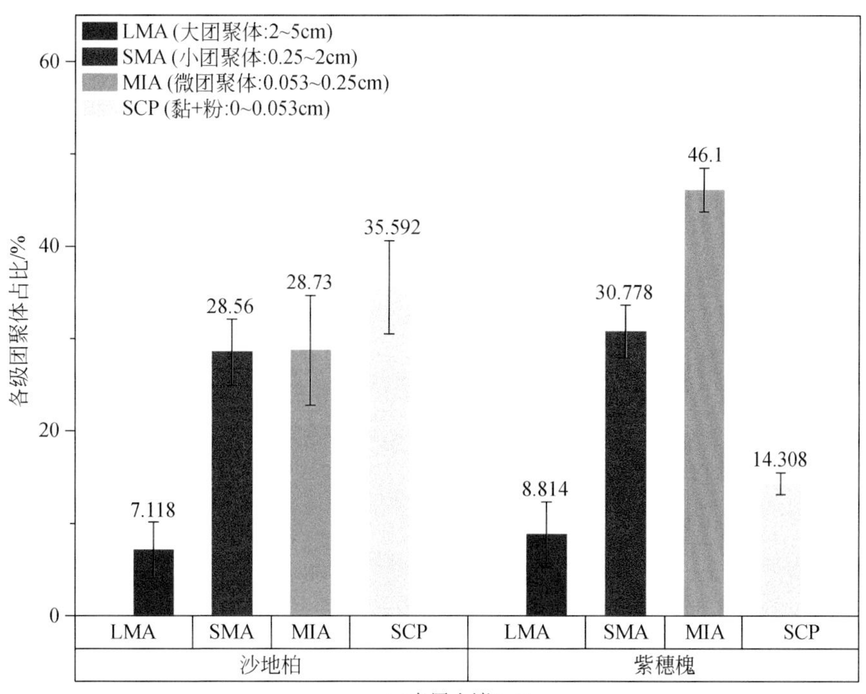

(a)表层土壤0~15cm

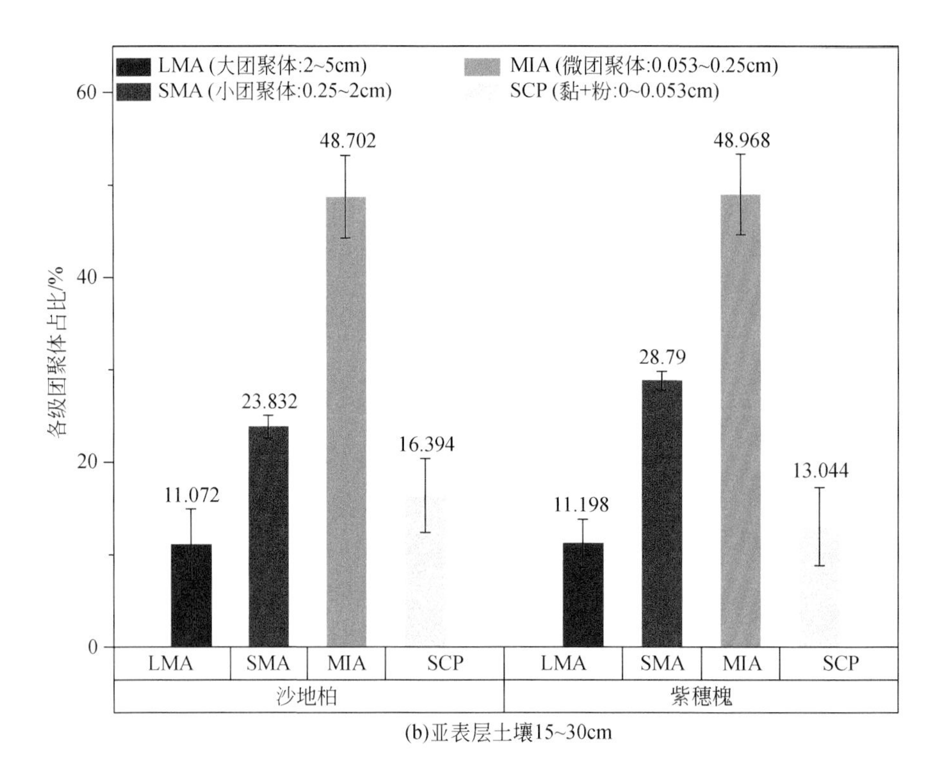

图 8.4　黑岱沟露天矿北排土场灌木林水稳性团聚体占比

在两种灌木林中，紫穗槐林表层及亚表层土壤的团聚体破碎率（16.00±2.40%、41.61±8.10%）均高于沙地柏（10.34±7.25%、16.00±2.40%），而几何平均直径与平均重量直径均高于沙地柏，主要原因是沙地柏样地更高的”黏＋粉”含量。此外，两种灌木林土壤团聚体几何平均直径、平均重量直径及破碎率均表现出随深度增加而增加的趋势。总的来说，在两种灌木种植模式下，紫穗槐林的土壤团聚体稳定性更差，沙地柏林在亚表层土壤中表现出更高的稳定性（表 8.7）。

表 8.7　灌木林团聚体稳定性

树种	深度/cm	几何平均直径/mm	平均重量直径/mm	破碎率/%
紫穗槐	0～15	0.38±0.08	0.93±0.17	16.00±2.40
	15～30	0.77±0.15	1.56±0.13	41.61±8.10
沙地柏	0～15	0.31±0.03	0.75±0.09	10.34±7.25
	15～30	0.38±0.08	0.93±0.17	16.00±2.40

4. 灌木林土壤有机碳含量

测定两种灌木林中散装土样以及湿筛后不同粒度区间团聚体的有机碳含量（表 8.8）。

表 8.8 灌木林土壤有机碳含量

树种	深度/cm	有机碳含量/(g/kg)				
		散装土样	大团聚体	小团聚体	微团聚体	黏+粉
紫穗槐	0～15	2.27±0.45	2.70±0.66	4.13±1.15	3.40±0.86	4.44±0.71
	15～30	0.88±0.23	1.62±0.40	3.10±0.32	1.90±0.43	2.60±0.35
沙地柏	0～15	2.37±0.21	3.18±0.64	7.94±0.77	3.50±0.63	5.23±0.40
	15～30	5.53±1.06	2.23±0.27	2.55±0.50	2.15±0.41	2.94±0.45

两种灌木样地表层散装土壤有机碳（SOC）含量差异较小（紫穗槐：2.27±0.45g/kg；沙地柏：2.37±0.21g/kg）；在亚表层土壤中，沙地柏散装土壤 SOC 含量（5.53±1.06g/kg）显著高于紫穗槐林（0.88±0.23g/kg）。相较于紫穗槐林，沙地柏在亚表层土壤中表现出更高的固碳潜力。从团聚体尺度来看，沙地柏林的宏观团聚体表现出更高的 SOC 含量，且在小团聚体粒径内显著高于紫穗槐林。从散装土及宏观团聚体尺度的土壤碳库结果看，相较于紫穗槐种植，沙地柏对提高表层及亚表层土壤 SOC 含量效果更佳，但由于缺乏更深土层的数据，仍不清楚在深层土壤中两种植被的固碳潜力差异，同时这种不同尺度下土壤碳库的变化受到土壤改良效果、生物多样性、水热条件等多因素的影响，未来需要展开更加细致的研究。

8.1.3 露天排土场自然恢复草地对土壤碳库恢复的影响

黑岱沟露天矿排土场自然恢复草地属于撂荒地，在复垦早期种植过经济作物及乔木，自 2005 年后不再进行人为管理及种植，地表植被逐渐被优势草本覆盖，根据调查结果可知，该区域的草本主要包括披碱草、阿尔泰狗娃花等（图 8.5）。

图 8.5 黑岱沟露天矿北排土场荒草地

北排土场的自然恢复草地作为黑岱沟露天矿生态恢复的示范样地，经过近 20 年的生长地表盖度达到 90%以上，对该区域排土场的生态环境已经起到了明显的改善作用。

1. 自然恢复草地植被多样性

自然恢复草地的物种丰富度为 4.4±1.02，高于乔木林及灌木林（表 8.9）。自然恢复草地的地表植被受到高大植被的影响很小，充足的养分促进了草本的生长，更快的更迭速度促进了该区域的群落演替，在个别点位甚至长出了小型灌木。

表 8.9　自然恢复草地植被多样性

树种	物种丰富度	SW	*P*
草地	4.4±1.02	1.06±0.29	0.80±0.15

2. 自然恢复草地凋落物及根系生物量密度

自然恢复草地的地上生物量密度为 19.93±1.57g/m^2，而凋落物质量密度为 125.65±12.04g/m^2（表 8.10）。自然恢复草地的凋落物质量密度显著高于乔木林和灌木林。通过对比发现，自然恢复草地的表层与亚表层土壤的根系生物量密度低于乔木林及灌木林，生物量集中在地上部分。

表 8.10　自然恢复草地凋落物及根系生物量密度

树种	地上生物量密度/(g/m^2)	凋落物质量密度/(g/m^2)	根系生物量密度/(g/m^3)	
			0～15cm	15～30cm
草地	19.93±1.57	125.65±12.04	1834.67±160.96	2045.33±202.18

3. 自然恢复草地团聚体分布及稳定性

表层及亚表层土壤中自然恢复草地的水稳性宏观团聚体占比分别为 47%与 37%；水稳性微团聚体的占比分别为 39.83%与 42.36%；“黏十粉”占比分别达到了 13.14%与 18.392%（图 8.6）。可以看出，自然恢复草地水稳性微团聚体占比相较于其他样地更高，且深度效应不明显。

自然恢复草地表层及亚表层土壤的团聚体破碎率分别为 21.95±9.56%和 10.34±7.25%，几何平均直径与平均重量直径分别为 0.61±0.08mm、0.31±0.03mm 和 1.23±0.11mm、0.75±0.09mm。荒草地土壤团聚体几何平均直径、平均重量直径及破碎率均表现出随深度增加而减小的趋势（表 8.11）。

表 8.11　自然恢复草地团聚体稳定性

树种	深度/cm	几何平均直径/mm	平均重量直径/mm	破碎率/%
草地	0～15	0.61±0.08	1.23±0.11	21.95±9.56
	15～30	0.31±0.03	0.75±0.09	10.34±7.25

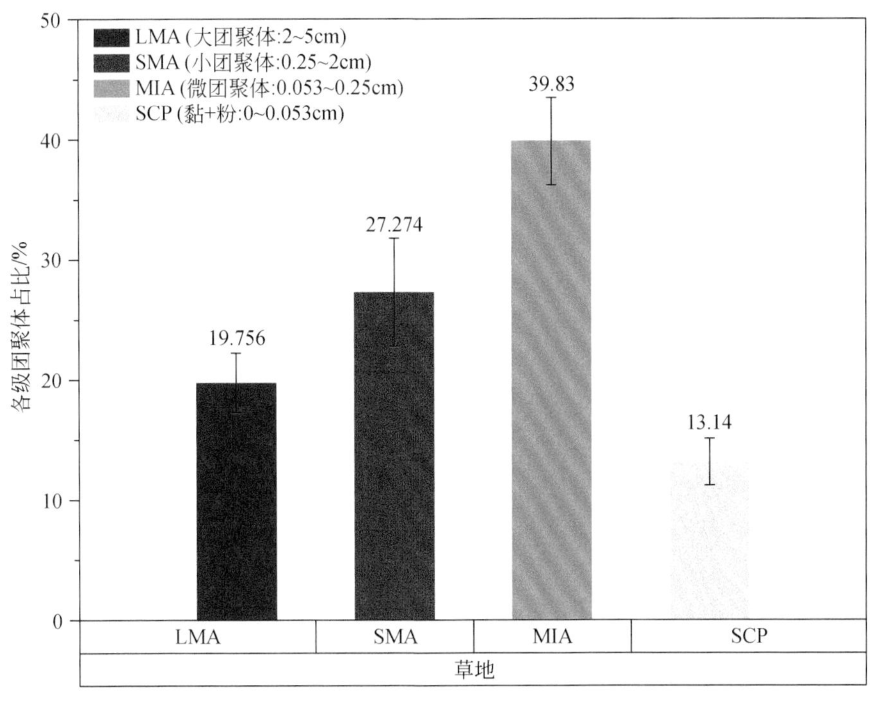

(a)表层土壤0~15cm

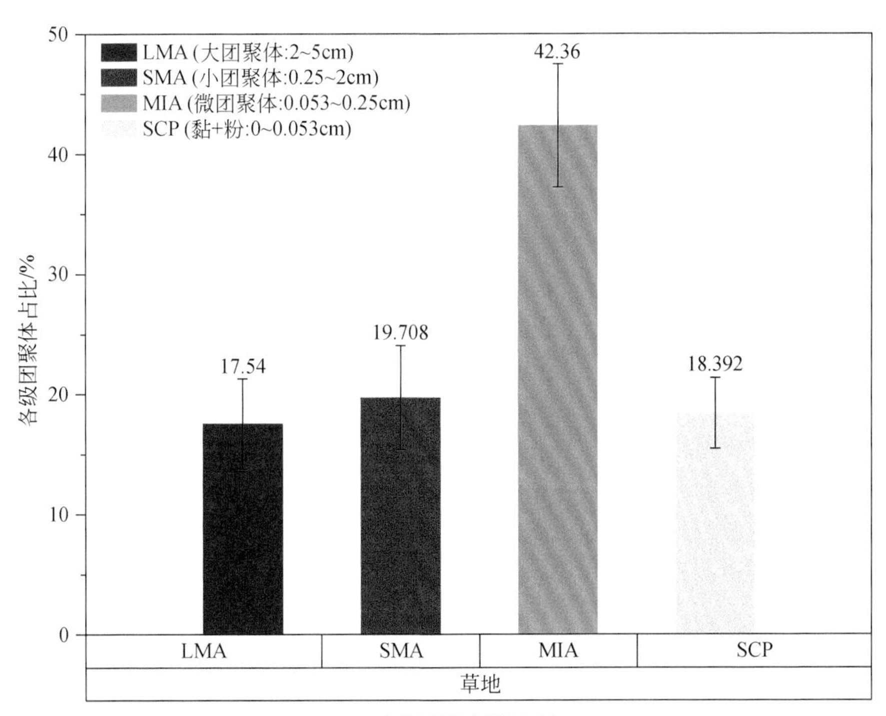

(b)亚表层土壤15~30cm

图 8.6 黑岱沟露天矿北排土场自然恢复草地水稳性团聚体占比

4. 自然恢复草地土壤有机碳含量

自然恢复草地表层及亚表层散装土壤的 SOC 含量为 3.03±0.33g/kg 及 1.16±0.21g/kg，深度效应比较明显（表 8.12）。从团聚体尺度来看，小团聚体粒级的 SOC 含量最高，分别达到了 10.85±1.58g/kg、4.20±0.95g/kg。

表 8.12　自然恢复草地土壤有机碳含量

树种	深度/cm	有机碳含量/(g/kg)				
		散装土样	大团聚体	小团聚体	微团聚体	黏＋粉
草地	0～15	3.03±0.33	2.77±0.39	10.85±1.58	4.52±0.72	4.47±1.02
	15～30	1.16±0.21	1.23±0.10	4.20±0.95	1.93±0.53	1.90±0.64

8.1.4　露天排土场混交林种植对土壤碳库恢复的影响

黑岱沟露天矿排土场混交林分布较广，主要是油松、山杏和杨树的混交，种植年限在 15 年左右，具体包括：油松杨树混交、油松山杏混交、油松杨树和山杏混交。通过野外调查采样及室内分析试验等措施，对于北排土场混交林的植被多样性、凋落物及根系生物量、土壤团聚体分布及稳定性以及土壤有机质含量进行了调查并得出相关结论。

1. 混交林植被多样性

从表 8.13 可知，在三种混交林中，油松杨树的物种丰富度、多样性、均匀度指数最高，油松山杏的优势度指数最高，其他指数为三种混交林中最低。从多样性角度出发，种植油松杨树对林下生物多样性与丰富度提高的效果最好。

表 8.13　混交林植被多样性

林分类型	Shannon-Wiener 指数	Pielou 均匀度指数	Simpson 优势度指数	Margalef 丰富度指数
油松山杏	0.740±0.034b	0.674±0.031b	0.536±0.027a	0.914±0.027b
油松杨树	1.792±0.048a	0.864±0.008a	0.168±0.007b	2.074±0.221a
油松山杏杨树	1.534±0.152a	0.773±0.043ab	0.282±0.066b	1.604±0.215a

2. 混交林凋落物及根系生物量（单位面积/体积）

从表 8.14 可知，在三种混交林中，油松山杏杨树混交林的地上生物量及凋落物质量密度最高（17.74±1.11g/m^2、176.76±7.05g/m^2），而油松山杏的地上生物量及凋落物质量密度最低（1.65±0.098g/m^2、108.35±4.71g/m^2）。

表 8.14　混交林凋落物及生物量密度

树种	地上生物量密度/(g/m^2)	凋落物质量密度/(g/m^2)
油松山杏	1.65±0.098c	108.35±4.71c
油松杨树	12.07±0.81b	158.57±4.29b
油松山杏杨树	17.74±1.11a	176.76±7.05a

3. 混交林团聚体分布及稳定性

从图 8.7～图 8.9 可知，混交林土壤团聚体含量以>5mm 的大团聚体及<0.25mm 的小团聚体为主，随土层加深，各林分类型>2mm 团聚体含量基本呈现逐渐增加趋势，0.25～2mm 团聚体含量呈逐渐减小趋势。三类混交林土壤团聚体平均质量直径基本上呈上升趋势，油松山杏杨树土壤团聚体几何平均直径下降趋势。

在 0～10cm 土层中，油松山杏杨树混交林的土壤团聚体平均质量直径和几何平均直径均显著高于油松杨树和油松山杏，分别为它们的 1.26 倍、1.24 倍和 1.51 倍、1.39 倍。

在 10～20cm 土层中，土壤团聚体平均质量直径由高到低为油松山杏、油松杨树、油松山杏杨树，油松杨树、油松山杏的土壤团聚体几何平均直径显著高于油松山杏杨树。

在 20～30cm 土层中，油松杨树、油松山杏的土壤团聚体平均质量直径显著高于油松山杏杨树，分别为它的 1.23 倍、1.21 倍。总体上，在三类混交林中，杨树油松林的团聚体的平均质量直径和几何平均直径最大，稳定性最强。

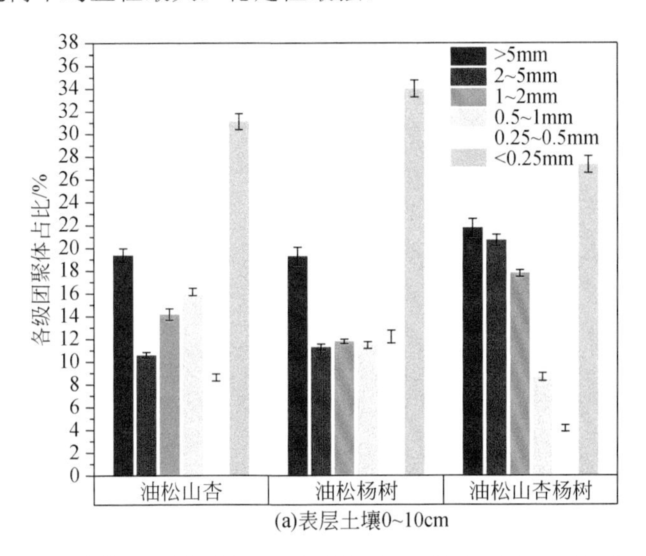

(a)表层土壤0~10cm

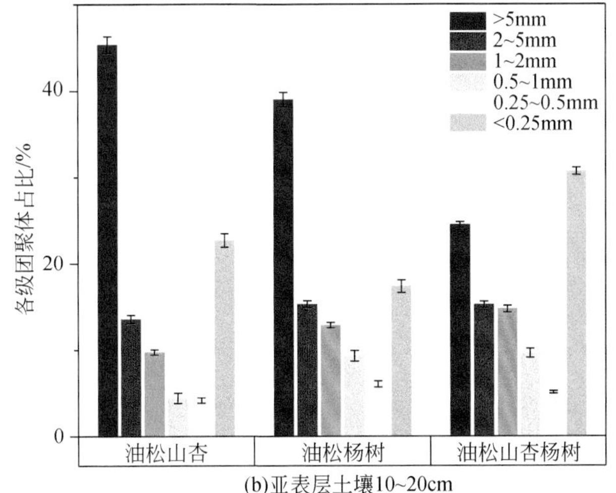

(b)亚表层土壤10~20cm

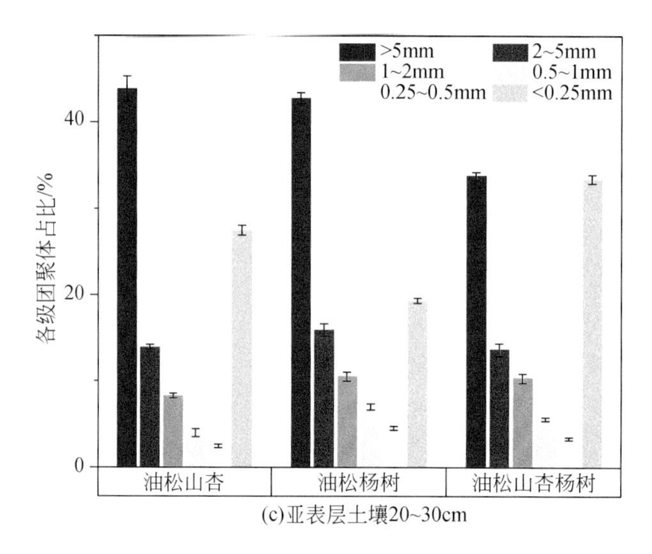

图 8.7　黑岱沟露天矿北排土场混交林机械团聚体占比

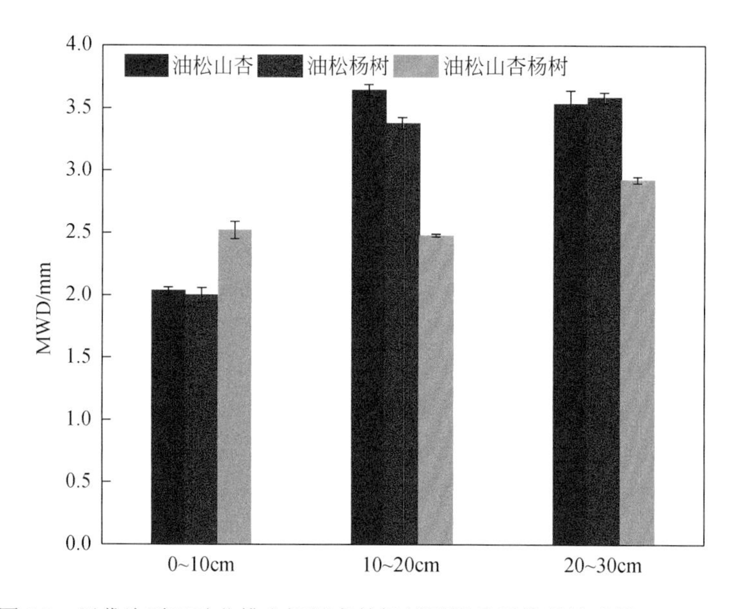

图 8.8　黑岱沟露天矿北排土场混交林机械团聚体平均重量直径（MWD）

4. 混交林土壤有机碳含量

从图 8.10 和图 8.11 可知，三种混交林样地全土土壤有机碳（SOC）平均含量排序为：油松山杏杨树林＞油松山杏林＞油松杨树林。而从团聚体尺度来看，各混交林团聚体有机碳均以 0.25～2mm 粒径团聚体含量最高，＞2mm 粒级团聚体有机碳含量最低，全土有机碳与各粒级团聚体有机碳均随土层的加深而逐渐变小。从全土 0.25～2mm 粒径团聚体尺度的土壤碳库结果看，种植油松山杏杨树对提高土壤 SOC 含量效果最佳；而从＜0.25mm 粒级团聚体尺度的土壤碳库结果看，种植油松杨树对提高土壤 SOC 含量效果最佳。这种不同尺度下土壤碳库的变化受到土壤改良效果、生物多样性、水热条件等多因素的影响，未来需要展开更加细致的研究。

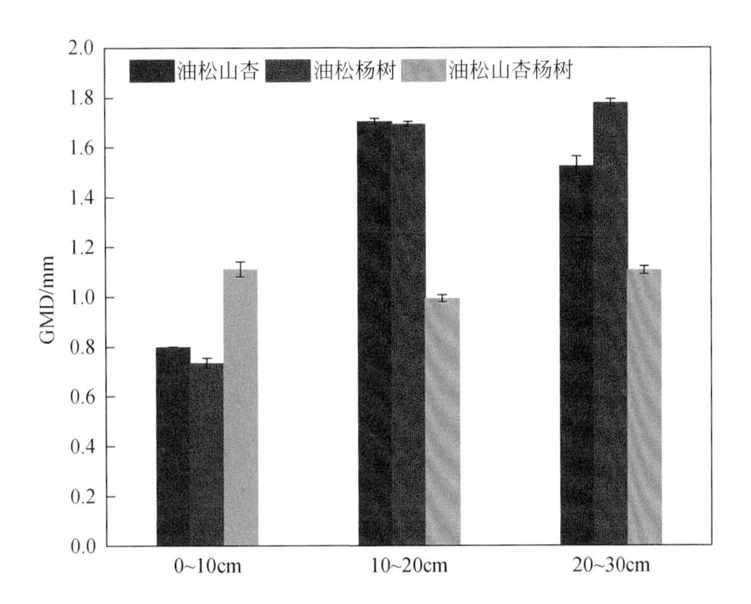

图 8.9　黑岱沟露天矿北排土场混交林机械团聚体几何平均直径

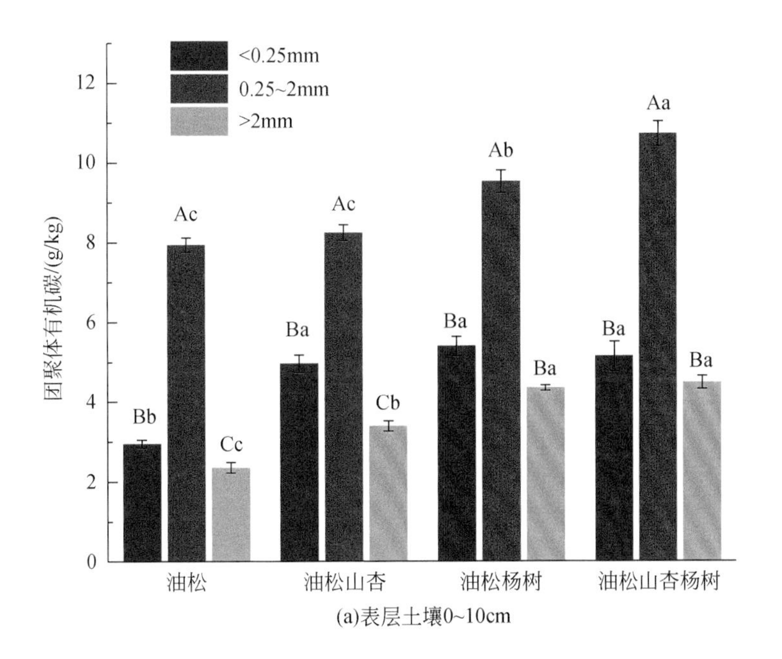

(a)表层土壤0~10cm

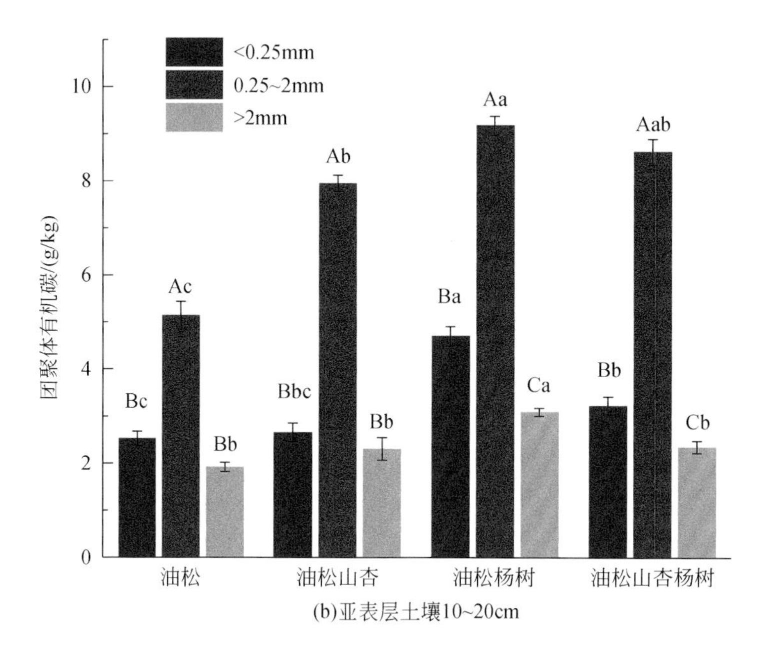

(b)亚表层土壤10~20cm

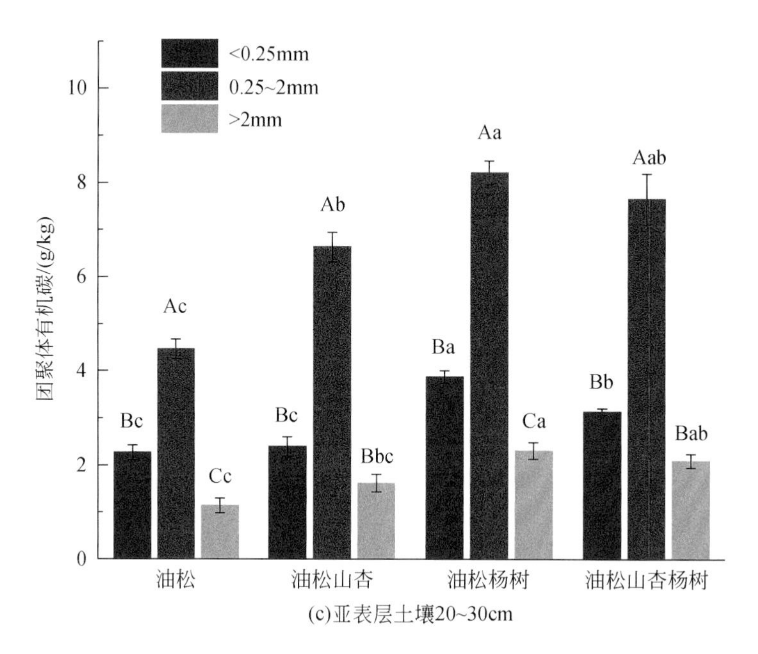

(c)亚表层土壤20~30cm

图 8.10　黑岱沟露天矿北排土场混交林团聚体有机碳含量

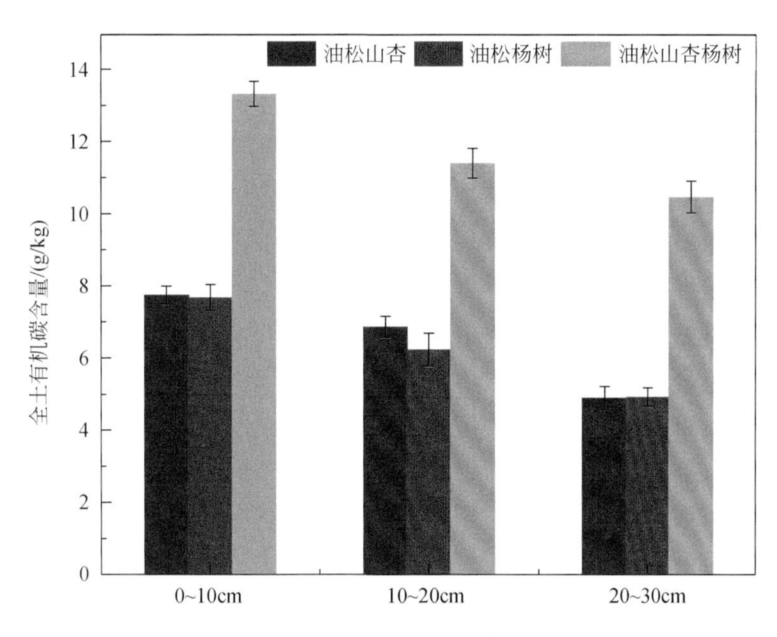

图 8.11 黑岱沟露天矿北排土场混交林全土有机碳含量

8.2 露天排土场不同复垦年限植被重建对土壤固碳的影响

8.2.1 纯林重建对土壤碳库影响

黑岱沟露天矿排土场不同年限的植被恢复区分布较广，主要是油松和山杏，种植年限为 10 年到 25 年不等，包括 1998 年种植的山杏、2002 年种植的山杏、2005 年种植的山杏以及 2014 年种植的山杏。为了评价不同年限下植被恢复对土壤固碳的影响，通过野外调查采样及室内分析试验等措施，对于北排土场不同种植年限的山杏纯林进行了植被多样性、凋落物与根系生物量以及土壤有机质含量调查。

1. 不同年限乔木林植被多样性

在三种山杏林样地中（表 8.15），2005 年种植的山杏纯林物种丰富度最高（1.04±0.23），而 2002 年种植的山杏纯林物种丰富度最低（0.59±0.25），三种年限山杏林多样性和丰富度指数虽有差异，但并不显著。而 1998 年种植的山杏林处于阴坡，林下光照强度和时间低于其他样地，不利于草本生长。

表 8.15 混交林植被多样性

林分类型	Shannon-Wiener 指数	Pielou 均匀度指数	Simpson 优势度指数	Margalef 丰富度指数
1998 年种植的山杏	0.61±0.19a	0.43±0.11b	0.69±0.11a	0.75±0.17a
2002 年种植的山杏	0.62±0.27a	0.41±0.15b	0.67±0.14a	0.59±0.25a
2005 年种植的山杏	1.23±0.09a	0.90±0.05a	0.29±0.04b	1.04±0.23a

2. 不同年限乔木林凋落物及根系生物量

在三种不同年限乔木林样地中（表 8.16），地上生物量与凋落物生物量随复垦年限的增加而逐渐积累，1998 年种植的山杏纯林的地上生物量及凋落物质量密度最高（69.37±16.94g/m²、203.37±32.34g/m²），2005 年种植的山杏纯林地上生物量与凋落物质量密度最低，2002 年种植的山杏与其余年份种植的山杏虽有差异，但并不显著，凋落物生物量密度年均增长量为 13.83g/m²。

表 8.16　山杏林凋落物及生物量密度

树种	地上生物量密度/(g/m²)	凋落物质量密度/(g/m²)
1998 年种植的山杏	69.37±16.94a	203.37±32.34a
2002 年种植的山杏	51.83±5.57ab	137.98±27.16ab
2005 年种植的山杏	17.99±1.93b	106.59±5.21b

3. 不同年限乔木林土壤有机碳含量

在三种复垦年限中，土壤有机碳含量从大到小依次为 1998 年复垦山杏林（12.40g/kg、7.57g/kg、6.32g/kg）、2002 年复垦山杏林（6.28g/kg、4.74g/kg、3.93g/kg）、2005 年复垦山杏林（3.71g/kg、3.02g/kg、2.18g/kg）。随着复垦年限的增加，土壤有机碳含量呈现增长的趋势，0～30cm 土层有机碳平均年增量约为 0.83g/kg（图 8.12）。

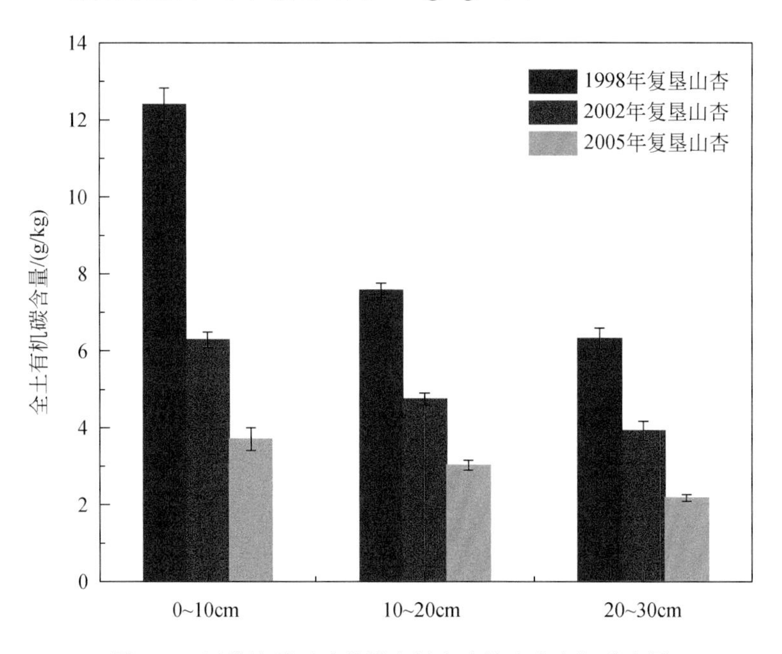

图 8.12　黑岱沟露天矿北排土场山杏林全土有机碳含量

8.2.2 灌木林重建对土壤碳库影响

针对不同复垦年限的紫穗槐灌木林样地，评价不同重建年限下灌木林恢复对土壤固碳的影响、野外调查采样及室内分析，对北排土场不同种植年限的紫穗槐样地进行了植被多样性、凋落物及根系生物量以及土壤有机质含量调查。

1. 不同年限灌木林植被多样性

在两种紫穗槐纯林样地中（表 8.17），2007 年的紫穗槐纯林的物种丰富度更高（1.15±0.21），而 2018 年紫穗槐纯林的物种丰富度较低（0.49±0.16），两种年限紫穗槐林多样性和丰富度指数虽有差异，但并不显著。而 2018 年种植的紫穗槐林由于地势较高，土壤平均体积含水率较低，导致林下植被生长受到抑制。

表 8.17 不同年限紫穗槐纯林植被多样性

林分类型	Shannon-Wiener 指数	Pielou 均匀度指数	Simpson 优势度指数	Margalef 丰富度指数
2007 年紫穗槐	0.71±0.22a	0.55±0.12a	0.73±0.16a	1.15±0.21a
2018 年紫穗槐	0.55±0.26a	0.48±0.11a	0.69±0.13a	0.49±0.16b

2. 不同年限紫穗槐纯林凋落物及根系生物量

在两种不同年限灌木林样地中（表 8.18），地上生物量与凋落物生物量随复垦年限的增加而逐渐积累，2007 年的紫穗槐纯林的地上生物量及凋落物质量密度高（38.37±5.57g/m^2、98.75±12.45g/m^2），2018 年的紫穗槐纯林地上生物量与凋落物质量密度低，凋落物生物量密度年均增长量为 5.06g/m^2

表 8.18 紫穗槐纯林凋落物及生物量密度

树种	地上生物量密度/(g/m^2)	凋落物质量密度/(g/m^2)
2007 年紫穗槐	38.37±5.57a	98.75±12.45a
2018 年紫穗槐	12.66±2.37b	43.37±8.87b

3. 不同年限灌木林土壤有机碳含量

在三种复垦年限中，土壤有机碳含量从大到小依次为 2007 年复垦的紫穗槐（8.75±1.12g/kg、6.34±0.85g/kg、3.44±0.37g/kg）、2018 年复垦的紫穗槐（5.24±1.17g/kg、3.86±1.02g/kg、1.34±0.32g/kg）。随着复垦年限的增加，土壤有机碳含量呈现增长的趋势，0～30cm 土层有机碳平均年增量约为 0.32g/kg（表 8.19），土壤有机碳主要累积在表层。

表 8.19　不同年限紫穗槐纯林土壤有机碳含量

林分类型	土层深度/cm		
	0～10	10～20	20～30
2007 年紫穗槐	8.75±1.12a	6.34±0.85a	3.44±0.37a
2018 年紫穗槐	5.24±1.17b	3.86±1.02b	1.34±0.32b

8.2.3　荒草地重建对土壤碳库影响

黑岱沟露天矿排土场不同年限的荒草恢复区分布较少，通过大范围的植被调查，本文针对有明确复垦年限的荒草样地进行研究，包括 2007 年的荒草地以及 2018 年的荒草地。为了评价不同年限下荒草地恢复对土壤固碳的影响，通过野外调查采样及室内分析试验等措施，对于北排土场不同年限的荒草样地进行了植被多样性、凋落物及根系生物量以及土壤有机质含量调查。

1. 不同年限荒草地植被多样性

在两种荒草样地中（表 8.20），2007 年的荒草地的物种丰富度更高（3.32±0.81），而 2018 年荒草地的物种丰富度较低（1.75±0.47），两种年限荒草地多样性和丰富度指数虽有差异，但并不显著。而 2018 年种植的荒草地由于地势较高，土壤平均体积含水率较低导致林下植被生长受到抑制。

2. 不同年限荒草地凋落物及根系生物量

在两种不同年限荒草样地中（表 8.21），地上生物量与凋落物生物量随复垦年限的增加而逐渐积累，2007 年荒草地的地上生物量及凋落物质量密度高（65.54±8.77g/m^2、196.85±11.34g/m^2），2018 年荒草地上生物量与凋落物质量密度低，凋落物生物量密度年均增长量为 9.51g/m^2。

表 8.20　不同年限荒草地植被多样性

林分类型	Shannon-Wiener 指数	Pielou 均匀度指数	Simpson 优势度指数	Margalef 丰富度指数
2007 年荒草	0.66±0.18a	0.43±0.15a	0.65±0.11a	3.32±0.81a
2018 年荒草	0.57±0.15a	0.41±0.12a	0.57±0.19a	1.75±0.47b

表 8.21　荒草地凋落物及生物量密度

树种	地上生物量密度/(g/m^2)	凋落物质量密度/(g/m^2)
2007 年荒草	65.54±8.77a	196.85±11.34a
2018 年荒草	32.24±6.44b	92.27±9.67b

3. 不同年限荒草地土壤有机碳含量

在三种复垦年限中，土壤有机碳含量从大到小依次为 2007 年荒草地（12.75±2.54、8.12±1.47g/kg、4.85±0.47g/kg）、2018 年荒草地（8.45±2.21g/kg、6.73±1.34g/kg、2.21±0.22g/kg）。随着复垦年限的增加，土壤有机碳含量呈现增长的趋势，0～30cm 土层有机碳平均年增量约为 0.39g/kg（表 8.22）。

表 8.22 不同年限荒草地土壤有机碳含量

林分类型	土层深度/cm		
	0～10	10～20	20～30
2007 年荒草	12.75±2.54a	8.12±1.47a	4.85±0.47a
2018 年荒草	8.45±2.21b	6.73±1.34b	2.21±0.22b

8.3 露天排土场微生物修复对土壤固碳影响

8.3.1 丛枝菌根真菌促进土壤碳库恢复的作用机制

丛枝菌根真菌（AMF）是最丰富的地下有益生物，在 80%以上的植物物种中定植[228]，其特征结构包括丛枝、孢子和菌丝（图 8.13）。目前微生物生物量对土壤有机碳的贡献尚未达成共识[229, 230]，AMF 在土壤团聚体中起着重要作用[231-233]，其通过黏接和菌丝纠缠等生物物理功能促进宏观团聚体的形成，并产生黏附在有机物质上促进团聚体发展的相关土壤蛋白[球囊霉素（Glomalin-related Soil Protein，GRSP）[231, 234]。土壤团聚体影响了土壤的碳储量（如通过团聚体的物理保护）[235-238]。稳定碳同位素分析表明，菌丝及其产物具有很强的持久性[239]，因此，AMF 及其相关糖蛋白能促进矿区植被恢复，特别是长期聚集体稳定方面具有很大的潜力，AMF 对深层土壤碳和养分的增加有显著贡献[240, 241]。

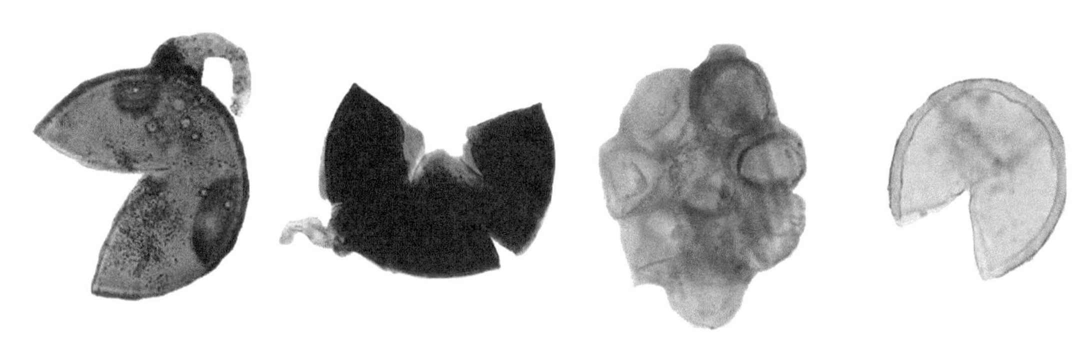

(a)AM真菌孢子

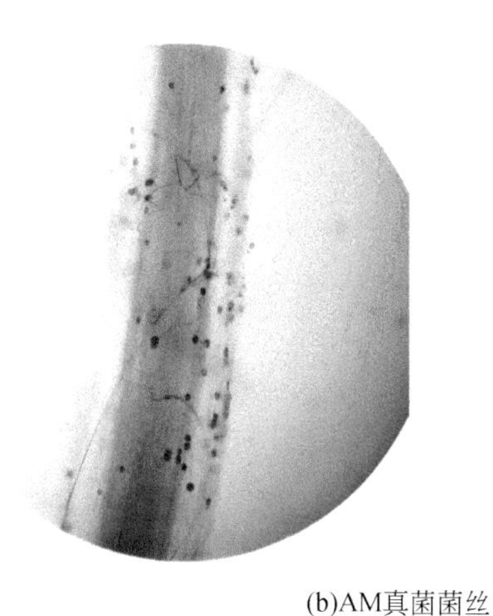
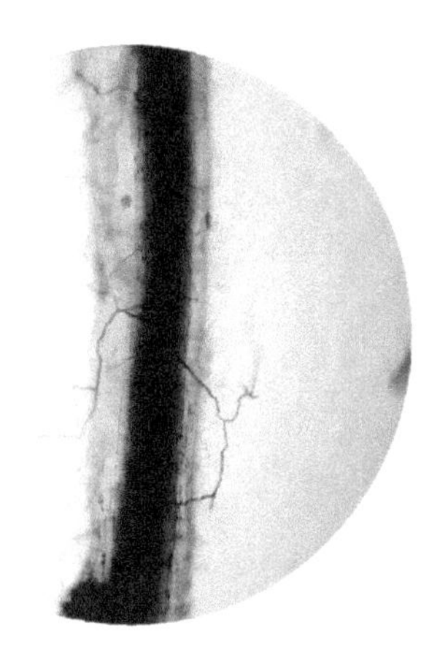

(b)AM真菌菌丝

图 8.13　AMF 特征形态

8.3.2　丛枝菌根真菌对露天矿排土场土壤碳库影响

选择半干旱区典型植被柠条作为人工恢复植被，包括接种 AMF（接菌处理）和非 AMF 处理（对照处理），评价 AMF 在露天矿排土场土壤碳库累积中的生态效应，选择无人工干预的裸地作为自然恢复区，评价人工接菌修复与自然恢复对土壤发育的影响，并研究 AMF 对不同深度土壤团聚体和有机碳储量效应（图 8.14）。

1. 团聚体分布及稳定性

接菌处理在 10～20cm 土层中，宏观团聚体（0.25～5mm）的比例显著低于对照处理和自然恢复；而在 40～50cm 土层中，宏观团聚体的比例高于自然恢复（$P\leqslant 0.05$）和对照处理。对照处理和接菌处理在 30～40cm 土层中，小团聚体（0.25～2mm）的比例显著低于自

(a)对照样地(未接种AMF)

(b)微生物修复样地(接种AMF)

图 8.14 黑岱沟露天矿内排土场不同恢复模式柠条种植区

然恢复（$P \leqslant 0.05$）。NT-AMF 在 20～50cm 土层中，微团聚体（0.053～0.25mm）的比例低于 NT-CK 和自然恢复（$P \leqslant 0.05$）。在 0～30cm 土层中，接菌处理的粉土与黏土比例（<0.053mm）显著高于对照处理和自然恢复处理（表 8.23）。

表 8.23 不同粒径团聚体分布

深度/cm	处理	各级团聚体占比/%			
		2～5mm	0.25～2mm	0.053～0.25mm	<0.053mm
0～10	接菌	50.73±3.75	23.10±0.44	18.20±1.06	7.96±2.28
	对照	51.89±7.96	26.94±1.35	17.38±5.56	3.80±1.23
	草地	50.55±8.17	22.94±2.29	24.78±3.95	3.58±1.00
10～20	接菌	33.34±0.49	22.41±0.65	34.72±1.38	9.53±1.92
	对照	40.75±0.38	23.77±2.75	27.29±0.91	8.20±1.68
	草地	40.36±2.40	23.91±3.39	32.79±4.60	2.95±0.99
20～30	接菌	46.85±10.5	22.54±0.86	22.40±9.02	8.33±2.48
	对照	44.63±0.47	27.01±1.56	24.97±0.74	3.39±1.09
	草地	24.70±3.86	30.84±8.46	37.56±3.45	6.90±2.24
30～40	接菌	48.29±7.95	23.11±1.52	24.06±6.09	4.55±0.86
	对照	43.52±4.14	24.26±1.92	27.58±5.61	4.63±0.43
	草地	28.45±7.15	33.25±0.73	32.80±6.58	5.50±1.30
40～50	接菌	41.53±1.04	20.95±1.39	28.93±1.81	8.59±1.46
	对照	35.82±0.01	21.87±0.78	35.42±0.72	6.88±0.78
	草地	27.37±6.27	22.33±0.61	42.12±6.31	8.35±0.24

各组处理土壤的 0.25mm 粒径的干筛土壤团聚体稳定性（$DR_{0.25}$）最大值均出现在 0～10cm 土层，且随着深度的增加总体呈下降趋势，这与复垦土地的土壤压实状况相似（表 8.24）。柠条种植区 20～50cm 土层的 $DR_{0.25}$ 显著高于自然恢复草地（P<0.05）；接种 AMF 显著降低了 10～20cm 土层的 $DR_{0.25}$，但对其他深度的 $DR_{0.25}$ 影响不大。

表 8.24　不同处理各土层 $DR_{0.25}$

土层深度/cm	0～10	10～20	20～30	30～40	40～50
接菌处理/%	73.84±3.31Aa	55.76±0.76Bb	69.39±11.29ABa	71.40±6.45Aa	62.48±0.76Aab
对照处理/%	78.83±6.77Aa	64.51±2.58Abc	71.63±1.82Aab	67.78±6.0Ab	57.69±0.89Ac
草地处理/%	73.49±5.88Aa	64.27±5.50Aab	55.55±5.61Bbc	61.7±7.43Ab	49.70±5.79Bc

不同处理平均重量直径（mean weight diameter，MWD）随深度的变化与 $DR_{0.25}$ 处理相似。各处理组土壤 MWD 最大值均出现在 0～10cm 土层，随深度增加总体呈下降趋势（表 8.25）。锦鸡儿示范区 20～50cm 土层 MWD 显著高于自然恢复草地（P<0.05）。

表 8.25　不同处理各土层平均重量直径

土层深度/cm	0～10	10～20	20～30	30～40	40～50
接菌处理/mm	2.75±0.05Aa	2.55±0.02Ab	2.71±0.11Aa	2.72±0.12Aa	2.70±0.05Aa
对照处理/mm	2.68±0.11Aa	2.63±0.07Aa	2.61±0.03Aa	2.65±0.01Aa	2.60±0.03ABa
草地处理/mm	2.75±0.13Aa	2.62±0.05Aab	2.20±0.27Bc	2.21±0.15Bc	2.42±0.15Bbc

2. 团聚体有机碳含量

由表 8.26 可知，表层 0～20cm 土层团聚体的有机碳含量随着团聚体粒径的减小而增加，且接菌处理各粒径团聚体的有机碳含量均高于对照处理和自然恢复。在 30～50cm 土层，对照处理和自然恢复的团聚体有机碳含量随团聚体粒径的减小而增加，接菌处理的团聚体有机碳含量随团聚体粒径的增大而增加。同时，随着土壤深度的增加，接菌处理中宏观团聚体有机碳含量随土壤深度的增加呈现先降低后增加的趋势。对照处理大团聚体有机碳含量随土层深度的增加而降低。自然恢复大团聚体有机碳含量随土层深度的增加变化不显著，但在 30～50cm 土层，自然恢复有机碳含量也呈增加趋势。

表 8.26　不同粒径团聚体的有机碳含量

深度/cm	处理	SOC/(g/kg)				
		＞5mm	2～5mm	0.25～2mm	0.053～0.25mm	＜0.053mm
0～10	接菌	3.18±1.17Ab	4.34±0.99Aab	4.53±0.35Aab	4.22±0.78Aab	5.51±0.54Aa
	对照	3.55±0.29Aa	3.41±0.51Aa	3.32±0.44Ba	3.76±1.41Aa	5.18±0.27Aa
	草地	2.52±0.56Abc	1.94±0.19Bc	2.18±0.50Cc	3.28±0.35Aab	3.79±0.09Ba

续表

深度/cm	处理	SOC/(g/kg)				
		＞5mm	2～5mm	0.25～2mm	0.053～0.25mm	＜0.053mm
10～20	接菌	2.83±0.67Ab	4.49±0.12Aa	2.48±0.06ABb	4.19±0.24Aa	4.17±0.02Aa
	对照	3.23±1.04Ab	2.51±1.11Bb	3.41±0.36Ab	3.02±0.59Ab	5.17±0.45Aa
	草地	2.17±0.14Aa	2.53±0.02Ba	1.45±0.76Ba	3.67±1.90Aa	2.92±2.23Aa
20～30	接菌	4.01±0.23Aa	2.58±0.12Aa	3.36±1.22Aa	3.05±0.21Aa	2.78±0.36Ba
	对照	2.69±0.80Ba	2.80±0.33Aa	2.65±0.89Aa	2.24±0.11Ba	3.59±0.37Aa
	草地	1.70±0.45Bab	1.61±0.21Bab	2.26±0.82Aa	1.98±0.44Ba	0.63±0.10Cb
30～40	接菌	11.98±0.78Aa	12.79±2.65Aa	11.99±2.15Aa	2.99±0.36ABb	3.67±0.07Ab
	对照	2.49±0.34Bb	2.15±0.60Bb	2.57±0.72Cb	2.50±0.88Bb	4.73±0.69Aa
	草地	3.24±0.22Bab	2.38±0.64Bb	3.88±0.10Ba	4.40±0.57Aa	3.74±0.62Aa
40～50	接菌	12.65±2.14Aa	3.89±1.27Ab	3.58±0.94Ab	3.00±0.28Ab	3.56±0.06Ab
	对照	1.91±1.13Ba	2.75±0.13Aa	2.96±0.13Aa	1.94±0.85Aa	3.65±0.89Aa
	草地	1.58±0.18Ba	3.42±1.32Aa	2.11±0.65Aa	2.70±0.45Aa	3.51±0.55Aa

3. 团聚体总球囊霉素含量

监测不同生态重建方式的聚集体中易提取球囊霉素（easily extractable glomalin-related soil protein，EGRSP）和总球囊霉素（total glomalin-related soil protein，TGRSP）的含量，EGRSP 的含量很低，差异很小，但不同恢复方式的 TGRSP 含量差异显著（表 8.27）。在 0～10cm 土层，接菌处理各粒径团聚体的 TGRSP 含量均显著高于对照处理和自然恢复；接菌处理微团聚体中 TGRSP 含量比对照处理高 20.53%。在 10～20cm 土层，接菌处理的大团聚体 TGRSP 含量显著高于对照处理和自然恢复处理，小团聚体 TGRSP 含量较对照处理提高 25.91%，高于自然恢复处理。在 20～30cm 土层，对照处理各粒径团聚体的 TGRSP 含量均显著高于自然恢复，与接菌处理差异不显著。在 30～50cm 土层，接菌处理的大团聚体 TGRSP 含量也显著高于自然恢复和对照处理。

表 8.27 不同粒径团聚体的总球囊霉素含量

深度/cm	处理	TGRSP/(10^{-2}mg/g)				
		＞5mm	2～5mm	0.25～2mm	0.053～0.25mm	＜0.053mm
0～10	接菌	11.41±0.16Ab	13.06±0.09Ab	17.35±0.05Aa	14.09±0.11Ab	12.39±0.13Ab
	对照	12.25±0.71Aa	12.8±0.23Aa	12.58±0.17Ba	11.69±0.02Ba	11.74±0.26Aa
	草地	9.95±0.40Bb	10.78±0.37Bab	10.67±0.62Bab	11.83±0.36Ba	11.48±0.59Aa
10～20	接菌	15.79±0.52Aa	11.91±0.41Ac	16.23±1.02Aa	13.35±0.58Ab	13.40±1.07Ab
	对照	11.69±0.53Ba	11.46±0.95Aa	12.89±0.26Ba	13.31±0.72Aa	11.55±0.43Ba
	草地	10.22±0.19Bb	10.11±0.90Ab	10.26±0.11Bb	12.11±0.10Aa	10.94±0.28Bb

续表

深度/cm	处理	TGRSP/(10^{-2}mg/g)				
		＞5mm	2～5mm	0.25～2mm	0.053～0.25mm	＜0.053mm
20～30	接菌	12.45±0.54Ab	10.81±0.36Bb	11.55±0.78Ab	13.90±0.46Aa	13.77±0.57Aa
	对照	12.46±0.66Ab	13.20±0.58Ab	12.38±0.53Ab	14.84±1.08Aa	15.74±0.49Aa
	草地	10.91±0.49Ba	10.28±0.15Aa	10.22±0.14Aa	10.30±0.34Ba	10.78±0.33Ba
30～40	接菌	13.45±0.94Aa	12.00±1.01Ab	12.51±0.47Ab	13.33±0.63Aa	13.14±0.18Aab
	对照	13.62±0.52Aa	11.36±0.93Ab	11.28±0.27Ab	13.49±1.06Aa	12.37±0.24Aab
	草地	11.21±0.23Bb	11.39±0.81Ab	11.82±0.14Ab	14.05±0.19Aa	12.50±0.97Aab
40～50	接菌	13.86±0.43Ab	14.59±0.42Aa	15.56±0.33Aa	13.30±0.33Ac	13.94±0.27Ab
	对照	13.15±0.10Aa	13.23±0.08Aa	12.75±0.30BCa	13.16±0.21Aa	12.97±0.32Aa
	草地	11.29±0.06Ba	11.27±0.16Ba	10.96±0.37Ca	11.46±0.18Ba	11.86±0.56Ba

8.4　露天排土场生态修复土壤固碳潜力评价

8.4.1　露天排土场不同植被恢复类型土壤固碳潜力评价

不同植被恢复类型下土壤碳库含量存在明显差异，该碳库的含量计算依据单位质量散土中的有机碳含量，当考虑团聚体尺度的土壤固碳潜力时可能会表现出不同的规律。在表层土壤中（0～15cm）杨树和草地的土壤碳库含量最高，分别达到4.83±0.78Mg C/ha、4.55±0.50Mg C/ha。而在亚表层土壤中（15～30cm），杨树和草地的土壤碳库含量虽然高于油松、山杏、紫穗槐等植被类型，但远低于沙地柏土壤碳库的含量（表8.28）。人工重建杨树、沙地柏以及自然恢复区均有利于提高土壤固碳潜力，系统评价出不同植被恢复类型下碳库的稳定性。

表8.28　不同植被恢复类型下土壤碳库含量

土层深度/cm	不同植被恢复类型下土壤碳库含量/(Mg C/ha)					
	杨树	油松	山杏	紫穗槐	沙地柏	草地
0～15	4.83±0.78a	2.91±0.96b	2.82±0.60b	3.41±0.68a	3.56±0.32b	4.55±0.50a
15～30	1.98±0.51b	1.65±0.27b	1.35±0.20b	1.32±0.35b	8.30±1.59a	1.74±0.32b

8.4.2　露天排土场不同植被恢复年限土壤固碳潜力评价

不同恢复年限的山杏林土壤碳库含量存在明显差异，该碳库的含量计算依据了单位质量散土中的有机碳含量，当考虑团聚体尺度的土壤固碳潜力时可能会表现出不同的规律（表8.29）。从结果可以看出，在0～30cm土壤中，1998年种植的山杏土壤碳库含量均达到最高，分别达到7.73±0.58Mg C/ha、4.28±0.20Mg C/ha、2.98±0.51Mg C/ha。总的来讲，依据目前的研究结果，提高植被的种植年限有利于提高土壤固碳潜力，但仍需要展开更细致的研究（团聚体及碳组分），从而系统评价长期植被恢复下碳库的稳定性及其机制。

表 8.29　不同植被恢复年限下土壤碳库含量

土层深度/cm	不同植被年限下土壤碳库含量/(Mg C/ha)		
	1998 年山杏	2002 年山杏	2005 年山杏
0～10	7.73±0.58a	6.51±0.97b	5.81±0.51b
10～20	4.28±0.20b	3.63±0.47b	3.35±0.20b
20～30	2.98±0.51b	1.95±0.17b	1.85±0.47b

8.4.3　露天排土场微生物修复土壤固碳潜力评价

1. 微生物修复及自然恢复下土壤碳库差异分析

微生物修复及自然恢复处理对土壤固碳潜力的影响存在明显的差异。其中，在 30～50cm 深度下接种 AMF 的柠条样地土壤碳库含量（11.98±0.78Mg C/ha、12.65±2.14Mg C/ha）显著高于不接种 AMF 处理（2.49±0.34 Mg C/ha、1.91±1.13 Mg C/ha）及自然恢复草地（3.24±0.22Mg C/ha、1.58±0.18Mg C/ha）（表 8.30）。

表 8.30　微生物修复及自然恢复下土壤碳库差异

土层深度/cm	不同植被恢复类型下土壤碳库含量/(Mg C/ha)		
	接种 AMF	不接种 AMF	自然恢复草地
0～10	3.18±1.17Ab	3.55±0.29Aa	2.52±0.56Abc
10～20	2.83±0.67Ab	3.23±1.04Ab	2.17±0.14Aa
20～30	4.01±0.23Aa	2.69±0.80Ba	1.70±0.45Bab
30～40	11.98±0.78Aa	2.49±0.34Bb	3.24±0.22Bab
40～50	12.65±2.14Aa	1.91±1.13Ba	1.58±0.18Ba

2. 微生物修复及自然恢复对土壤碳库周转率的影响

为了有效地评价 AMF 在促进扰动土壤碳库恢复过程中的具体作用及影响机理，基于碳自然丰度法，在碳周转同位素特征分流的理论基础上，结合两个前提假设（随着有机物转化 $\delta^{13}C$ 富集；更小的$\Delta^{13}C$ 差异代表更大的碳流动概率即更大的转化可能性）进行了不同处理下的土壤碳流动路径研究。

考虑的每种植被恢复模式下骨料系统中 C 的流动示意图（图 8.15）。团聚体组分的图像上的值为 $\Delta^{13}C$，表示相关组分的 $\Delta^{13}C$ 与散装土壤的之间的 $\Delta^{13}C$ 差异。箭头表示基于团聚体分数 $\Delta^{13}C$ 值之间差异的 C 流动方向；其宽度反映了相应箭头所连接的团聚体组分之间 C 流动的相对概率，箭头方向上的数字表示所研究土壤中连接的团聚体组分之间 C 流动的相对概率。较小的 $\Delta^{13}C$ 差异对应于较高的 C 流概率。箭头颜色表示 $\Delta^{13}C$ 值增加的方向。蓝色箭头表示 $\Delta^{13}C$ 从大聚集体到小聚集体的增加，红色箭头表示 $\Delta^{13}C$ 从大聚集体到小聚集体的减少。

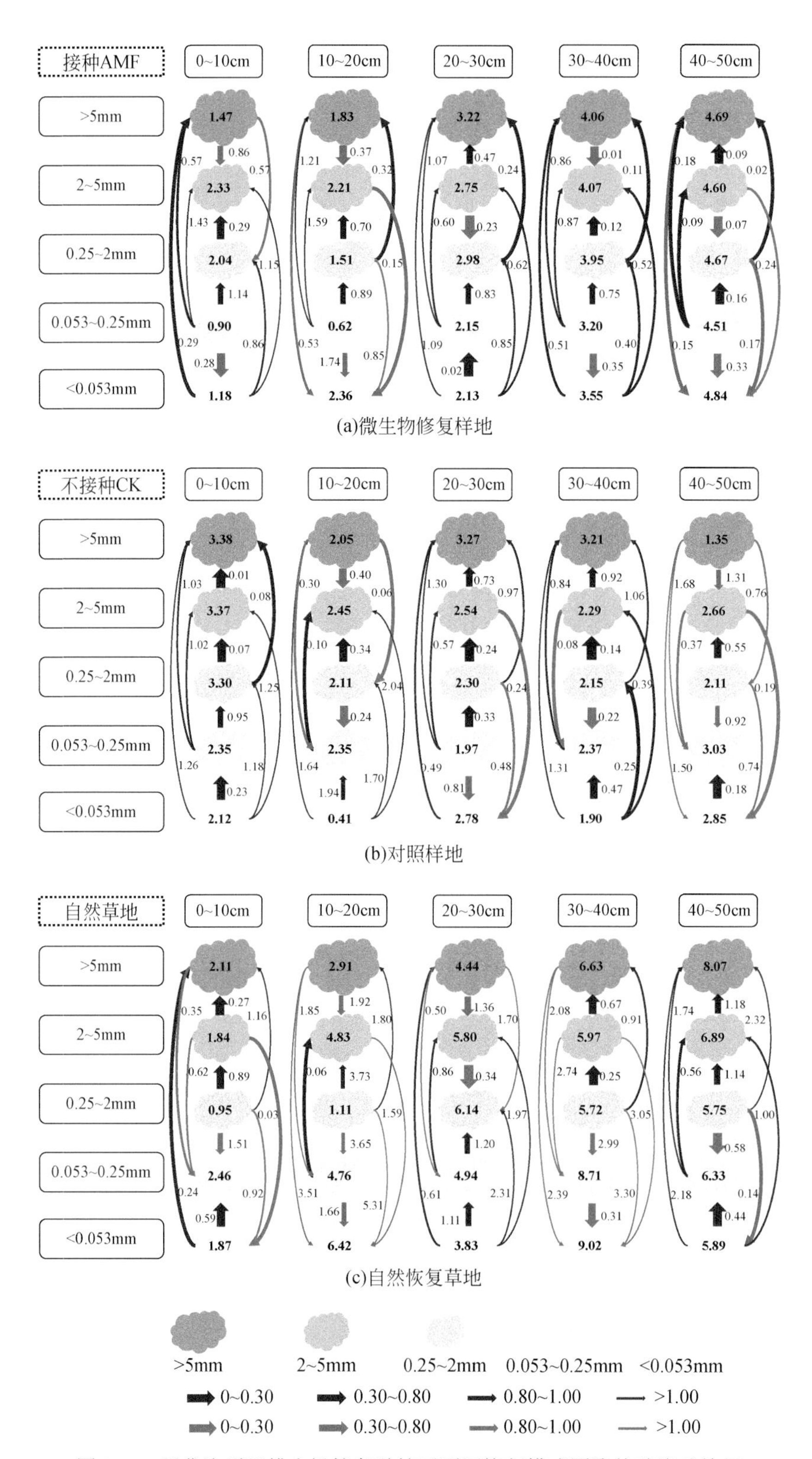

图 8.15　黑岱沟露天排土场柠条种植区不同恢复模式团聚体碳流动特征

不同恢复模式下不同粒径团聚体的C流动特征存在显著差异，相同恢复模式下不同土层深度不同粒径团聚体的C流动特征也存在显著差异。其中，接种AMF处理的0～10cm和30～40cm土层的C直接或间接从微团聚体流向大团聚体，10～20cm和40～50cm土层的C直接或间接从微团聚体流向“砂和黏”。未接种AMF处理的0～20cm和30～40cm土层的C流直接或间接从“砂和黏”流向大团聚体，20～30cm土层的C流直接或间接从微团聚体流向大团聚体，40～50cm土层的C流直接或间接从小团聚体流向“砂土”。而自然恢复草地的0～10cm土层C直接或间接由小团聚体向微团聚体流动；10～20cm和30～40cm土层的C流直接或间接从小团聚体流向“砂和黏”，C流在20～30cm土层直接或间接从“砂土”流向小团聚体；40～50cm土层C流量从小到大递减。

8.5 本章小结

露天矿植被恢复对土壤结构改良及有机碳累积起到了显著的作用，可指导露天矿植被重建策略，加快露天矿碳中和进程。从中我们取得以下主要结论。

（1）在纯林植被恢复中，杨树种植对土壤结构改良的效果最佳，而自然恢复草地拥有最高的全土有机碳含量；杨树等落叶乔木拥有更高的根系生物量以及大团聚体有机碳含量，而草地在小团聚体尺度表现出更高的碳含量。

（2）在混交林当中，杨树和油松混交对团聚体有机碳的提升效果最明显。相较于纯林恢复，混交林对土壤结构改良以及有机碳含量的提升有更明显的作用。露天矿长期植被恢复显著提高了大团聚体占比及土壤有机碳储量，选择混交林种植具有很高的生态效益。

（3）露天排土场人工和自然修复对土壤稳定性、团聚体有机碳含量有明显影响。自然恢复区表层土壤宏观团聚体比例和有机碳含量均高于人工生态重建区，柠条人工林显著提高了深层土壤宏观团聚体比例和有机碳含量。接种AMF降低了形成团聚体中黏土和细粉的比例，改善了深层土壤结构和有机碳含量。人工干预模式结合微生物恢复在促进团聚体持续SOC积累方面具有很大的潜力。

（4）采用碳储量密度及碳流动模型对黑岱沟露天矿各种植被及微生物恢复后的固碳潜力进行评价。种植纯林，杨树、沙地柏以及自然恢复可能均有利于提高土壤固碳潜力，接种菌根真菌明显提高了土壤的固碳潜力。而从时间尺度看，种植年限越长，土壤的碳库储量越高。

9　结论与展望

9.1　主 要 结 论

西部露天煤矿排土场土地高质量利用为露天煤矿绿色可持续发展奠定了理论基础和技术方法，开展了露天排土场生态功能分区设计规划、重构海绵结构土层、表层土壤改良与提质、生态环境演化规律以及重构生态固碳效应等研究，探究了露天矿区排土场的生态工程技术、土壤微生物改良方法与生态系统演变规律，为西部露天排土场生态重建提供了技术支持和理论指导。微生物复垦技术在生态工程应用与排土场生态恢复方向持续发挥正向效应，有助于践行绿色矿山理念，实现环境、资源、经济的可持续发展。主要研究结论有以下几点。

（1）露天排土场土地归属于煤炭企业，优先恢复耕地对于缓解矿农关系、提高复垦农田质量具有重要的生态意义。从露天煤矿不同的开采时间和采区特点进行农业规划，按照生态循环农业、互联网＋农业和休闲旅游三个方向进行了规划设计，高效恢复排土场土地生产力，优化产业结构，延伸产业链条，提高矿区经济与生态效益。利用矿坑水源、高效农业种植模式以及生态循环产业等示范，推动农业科研成果转化平台和农业高新技术示范园建设，实现种植养殖废弃物“零排放”和“全消纳”，在矿区排土场整体实现资源节约、生产清洁、循环利用、产品安全。以最少投入创造最大效益，实现排土场新建土地的节约高效循环利用。

（2）排土场综合规划设计后想要重建植被，排土场土层的保水蓄水是关键，重构三层海绵结构土层是排土场生态可持续发展的基础。三层海绵结构土层重构为基质层上三层海绵生态结构，由下至上包括隔水层、涵水层和表土生态层。在海绵结构土层的重构实验中，不同重构土层水分分布及保水效果存在差异。掺土 20%重构土层保水效果最佳，且植物根系发达、水分利用率高，适宜植物的生长，适合干旱半干旱矿区的土体重构。接种 AMF 对重构土层植物根系生长具有促进作用，同时也提高了植物的水分利用效率及水分利用深度。掺土 20%重构土层水分利用效率提高了 6%，水分利用深度提高了 5cm，接菌后植物长势最好。

（3）排土场植被重建有利于提高矿区物种丰富度，提高物种的分布范围，对恢复排土场生态持续稳定演变有积极作用。不同复垦年限排土场随着复垦时间增长，人工复垦样地林下植被的生态演变正在由一年生＋多年生草本向多年生草本过渡，除山杏外，禾本科和菊科植物的优势地位会随复垦时间增长而逐渐扩大。

（4）接菌可提高当地农田土壤质量和成效，加快生态恢复速率。接种 AMF 和有机培肥处理均显著提高了土壤酶活性，增加土壤养分累积，提高了作物在不同生长阶段的净光合速率和生物量。接菌能显著提高农作物的蛋白质、脂肪和碳水化合物品质，菌肥组合对玉米、大豆产量的解释量均为18%，并占主导作用。接菌、风化煤分别对大豆、玉米产量有显著促进，接菌对大豆产量的解释量为13%，风化煤对玉米产量的解释率为46%。通过绿色农业开发，加速排土场经济、生态和社会的三重效益的实现。

（5）露天排土场人工接菌对植被生长具有促进作用，可提高植物的抗逆性，促进植物对养分水分的吸收利用。接菌促进了植物根系发育，根干重密度、根长密度、根平均直径的增加，提高了植物对深层水分的利用效率。紫穗槐能对排土场优先流发育产生显著影响，接菌区优先流发育程度最高，表层接菌＋绿肥＋风化煤土壤饱和含水率最低。植被生长对表层土壤容重具有改良作用，土壤孔隙度与容重呈相反的变化趋势。土壤有机质主要在0～40cm土层较高，土壤的全碳、全氮含量在0～50cm土层较高。

（6）露天煤矿排土场接菌对重建植物的生物群落多样性演替规律一致，随着复垦时间的增加，植物群落的Simpson优势体指数、Shannon-Wiener指数均不断增大，且接菌有利于提高植物群落的种群多样性。排土场植被复垦区林下植被群落受不同植被类型恢复影响显著，形成以某些植物为优势整体植被群落更稳定的方向发展，乔木以山杏＋油松、杨树＋油松＋山杏等改土效果较好，灌木以紫穗槐改土效应最佳。

（7）采用碳储量密度及碳流动模型对排土场植被固碳潜力进行了评价，杨树林、沙地柏以及自然恢复均有利于提高土壤固碳潜力。微生物修复，明显提高了土壤的固碳潜力。植被生长年限越长，土壤的碳库储量越高，需要开展更长尺度的持续监测。

9.2 展　　望

针对露天排土场不同地域、气候、土质持续监测生态演变，完善排土场重建生态评价体系，增加排土场的土地利用率，保证排土场生态效益、社会效益和经济效益的持续产出。详细地评估生态修复对这些生态系统服务的影响，并将其与经济效益相结合，为环境保护提供更强有力的支持。后续可试种中草药、果树、花卉等更具有经济附加值的产品种类，进行产业化探索。将植被恢复、土壤改良和微生物修复等多种技术整合应用，可能有助于提高生态修复的效果，减少生态风险，从而实现可持续发展的目标。

参 考 文 献

［1］毕银丽，彭苏萍，杜善周. 西部干旱半干旱露天煤矿生态重构技术难点及发展方向［J］. 煤炭学报，2021，46（5）：1355-64.

［2］国家统计局. 中华人民共和国 2022 年国民经济和社会发展统计公报［EB/OL］. 2023-03-01.

［3］付恩三，白润才，刘光伟，等. “双碳”视角下我国露天煤矿的绿色可持续发展［J］. 科技导报，2022，40（19）：25-35.

［4］卞正富，于昊辰，韩晓彤. 碳中和目标背景下矿山生态修复的路径选择［J］. 煤炭学报，2022，47（1）：449-59.

［5］Ahirwal J，Maiti S K，Singh A K. Changes in ecosystem carbon pool and soil CO_2 flux following post-mine reclamation in dry tropical environment，India［J］. Science of the Total Environment，2017，583：153-162.

［6］刘星辉. 矿山生态恢复的几个问题初探［J］. 国土资源导刊，2012，9（11）：55-57.

［7］于恩逸，齐麟，代力民，等. “山水林田湖草生命共同体”要素关联性分析——以长白山地区为例［J］. 生态学报，2019，39（23）：8837-8845.

［8］吕刚，肖鹏，李叶鑫，等. 海州露天煤矿排土场不同复垦模式下表层土壤团聚体的稳定性［J］. 中国水土保持科学，2018，16（5）：77-84.

［9］李富平，贾湑斐，夏冬，等. 石矿迹地生态修复技术研究现状与发展趋势［J］. 金属矿山，2021，（1）：168-184.

［10］李晨，陈艳林，张琰. 规范开展全域土地综合整治的若干思考［J］. 中国土地，2022，（8）：46-49.

［11］丛日亮，兰景涛. 生产建设项目表土保护与利用专题报告编制内容探讨［J］. 水土保持应用技术，2021，（5）：48-50.

［12］Gillespie M，Glenn V，Doley D. Reconciling waste rock rehabilitation goals and practice for a phosphate mine in a semi-arid environment［J］. Ecological Engineering，2015，85（Complete）：1-12.

［13］胡振琪，张国良. 煤矿沉陷区泥浆泵复田技术研究［J］. 中国矿业大学学报，1994，（1）：60-65.

［14］刘孝阳，周伟，白中科，等. 平朔矿区露天煤矿排土场复垦类型及微地形对土壤养分的影响［J］. 水土保持研究，2016，23（3）：6-12.

［15］Boldt-burisch K，Naeth M A，Schneider B U，et al. Linkage between root systems of three pioneer plant species and soil nitrogen during early reclamation of a mine site in Lusatia，Germany［J］. Restoration Ecology，2015，23（4）：357-365.

［16］胡晶晶，毕银丽，龚云丽，等. 接种 AM 真菌对采煤沉陷区文冠果生长及土壤特性的影响［J］. 水土保持学报，2018，32（5）：341-347.

［17］Zhang L，Wang J，Bai Z，et al. Effects of vegetation on runoff and soil erosion on reclaimed land in an opencast coal-mine dump in a loess area［J］. Catena，2015，128：44-53.

［18］Bi Y，Xie L，Wang J，et al. Impact of host plants，slope position and subsidence on arbuscular mycorrhizal fungal communities in the coal mining area of north-central China［J］. Journal of Arid Environments，

2019，163：68-76.
[19] Feng Y，Wang J，Bai Z，et al. Effects of surface coal mining and land reclamation on soil properties：A review [J]. Earth-Science Reviews，2019，191：12-25.
[20] Ngugi M R，Dennis P G，Neldner V J，et al. Open-cut mining impacts on soil abiotic and bacterial community properties as shown by restoration chronosequence [J]. Restoration Ecology，2018，26（5）：839-850.
[21] 王晓琳，王丽梅，张晓媛，等. 不同植被对晋陕蒙矿区排土场土壤养分16a恢复程度的影响 [J]. 农业工程学报，2016，32（9）：198-203.
[22] Li J，Xin Z，Yan J，et al. Physicochemical and microbiological assessment of soil quality on a chronosequence of a mine reclamation site[J]. European Journal of Soil Science，2018，69（6）：1056-1067.
[23] Wang X，Li Y，Wei Y，et al. Effects of fertilization and reclamation time on soil bacterial communities in coal mining subsidence areas [J]. Science of the Total Environment，2020，739：139882.
[24] Lei H，Peng Z，Yigang H，et al. Vegetation and soil restoration in refuse dumps from open pit coal mines [J]. Ecological Engineering，2016，94：638-646.
[25] 姚敏娟，张树礼，李青丰，等. 黑岱沟露天矿排土场不同植被配置土壤水分研究——土壤水分垂直动态研究 [J]. 北方环境，2011，23（Z1）：29-32.
[26] 黄俊威，孙永磊，周金星，等. 白枪杆生长特性及光合特性对不同土壤水分的响应 [J]. 浙江农林大学学报，2019，36（6）：1254-1260.
[27] 邢慧，张婕，白中科，等. 安太堡露天矿排土场植被恢复模式与土壤因子相关性研究 [J]. 环境科学与管理，2015，40（1）：82-85.
[28] 毕银丽，申慧慧. 西部采煤沉陷地微生物复垦植被种群自我演变规律 [J]. 煤炭学报，2019，44（1）：307-315.
[29] Xiao L，Bi Y，Du S，et al. Effects of re-vegetation type and arbuscular mycorrhizal fungal inoculation on soil enzyme activities and microbial biomass in coal mining subsidence areas of Northern China [J]. Catena，2019，177：202-209.
[30] 江山，刘焕焕，张菁，等. 安太堡煤矿区不同复垦年限和复垦模式土壤氮矿化及硝化特征 [J]. 中国生态农业学报（中英文），2019，27（2）：286-295.
[31] 吴克宁，赵瑞. 土壤质地分类及其在我国应用探讨 [J]. 土壤学报，2019，56（1）：227-241.
[32] 马创，申广荣，王紫君，等. 不同粒径土壤的光谱特征差异分析 [J]. 土壤通报，2015，46（2）：292-298.
[33] 王敬哲，塔西甫拉提·特依拜，丁建丽，等. 基于分数阶微分预处理高光谱数据的荒漠土壤有机碳含量估算 [J]. 农业工程学报，2016，32（21）：161-169.
[34] Sadeghi M，Jones S B，Philpot W D. A linear physically-based model for remote sensing of soil moisture using short wave infrared bands [J]. Remote Sensing of Environment，2015，164：66-76.
[35] 郭颖，郭治兴，刘佳，等. 亚热带典型区域水稻土氧化铁高光谱反演——以珠江三角洲为例 [J]. 应用生态学报，2017，28（11）：3675-3683.
[36] 崔世超，周可法，丁汝福. 高光谱的矿区植物异常信息提取 [J]. 光谱学与光谱分析，2019，39（1）：241-249.

[37] 贺佳，刘冰峰，郭燕，等. 冬小麦生物量高光谱遥感监测模型研究[J]. 植物营养与肥料学报，2017，23（2）：313-323.

[38] 刘新杰，魏云霞，焦全军，等. 基于时序定量遥感的冬小麦长势监测与估产研究［J］. 遥感技术与应用，2019，34（4）：756-765.

[39] Bi Y，Kong W，Huang W. Hyperspectral diagnosis of nitrogen status in arbuscular mycorrhizal inoculated soybean leaves under three drought conditions［J］. International Journal of Agricultural and Biological Engineering，2018，11（6）：126-131.

[40] 杜波. 矿山地质环境保护与治理研究［J］. 中国金属通报，2022，（4）：60-62.

[41] 刘宝勇，甄博珺，潘琪，等. 露天矿排土场不同复垦模式下的土壤修复效果研究［J］. 安徽农业科学，2023，51（6）：53-57.

[42] 丰瞻，许文年，李少丽，等. 基于恢复生态学理论的裸露山体生态修复模式研究［J］. 中国水土保持，2008，（4）：23-26，60.

[43] Huang L，Zhang P，Hu Y，et al. Vegetation succession and soil infiltration characteristics under different aged refuse dumps at the Heidaigou opencast coal mine［J］. Global Ecology and Conservation，2015，4：255-263.

[44] 肖鹏，吕刚，王洪禄，等. 不同植被恢复模式对露天煤矿排土场土壤抗冲性的影响［J］. 水土保持研究，2019，26（6）：18-24，31.

[45] 张圆圆，徐先英，刘虎俊，等. 石羊河流域中下游河岸植被与土壤特征及其相关分析［J］. 干旱区资源与环境，2014，28（5）：115-120.

[46] 胡宜刚，张鹏，赵洋，等. 植被配置对黑岱沟露天煤矿区土壤养分恢复的影响[J]. 草业科学，2015，32（10）：1561-1568.

[47] 卞正富，张国良. 矿山复垦土壤生产力指数的修正模型［J］. 土壤学报，2000，（1）：124-130.

[48] 董炜华，李晓强，宋扬. 土壤动物在土壤有机质形成中的作用［J］. 土壤，2016，48（2）：211-218.

[49] 孙梦媛，刘景辉，米俊珍，等. 植被复垦对露天煤矿排土场土壤化学及生物学特性的影响［J］. 水土保持学报，2019，33（4）：206-212.

[50] 李智兰. 矿区复垦对土壤养分和酶活性以及微生物数量的影响［J］. 水土保持通报，2015，35（2）：6-13.

[51] Ciarkowska K. Organic matter transformation and porosity development in non-reclaimed mining soils of different ages and vegetation covers：A field study of soils of the zinc and lead ore area in SE Poland［J］. Journal of Soils and Sediments，2017，17：2066-2079.

[52] 吕富成，王小丹. 凋落物对土壤呼吸的贡献研究进展［J］. 土壤，2017，49（2）：225-231.

[53] Li J，Zhou X，Yan J，et al. Effects of regenerating vegetation on soil enzyme activity and microbial structure in reclaimed soils on a surface coal mine site［J］. Applied Soil Ecology，2015，87：56-62.

[54] 曹书苗，王强民，杨凡，等. 放线菌对旱区露天煤矿排土场红豆草根系生长及根际土壤肥力的影响［J］. 煤田地质与勘探，2023，（4）：95-103.

[55] Bi Y，Zhang Y，Zou H. Plant growth and their root development after inoculation of arbuscular mycorrhizal fungi in coal mine subsided areas［J］. International Journal of Coal Science & Technology，2018，5：47-53.

[56] Li J，Meng B，Chai H，et al. Arbuscular mycorrhizal fungi alleviate drought stress in C3 （Leymus chinensis） and C4 （Hemarthria altissima） grasses via altering antioxidant enzyme activities and photosynthesis [J]. Frontiers in Plant Science，2019，10：499.

[57] Song Z，Bi Y，Zhang J，et al. Arbuscular mycorrhizal fungi promote the growth of plants in the mining associated clay [J]. Scientific reports，2020，10（1）：2663.

[58] Smith S E，Read D J. Mycorrhizal Symbiosis [M]. New York：Academic press，2010.

[59] 毕银丽. 从枝菌根真菌在煤矿区沉陷地生态修复应用研究进展[J]. 菌物学报，2017，36（7）：800-806.

[60] 刘宇飞，范永维，包全民，等. 不同处理对不同年限排土场紫穗槐生长特性和光合作用的影响 [C]. 北京：环境工程 2019 年全国学术年会，2019.

[61] Bi Y，Qiu L，Zhakypbek Y，et al. Combination of plastic film mulching and AMF inoculation promotes maize growth，yield and water use efficiency in the semiarid region of Northwest China [J]. Agricultural Water Management，2018，201：278-286.

[62] 毕银丽，孙金华，张健，等. 接种菌根真菌对模拟开采伤根植物的修复效应 [J]. 煤炭学报，2017，42（4）：1013-1020.

[63] 毕银丽，彭苏萍，王淑惠. 西部煤矿区深色有隔内生真菌修复机理与生态应用模式 [J]. 煤炭学报，2022，47（1）：460-469.

[64] 顾大钊. “能源金三角”地区煤炭开采水资源保护与利用工程技术 [J]. 煤炭工程，2014，46（10）：34-37.

[65] 董少刚，贾志斌，刘白薇，等. 干旱区井工开采煤矿山生态水文地质演化研究——以鄂尔多斯某煤矿为例 [J]. 工程勘察，2013，41（2）：45-48.

[66] 谷裕，王金满，刘慧娟，等. 干旱半干旱煤矿区土壤含水率研究进展 [J]. 灌溉排水学报，2016，35（4）：81-86.

[67] 胡振琪. 我国土地复垦与生态修复 30 年：回顾、反思与展望 [J]. 煤炭科学技术，2019，47（1）：25-35.

[68] 雷娜. 不同重构土体土壤呼吸特征及其对水热变化的响应 [D]；陕西：西北农林科技大学，2019.

[69] Pathan S M，Aylmore L，Colmer T D，et al. Reduced leaching of nitrate，ammonium，and phosphorus in a sandy soil by fly ash amendment [J]. Soil Research，2002，40（7）：1201-1211.

[70] Wong J，Wong M H. Effects of fly ash on yields and elemental composition of two vegetables，Brassica parachinensis and B. chinensis [J]. Agriculture Ecosystems & Environment，1990，30（3-4）：251-264.

[71] 赵吉，康振中，韩勤勤，等. 粉煤灰在土壤改良及修复中的应用与展望 [J]. 江苏农业科学，2017，45（2）：1-6.

[72] 赵亮，唐泽军，刘芳. 粉煤灰改良沙质土壤水分物理性质的室内试验 [J]. 环境科学学报，2009，29（9）：1951-1957.

[73] 刘山林. 粉煤灰用于排土场农业复垦的试验研究 [J]. 华北科技学院学报，2014，11（11）：75-79.

[74] 马彦卿，李小平，冯杰，等. 粉煤灰在矿山复垦中用于土壤改良的试验研究 [J]. 矿冶，2000，（3）：15-19.

[75] 韩霁昌，刘彦随，罗林涛. 毛乌素沙地砒砂岩与沙快速复配成土核心技术研究 [J]. 中国土地科学，2012，26（8）：87-94.

[76] 李娟，吴林川，李玲. 砒砂岩与沙复配土的水土保持效应研究［J］. 西部大开发（土地开发工程研究），2018，3（6）：35-40.
[77] 张露，韩霁昌. 砒砂岩与沙不同重构比例对表层土体储水量的影响［J］. 西部大开发（土地开发工程研究），2016，（4）：50-53，74.
[78] 曹勇，毕银丽，宋子恒，等. 物理改良对采矿伴生黏土水分和养分保持能力的影响［J］. 矿业研究与开发，2021，41（1）：116-121.
[79] Tolk J A，Howell T A，evett S R. Effect of mulch，irrigation，and soil type on water use and yield of maize［J］. Soil & Tillage Research，1999，50（2）：137-147.
[80] 李新举，张志国，刘勋岭，等. 秸秆覆盖对土壤水盐运动的影响［J］. 山东农业大学学报（自然科学版），2000，（1）：41-43.
[81] 逄焕成. 秸秆覆盖对土壤环境及冬小麦产量状况的影响［J］. 土壤通报，1999，（4）：31-32.
[82] 杜守宇，田恩平，温敏，等. 秸秆覆盖还田的整体功能效应与系列化技术研究［J］. 干旱地区农业研究，1994，（2）：88-94.
[83] 李娜娜，梁改梅，池宝亮. 旱地玉米休闲期秸秆覆盖对农田土壤水肥的调控效应［J］. 山西农业科学，2021，49（2）：185-188.
[84] 宁东贤，赵玉坤，杨秀丽，等. 秸秆覆盖对花生生长及土壤性质的影响［J］. 山西农业科学，2020，48（9）：1477-1480.
[85] 吕凯，吴伯志. 秸秆覆盖对坡地红壤养分流失及烤烟质量的影响［J］. 土壤，2020，52（2）：320-326.
[86] 蔡晓布，钱成，张元，等. 西藏中部地区退化土壤秸秆还田的微生物变化特征及其影响［J］. 应用生态学报，2004，（3）：463-468.
[87] 张雪艳，田蕾，吴国华，等. 水控下大豆秸秆还田对连作土壤微生物的影响［J］. 中国蔬菜，2014，（12）：39-42.
[88] 才庆祥，高更君，尚涛. 露天矿剥离与土地复垦一体化作业优化研究［J］. 煤炭学报，2002，（3）：276-280.
[89] 胡振琪. 煤矿山复垦土壤剖面重构的基本原理与方法［J］. 煤炭学报，1997，（6）：59-64.
[90] Ngugi M R，Fechner N，Neldner V J，et al. Successional dynamics of soil fungal diversity along a restoration chronosequence post-coal mining［J］. Restoration Ecology，2020，28（3）：543-552.
[91] Brant J B，Sulzman E W，Myrold D D. Microbial community utilization of added carbon substrates in response to long-term carbon input manipulation［J］. Soil Biology and Biochemistry，2006，38（8）：2219-2232.
[92] Liao M，Xie X M. Effect of heavy metals on substrate utilization pattern，biomass，and activity of microbial communities in a reclaimed mining wasteland of red soil area［J］. Ecotoxicology & Environmental Safety，2007，66（2）：217-223.
[93] Geml J，Semenova T A，Morgado L N，et al. Changes in composition and abundance of functional groups of arctic fungi in response to long-term summer warming［J］. Biology Letters，2016，12（11）：1744-9561.
[94] Lozano Y M，Hortal S，Armas C，et al. Interactions among soil，plants，and microorganisms drive secondary succession in a dry environment［J］. Soil Biology & Biochemistry，2014，78：298-306.
[95] Oh Y M，Kim M，Lee-Cruz L，et al. Distinctive bacterial communities in the rhizoplane of four tropical tree

species [J]. Microbial Ecology，2012，64（4）：1018-1027.
[96] Courty P E，Buée M，Tech J J T，et al. Impact of soil pedogenesis on the diversity and composition of fungal communities across the California soil chronosequence of Mendocino [J]. Mycorrhiza，2018，28（4）：343-356.
[97] Kjøller R，Nilsson L O，Hansen K，et al. Dramatic changes in ectomycorrhizal community composition，root tip abundance and mycelial production along a stand-scale nitrogen deposition gradient [J]. New Phytologist，2012，194（1）：278-286.
[98] Benedicte，Bachelot，María，et al. Long-lasting effects of land use history on soil fungal communities in second-growth tropical rain forests [J]. Ecological Applications：A Publication of the Ecological Society of America，2016，26（6）：1881-1895.
[99] Singh A N，Raghubanshi A S，Singh J S. Impact of native tree plantations on mine spoil in a dry tropical environment [J]. Forest Ecology & Management，2004，187（1）：49-60.
[100] Vinhal-freitas I C，Correa G F，Wendling B，et al. Soil textural class plays a major role in evaluating the effects of land use on soil quality indicators [J]. Ecological Indicators，2017，74：182-190.
[101] Zeng Q，An S，Liu Y. Soil bacterial community response to vegetation succession after fencing in the grassland of China [J]. Science of the Total Environment，2017，609：2-10.
[102] Lv X，Xiao W，Zhao Y，et al. Drivers of spatio-temporal ecological vulnerability in an arid，coal mining region in Western China [J]. Ecological indicators，2019，106：105475.1-105475.18.
[103] 张洪. 我国露天煤矿发展现状及前景探析 [J]. 中国煤炭工业，2022，427（9）：78-79.
[104] Kw A，Yba B，Yong C C，et al. Shifts in composition and function of soil fungal communities and edaphic properties during the reclamation chronosequence of an open-cast coal mining dump [J]. Science of The Total Environment，2021，767（1）：144465.
[105] 甄博珺. 露天矿排土场不同复垦模式生态修复效果研究 [D]. 辽宁：辽宁工程技术大学，2022.
[106] 严洁，于小娟，唐明，等. 造林对乌海露天煤矿复垦地土壤养分和碳库的影响 [J]. 林业科学研究，2021，34（4）：66-73.
[107] 李叶鑫，吕刚，王道涵，等. 露天煤矿排土场复垦区不同植被类型土壤质量评价 [J]. 生态环境学报，2019，28（4）：850-856.
[108] 赵鹏，史兴萍，尚卿，等. 矿区复垦地土壤改良研究进展 [J]. 农业资源与环境学报，2023，40（1）：1-14.
[109] 毕银丽，郭晨，王坤. 煤矿区复垦土壤的生物改良研究进展 [J]. 煤炭科学技术，2020，48（4）：52-59.
[110] 张乃明，武雪萍，谷晓滨，等. 矿区复垦土壤养分变化趋势研究 [J]. 土壤通报，2003，（1）：58-60.
[111] Nierop K G J，van Lagen B，Buurman P. Composition of plant tissues and soil organic matter in the first stages of a vegetation succession [J]. Geoderma，2001，100（1-2）：1-24.
[112] 曹银贵，白中科，张耿杰，等. 山西平朔露天矿区复垦农用地表层土壤质量差异对比 [J]. 农业环境科学学报，2013，32（12）：2422-2428.
[113] Reintam L，Kaar E，Rooma I. Development of soil organic matter under pine on quarry detritus of open-cast oil-shale mining [J]. Forest Ecology and Management，2002，171（1-2）：191-198.

［114］ Bi Y，Wang K，Du S，et al. Shifts in arbuscular mycorrhizal fungal community composition and edaphic variables during reclamation chronosequence of an open-cast coal mining dump［J］. Catena，2021，203：105301.

［115］ Wang K，Bi Y，Cao Y，et al. Shifts in composition and function of soil fungal communities and edaphic properties during the reclamation chronosequence of an open-cast coal mining dump［J］. Science of the Total Environment，2021，767：144465.

［116］ D'hondt K，Kostic T，Mcdowell R，et al. Microbiome innovations for a sustainable future［J］. Nature Microbiology，2021，6（2）：138-142.

［117］ Ruiz-lozano J M，Aroca R，Zamarreño Á M，et al. Arbuscular mycorrhizal symbiosis induces strigolactone biosynthesis under drought and improves drought tolerance in lettuce and tomato［J］. Plant，cell & environment，2016，39（2）：441-452.

［118］ Rillig M C，Aguilar-trigueros C A，Camenzind T，et al. Why farmers should manage the arbuscular mycorrhizal symbiosis［J］. New Phytologist，2019，222（3）：1-5.

［119］ Rillig M C，Sosa-hernández M A，Roy J，et al. Towards an integrated mycorrhizal technology：Harnessing mycorrhiza for sustainable intensification in agriculture［J］. Frontiers in Plant Science，2016，7：1625.

［120］ Thirkell T J，Charters M D，Elliott A J，et al. Are mycorrhizal fungi our sustainable saviours? Considerations for achieving food security［J］. Journal of Ecology，2017，105（4）：921-929.

［121］ Govindarajulu M，Pfeffer P E，Jin H，et al. Nitrogen transfer in the arbuscular mycorrhizal symbiosis［J］. Nature，2005，435（7043）：819-823.

［122］ Lehmann A，Rillig M C. Arbuscular mycorrhizal contribution to copper，manganese and iron nutrient concentrations in crops–a meta-analysis［J］. Soil Biology and Biochemistry，2015，81：147-158.

［123］ Pellegrino E，Öpik M，Bonari E，et al. Responses of wheat to arbuscular mycorrhizal fungi：A meta-analysis of field studies from 1975 to 2013［J］. Soil Biology and Biochemistry，2015，84：210-217.

［124］ Inal A，Gunes A，Zhang F，et al. Peanut/maize intercropping induced changes in rhizosphere and nutrient concentrations in shoots［J］. Plant physiology and biochemistry，2007，45（5）：350-356.

［125］ Wu K，fullen M，An T，et al. Above-and below-ground interspecific interaction in intercropped maize and potato：A field study using the 'target'technique［J］. Field Crops Research，2012，139：63-70.

［126］ Nawaz A，Farooq M，Lal R，et al. Influence of sesbania brown manuring and rice residue mulch on soil health，weeds and system productivity of conservation rice–wheat systems［J］. Land Degradation & Development，2017，28（3）：1078-1090.

［127］ Yang L，Zhou X，Liao Y，et al. Co-incorporation of rice straw and green manure benefits rice yield and nutrient uptake［J］. Crop Science，2019，59（2）：749-759.

［128］ Lou Y，Xu M，Wang W，et al. Return rate of straw residue affects soil organic C sequestration by chemical fertilization［J］. Soil and Tillage Research，2011，113（1）：70-73.

［129］ Thorup-kristensen K，Magid J. Biological tools in nitrogen management in temperate zones［J］. Advances in Agronomy，2003，79：233.

［130］ Zheng P. The Application and Production of Peat Humic Acids［Z］. Beijing：Chemical Industry Press，1991.

[131] Zhang S, Lehmann A, Zheng W, et al. Arbuscular mycorrhizal fungi increase grain yields: A meta-analysis [J]. New Phytologist, 2019, 222 (1): 543-555.

[132] Bender S F, Wagg C, van Der heijden M G. An underground revolution: Biodiversity and soil ecological engineering for agricultural sustainability [J]. Trends in Ecology & Evolution, 2016, 31 (6): 440-452.

[133] Berruti A, Lumini E, Balestrini R, et al. Arbuscular mycorrhizal fungi as natural biofertilizers: Let's benefit from past successes [J]. Frontiers in Microbiology, 2016, 6: 1559.

[134] Faye A, Stewart Z P, Ndung'u-magiroi K, et al. Testing of commercial inoculants to enhance P uptake and grain yield of promiscuous soybean in Kenya [J]. Sustainability, 2020, 12 (9): 3803.

[135] Wang X X, Wang X, Sun Y, et al. Arbuscular mycorrhizal fungi negatively affect nitrogen acquisition and grain yield of maize in a N deficient soil [J]. Frontiers in Microbiology, 2018, 9: 418.

[136] Reynolds H L, Hartley A E, Vogelsang K M, et al. Arbuscular mycorrhizal fungi do not enhance nitrogen acquisition and growth of old-field perennials under low nitrogen supply in glasshouse culture [J]. New Phytologist, 2005, 167 (3): 869-880.

[137] Johnson N C, Graham J H, Smith F A. Functioning of mycorrhizal associations along the mutualism–parasitism continuum [J]. The New Phytologist, 1997, 135 (4): 575-585.

[138] Graham J, Abbott L. Wheat responses to aggressive and non-aggressive arbuscular mycorrhizal fungi[J]. Plant and Soil, 2000, 220 (1): 207-218.

[139] Johnson N C. Resource stoichiometry elucidates the structure and function of arbuscular mycorrhizas across scales [J]. New Phytologist, 2010, 185 (3): 631-647.

[140] Hetrick B, Wilson G, Cox T. Mycorrhizal dependence of modern wheat varieties, landraces, and ancestors [J]. Canadian Journal of Botany, 1992, 70 (10): 2032-2040.

[141] Hetrick B, Wilson G, Todd T. Mycorrhizal response in wheat cultivars: Relationship to phosphorus [J]. Canadian Journal of Botany, 1996, 74 (1): 19-25.

[142] Liu Y, Johnson N C, Mao L, et al. Phylogenetic structure of arbuscular mycorrhizal community shifts in response to increasing soil fertility [J]. Soil Biology and Biochemistry, 2015, 89: 196-205.

[143] Werner G D, Kiers E T. Partner selection in the mycorrhizal mutualism [J]. New Phytologist, 2015, 205 (4): 1437-1442.

[144] Duchene O, Vian J F, Celette F. Intercropping with legume for agroecological cropping systems: Complementarity and facilitation processes and the importance of soil microorganisms. A review [J]. Agriculture, Ecosystems & Environment, 2017, 240: 148-161.

[145] Tsubo M, Walker S, Ogindo H. A simulation model of cereal–legume intercropping systems for semi-arid regions: I. Model development [J]. Field Crops Research, 2005, 93 (1): 10-22.

[146] Li S, Wu F. Diversity and co-occurrence patterns of soil bacterial and fungal communities in seven intercropping systems [J]. Frontiers in Microbiology, 2018, 9: 1521.

[147] Li L, Sun J, Zhang F. Intercropping with wheat leads to greater root weight density and larger below-ground space of irrigated maize at late growth stages [J]. Soil Science and Plant Nutrition, 2011, 57 (1): 61-67.

[148] Kocsy G, Tóth B, Berzy T, et al. Glutathione reductase activity and chilling tolerance are induced by a

hydroxylamine derivative BRX-156 in maize and soybean [J]. Plant Science，2001，160（5）：943-950.

[149] Yang F，Huang S，Gao R，et al. Growth of soybean seedlings in relay strip intercropping systems in relation to light quantity and red：Far-red ratio [J]. Field Crops Research，2014，155：245-253.

[150] Yang F，Wang X，Liao D，et al. Yield response to different planting geometries in maize–soybean relay strip intercropping systems [J]. Agronomy Journal，2015，107（1）：296-304.

[151] Bilalis D，Triantafyllidis V，Karkanis A，et al. The effect of tillage system and rimsulfuron application on weed flora，arbuscular mycorrhizal （AM） root colonization and yield of maize （Zea mays L.）[J]. Notulae Botanicae Horti Agrobotanici Cluj-Napoca，2012，40（2）：73-79.

[152] Mbuthia L W，Acosta-martínez V，Debruyn J，et al. Long term tillage，cover crop，and fertilization effects on microbial community structure，activity：Implications for soil quality [J]. Soil Biology and Biochemistry，2015，89：24-34.

[153] Xie Z，Tu S，Shah F，et al. Substitution of fertilizer-N by green manure improves the sustainability of yield in double-rice cropping system in south China [J]. Field Crops Research，2016，188：142-149.

[154] Li H，Shao H，Li W，et al. Improving soil enzyme activities and related quality properties of reclaimed soil by applying weathered coal in Opencast-Mining Areas of the Chinese Loess Plateau [J]. Clean – Soil，Air，Water，2012，40（3）：233-238.

[155] 刘桂建，袁自娇，周春财，等. 采矿区土壤环境污染及其修复研究 [J]. 中国煤炭地质，2017，29（9）：37-40.

[156] 樊姝芳，冯耀栋，张小武，等. 废弃矿山地质环境问题分析及防治对策研究 [C]. 深圳：中国环境科学学会学术年会，2015.

[157] 桑李红，付梅臣，冯洋欢. 煤矿区土地复垦规划设计研究进展及展望 [J]. 煤炭科学技术，2018，46（2）：243-249.

[158] 单儒娇，宋子岭. 浅析露天采矿引起的生态破坏及其防治 [J]. 采矿技术，2009，9（4）：85-86.

[159] 陈平，孟平，张劲松，等. 两种药用植物生长和水分利用效率对干旱胁迫的响应 [J]. 应用生态学报，2014，25（5）：1300-1306.

[160] 张细林. 基于稳定同位素技术的库布齐沙漠 4 种固沙灌木水分利用特征研究 [D]. 呼和浩特：内蒙古师范大学，2022.

[161] 毕银丽，高学江，柯增鸣，等. 露天煤矿排土场土层重构及接菌对植物根系提水作用试验研究 [J]. 煤田地质与勘探，2022，50（12）：12-20.

[162] 毕银丽，柯增鸣，高学江. 露天煤矿区不同生态措施对紫穗槐水分利用特征的影响 [J]. 水土保持学报，2024，38（2）：190-196.

[163] 马祥爱，白中科，冯两蕊. 露天矿区生态环境质量与资源利用评价——以平朔安太堡露天煤矿为例 [J]. 中国生态农业学报，2009，40（2）：387-389.

[164] 郭晗，吴祥云，何志勇. 阜新海州露天矿排土场植被恢复对滞尘能力的影响 [J]. 安徽农业科学，2013，41（16）：7285-7286.

[165] 贺金生，陈伟烈. 陆地植物群落物种多样性的梯度变化特征 [J]. 生态学报，1997，（1）：93-101.

[166] 韩煜，肖能文，赵伟，等. 呼伦贝尔草原采煤沉陷对土壤-植物系统的影响及评价 [J]. 环境科学研究，2021，34（3）：687-697.

[167] 毕银丽，李向磊，彭苏萍，等. 露天矿区植物多样性与土壤养分空间变异性特征［J］. 煤炭科学技术，2020，48（12）：205-213.
[168] 姚虹，马建军，张树礼. 煤矿复垦地不同恢复阶段植物群落功能群结构与生物多样性变化［J］. 西北植物学报，2012，32（5）：1013-1020.
[169] 马克平，刘玉明. 生物群落多样性的测度方法 I α 多样性的测度方法（下）［J］. 生物多样性，1994，（4）：231-239.
[170] 杨汝荣. 我国西部草地退化原因及可持续发展分析［J］. 草业科学，2002，（1）：23-27.
[171] 李紫晴，王金满，时文婷，等. 排土场典型树种穿透雨空间分布特征［J］. 水土保持学报，2022，36（6）：271-279.
[172] 胡丹桂，舒红. 基于协同克里金空气湿度空间插值研究［J］. 湖北农业科学，2014，53（9）：2045-2049.
[173] 司涵，张展羽，吕梦醒，等. 小流域土壤氮磷空间变异特征分析［J］. 农业机械学报，2014，45（3）：90-96.
[174] 张伟，刘淑娟，叶莹莹，等. 典型喀斯特林地土壤养分空间变异的影响因素［J］. 农业工程学报，2013，29（1）：93-101.
[175] Robinson C J，Gomez-gutierrez J，de leon D A S. Jumbo squid （Dosidicus gigas） landings in the Gulf of California related to remotely sensed SST and concentrations of chlorophyll a （1998-2012）［J］. Fisheries Research，2013，137：97-103.
[176] 刘晓红，李校，彭志杰. 生物多样性计算方法的探讨［J］. 河北林果研究，2008，（2）：166-168.
[177] 中华人民共和国农业部. 土壤检测 第 4 部分：土壤容重的测定（NY/T 1121.4—2006）［Z］. 北京：中国人民共和国农业部，2006.
[178] Science A，Grasshoff，Kremling，et al. Methods of Seawater Analysis （3rd Edition）［M］. Germany：Verlag Chemie Gmbh，1999.
[179] 鲍士旦. 土壤农化分析. 3 版［M］. 北京：中国农业出版社. 2000.
[180] 吴文玉，马晓群，陈晓艺，等. 安徽省热量资源空间分布模型及插值方法研究［J］. 西北农林科技大学学报（自然科学版），2009，37（9）：175-181.
[181] 毕如田，白中科. 基于遥感影像的露天煤矿区土地特征信息及分类研究［J］. 农业工程学报，2007，（2）：77-82，291.
[182] 毕如田，白中科，李华，等. 基于 RS 和 GIS 技术的露天矿区土地利用变化分析［J］. 农业工程学报，2008，24（12）：201-204.
[183] 姜雪. 基于高分辨率遥感影像的矿区土地利用/土地覆盖信息提取技术研究［D］. 北京：首都师范大学，2007.
[184] 黎良财，邓利，曹颖，等. 基于 NDVI 像元二分模型的矿区植被覆盖动态监测［J］. 中南林业科技大学学报，2012，32（6）：18-23.
[185] 吴立新，马保东，刘善军. 基于 SPOT 卫星 NDVI 数据的神东矿区植被覆盖动态变化分析［J］. 煤炭学报，2009，34（9）：1217-1222.
[186] 胡振琪，陈涛. 基于 ERDAS 的矿区植被覆盖度遥感信息提取研究——以陕西省榆林市神府煤矿区为例［J］. 西北林学院学报，2008，（2）：164-167.
[187] Sandholt I，Rasmussen K，Andersen J. A simple interpretation of the surface temperature/vegetation index

space for assessment of surface moisture status [J]. Remote Sens Environ, 2002, 79 (2-3): 213-224.
[188] Sobrino J A, Jimenez-munoz J C, Paolini L. Land surface temperature retrieval from LANDSAT TM 5 [J]. Remote Sens Environ, 2004, 90 (4): 434-440.
[189] Patel N R, Anapashsha R, Kumar S, et al. Assessing potential of MODIS derived temperature/vegetation condition index (TVDI) to infer soil moisture status [J]. International Journal of Remote Sensing, 2009, 30 (1): 23-39.
[190] Wang C Y, Qi S H, Niu Z, et al. Evaluating soil moisture status in China using the temperature-vegetation dryness index (TVDI) [J]. Canadian Journal of Remote Sensing, 2004, 30 (5): 671-679.
[191] 张耀，周伟. 利用多时相遥感图像动态监测矿区植被覆盖变化——以山西省平朔露天煤矿为例 [J]. 西北林学院学报，2016，31（4）：206-212.
[192] 周广胜，张新时. 植被对于气候的反馈作用 [J]. 植物学报，1996，(1)：1-7.
[193] 郑海峰，米俊珍，周永利，等. 不同植被复垦对露天矿土壤水热环境的影响 [J]. 露天采矿技术，2019，34（5）：1-3，7.
[194] Zou X K K, Zhai P M M. Relationship between vegetation coverage and spring dust storms over northern China [J]. Journal of Geophysical Research: Atmospheres, 2004, 109 (D3): 9.
[195] 叶宝莹，白中科，孔登魁，等. 安太堡露天煤矿土地破坏与土地复垦动态变化的遥感调查 [J]. 北京科技大学学报，2008，(9)：972-976.
[196] 以自然为本的解决方案全球标准 [J]. 测绘标准化，2020，36（3）：75-77.
[197] 毕银丽，吴福勇，武玉坤. 丛枝菌根在煤矿区生态重建中的应用[J]. 生态学报，2005，(8)：2068-2073.
[198] 李全生，贺安民，曹志国. 神东矿区现代煤炭开采技术下地表生态自修复研究[J]. 煤炭工程，2012，(12)：120-122.
[199] 岳辉，毕银丽，刘英. 神东矿区采煤沉陷地微生物复垦动态监测与生态效应 [J]. 科技导报，2012，30（24）：33-37.
[200] 郭昱杉，刘庆生，刘高焕，等. 基于 MODIS 时序 NDVI 主要农作物种植信息提取研究 [J]. 自然资源学报，2017，32（10）：1808-1818.
[201] 李存军，王纪华，刘良云，等. 利用多时相 Landsat 近红外波段监测冬小麦和苜蓿种植面积 [J]. 农业工程学报，2005，(2)：96-101.
[202] 张福平，高张，马倩倩，等. 面向敦煌市绿洲土壤质量评价的最小数据集构建研究 [J]. 土壤通报，2017，48（5）：1047-1054.
[203] Masto R E, Chhonkar P K, Singh D, et al. Alternative soil quality indices for evaluating the effect of intensive cropping, fertilisation and manuring for 31 years in the semi-arid soils of India [J]. Environ Monit Assess, 2008, 136 (1-3): 419-435.
[204] Zhang C, Xue S, Liu G B, et al. A comparison of soil qualities of different revegetation types in the Loess Plateau, China [J]. Plant and Soil, 2011, 347 (1-2): 163-178.
[205] Rahmanipour F, Marzaioli R, Bahrami H A, et al. Assessment of soil quality indices in agricultural lands of Qazvin Province, Iran [J]. Ecol Indic, 2014, 40: 19-26.
[206] Abbas F, Zhu Z, An S. Evaluating aggregate stability of soils under different plant species in Ziwuling Mountain area using three renowned methods [J]. Catena, 2021, 207: 105616.

[207] Al-kaisi M M, Douelle A, Kwaw-mensah D. Soil microaggregate and macroaggregate decay over time and soil carbon change as influenced by different tillage systems [J]. Journal of Soil and Water Conservation, 2014, 69 (6): 574-580.

[208] Ussiri D A N, Lal R. Carbon sequestration in reclaimed minesoils[J]. Critical Reviews in Plant Sciences, 2005, 24 (3): 151-165.

[209] Zhao Z, Shahrour I, Bai Z, et al. Soils development in opencast coal mine spoils reclaimed for 1～13 years in the West-Northern Loess Plateau of China [J]. European Journal of Soil Biology, 2013, 55: 40-46.

[210] Deng L, Kim D G, Peng C, et al. Controls of soil and aggregate-associated organic carbon variations following natural vegetation restoration on the Loess Plateau in China [J]. Land Degradation & Development, 2018, 29 (11): 3974-3984.

[211] Zhong Z, Wu S, Lu X, et al. Organic carbon, nitrogen accumulation, and soil aggregate dynamics as affected by vegetation restoration patterns in the Loess Plateau of China [J]. Catena, 2021, (1): 196.

[212] He Y, Zhou X, Cheng W, et al. Linking improvement of soil structure to soil carbon storage following invasion by a c4 plant spartina alterniflora [J]. Ecosystems, 2018, 22 (4): 859-872.

[213] Castellano M J, Mueller K E, Olk D C, et al. Integrating plant litter quality, soil organic matter stabilization, and the carbon saturation concept [J]. Global Change Biology, 2015, 21 (9): 3200-3209.

[214] Chen X, Han X Z, You M Y, et al. Soil macroaggregates and organic-matter content regulate microbial communities and enzymatic activity in a Chinese Mollisol [J]. Journal of Integrative Agriculture, 2019, 18 (11): 2605-2618.

[215] Feng Y, Han S, Wei Y, et al. Comparative study of lignin stabilizing mechanisms in soil aggregates at virgin mixed broadleaf-pine forest and secondary broadleaf forest at Changbai Mountain Nature Reserve, Northeast China [J]. Ecological Indicators, 2020, 117: 106665.1-106665.12.

[216] Kravchenko A, Otten W, Garnier P, et al. Soil aggregates as biogeochemical reactors: Not a way forward in the research on soil-atmosphere exchange of greenhouse gases [J]. Global Change Biology, 2019, 25 (7): 2205-2208.

[217] Liu D, Ju W, Jin X, et al. Associated soil aggregate nutrients and controlling factors on aggregate stability in semiarid grassland under different grazing prohibition timeframes [J]. The Science of the Total Environment, 2021, 777: 146104.

[218] Lu X, Lu X, Liao Y. Effect of tillage treatment on the diversity of soil arbuscular mycorrhizal fungal and soil aggregate-associated carbon content [J]. Frontiers in Microbiology, 2018, 9: 2986.

[219] Meng Q, Sun Y, Zhao J, et al. Distribution of carbon and nitrogen in water-stable aggregates and soil stability under long-term manure application in solonetzic soils of the Songnen Plain, Northeast China[J]. Journal of Soils and Sediments, 2014, 14 (6): 1041-1049.

[220] Najera F, Dippold M A, Boy J, et al. Effects of drying/rewetting on soil aggregate dynamics and implications for organic matter turnover [J]. Biology and Fertility of Soils, 2020, 56 (7): 893-905.

[221] Han S H. Fine root biomass and production regarding root diameter in pinusdensiflora and quercusserrata forests: Soil depth effects and the relationship with net primary production [J]. Turkish Journal of

Agriculture and Forestry，2021，45（1）：125.

［222］Lavinsky A O，Magalhães P C，Diniz M M，et al. Root system traits and its relationship with photosynthesis and productivity in four maize genotypes under drought［J］. Cereal Research Communications，2016，44（1）：89-97.

［223］Sun L，Ataka M，Han M，et al. Root exudation as a major competitive fine-root functional trait of 18 coexisting species in a subtropical forest［J］. New Phytologist，2021，229（1）：259-271.

［224］Xiao S，Liu L，Zhang Y，et al. Fine root and root hair morphology of cotton under drought stress revealed with RhizoPot［J］. Journal of Agronomy and Crop Science，2020，206（6）：679-693.

［225］Yang C，Zhang X，Ni H，et al. Soil carbon and associated bacterial community shifts driven by fine root traits along a chronosequence of Moso bamboo（Phyllostachys edulis）plantations in subtropical China［J］. The Science of the Total Environment，2021，752：142333.

［226］Keiluweit M，Bougoure J J，Nico P S，et al. Mineral protection of soil carbon counteracted by root exudates［J］. Nature Climate Change，2015，5（6）：588-595.

［227］Amézketa E. Soil aggregate stability：A review［J］. Journal of Sustainable Agriculture，1999，14（2-3）：83-151.

［228］Bedini S，Pellegrino E，Avio L，et al. Changes in soil aggregation and glomalin-related soil protein content as affected by the arbuscular mycorrhizal fungal species glomus mosseae and glomus intraradices［J］. Soil Biology and Biochemistry，2009，41（7）：1491-1416.

［229］Eagar A C，Mushinski R M，Horning A L，et al. Arbuscular mycorrhizal tree communities have greater soil fungal diversity and relative abundances of saprotrophs and pathogens than ectomycorrhizal tree communities［J］. Applied and Environmental Microbiology，2022，88（1）：e0178221.

［230］Etcheverría P，Huygens D，Godoy R，et al. Arbuscular mycorrhizal fungi contribute to 13C and 15N enrichment of soil organic matter in forest soils［J］. Soil Biology and Biochemistry，2009，41（4）：858-861.

［231］Jeewani P H，Luo Y，Yu G，et al. Arbuscular mycorrhizal fungi and goethite promote carbon sequestration via hyphal-aggregate mineral interactions［J］. Soil Biology and Biochemistry，2021，162：108417.

［232］Xu H，Shao H，Lu Y. Arbuscular mycorrhiza fungi and related soil microbial activity drive carbon mineralization in the maize rhizosphere［J］. Ecotoxiology and Environmental Safety，2019，182：109476.

［233］Zhang Z，Mallik A，Zhang J，et al. Effects of arbuscular mycorrhizal fungi on inoculated seedling growth and rhizosphere soil aggregates［J］. Soil and Tillage Research，2019，194：104340.

［234］Agnihotri R，Bharti A，Ramesh A，et al. Glomalin related protein and C16：1ω5 PLFA associated with AM fungi as potential signatures for assessing the soil C sequestration under contrasting soil management practices［J］. European Journal of Soil Biology，2021，103：103286.

［235］Dai J，Hu J，Zhu A，et al. No tillage enhances arbuscular mycorrhizal fungal population，glomalin-related soil protein content，and organic carbon accumulation in soil macroaggregates［J］. Journal of Soils and Sediments，2015，15（5）：1055-1062.

［236］Gillespie A W，Farrell R E，Walley F L，et al. Glomalin-related soil protein contains non-mycorrhizal-related heat-stable proteins，lipids and humic materials［J］. Soil Biology and Biochemistry，2011，43

（4）：766-777.

［237］Rosier C L，Hoye A T，Rillig M C. Glomalin-related soil protein：Assessment of current detection and quantification tools［J］. Soil Biology and Biochemistry，2006，38（8）：2205-2211.

［238］Xie H，Li J，Zhang B，et al. Long-term manure amendments reduced soil aggregate stability via redistribution of the glomalin-related soil protein in macroaggregates［J］. Scientific Reports，2015，5：14687.

［239］Emran M，Gispert M，Pardini G. Patterns of soil organic carbon，glomalin and structural stability in abandoned Mediterranean terraced lands［J］. European Journal of Soil Science，2012，63（5）：637-649.

［240］Liu H，Wang X，Liang C，et al. Glomalin-related soil protein affects soil aggregation and recovery of soil nutrient following natural revegetation on the Loess Plateau［J］. Geoderma，2020，357：113921.

［241］Nautiyal P，Rajput R，Pandey D，et al. Role of glomalin in soil carbon storage and its variation across land uses in temperate Himalayan regime［J］. Biocatalysis and Agricultural Biotechnology，2019，21：101311.